普通高等教育农业农村部"十三五"规划教材
全国高等农林院校"十三五"规划教材

金属工艺学实习
JINSHU GONGYIXUE SHIXI

王宏立　宋月鹏　主编

中国农业出版社
北京

内 容 简 介

本教材是根据教育部工程材料及机械制造基础课程教学指导组修订的《机械制造实习教学基本要求》,结合农业院校教学特点,汇集编者多年教学改革经验编写而成的。

本教材共分为13章,主要内容包括工程材料与钢的热处理、铸造、锻压、焊接、切削加工基础知识、车削加工、铣削加工、刨削加工、磨削加工、钳工与装配、数控加工以及特种加工等。每章后附有典型零件加工实例和思考题。本教材内容完整、结构紧凑、概念清晰、重点突出、案例丰富,有利于提高学生的实践技能和工程素质。

本教材可作为高等院校机械类、近机类及非机类专业学生的金属工艺学实习教材,也可作为不同层次教学人员和有关工程技术人员的参考书。

编审人员

主　编　王宏立　宋月鹏

副主编　林　静　陈　晔　白晓虎

参　编　代洪庆　许令峰　李玉道

　　　　束　钰　金中波

主　审　董　欣

前 言

金属工艺学实习是高等院校工科专业的一门实践性技术基础课,也是培养学生工程意识、提高工程实践能力和创新能力的必修课程。本教材是根据教育部工程材料及机械制造基础课程教学指导组修订的《机械制造实习教学基本要求》,结合农业院校教学特点,汇集编者多年教学改革经验编写而成的。

全书本着通俗、实用、易操作的原则,编写时力求做到深入浅出、通俗易懂、联系实际、直观形象。本教材突出体现了以下特点:

(1)考虑到农林院校专业特点,内容取舍上,力求具有针对性、典型性和实用性,有效地把实习中的基础知识与操作技能进行融合。

(2)内容编排上贯彻由浅入深、循序渐进的原则,注重于加强基础,突出能力的培养,做到系统性强、内容少而精。

(3)内容与时俱进,既优化了传统金工实习的基础知识,又增加了新技术、新工艺在机械制造领域的应用。

(4)将实习中实际加工训练的零件列入教材,做到教材内容与实际训练不脱节,强化实践,凸显实习的特点,使学生在实习操作时更容易上手。

(5)为方便学生理解课程的主要内容,在各章后均编入了一定数量的思考题,引导学生独立思考,做到学以致用。

本教材由黑龙江八一农垦大学王宏立教授、山东农业大学宋月鹏教授担任主编。全书共分13章,其中第1、2、3章由黑龙江八一农垦大学王宏立编写,第4章由辽宁工业大学陈晔编写,第5章由山东农业大学许令峰编写,第6、13章由山东农业大学宋月鹏编写,第7章由沈阳农业大学白晓虎编写,第8章由黑龙江八一农垦大学代洪庆编写,第9章由山东农业大学束钰编写,第10章由山东农业大学李玉道编写,第11章由沈阳农业大学林静编写,第12章由黑龙江八一农垦大学金中波编写。全书由王宏立统稿。

全书由东北农业大学董欣教授主审，并提出了许多宝贵的建议，在此表示衷心的感谢。

由于编者的水平和时间有限，书中难免存在疏漏和不当之处，恳请广大读者批评指正。

编 者

2018年4月

目 录

前言

第1章 绪论 ··· 1
1.1 金属工艺学实习的目的 ·· 1
1.2 金属工艺学实习的要求 ·· 2
1.3 金属工艺学实习的内容 ·· 3
1.4 金属工艺学实习的考核 ·· 4
1.5 安全教育 ·· 4
1.6 学生实习守则 ·· 5

第2章 工程材料与钢的热处理 ·· 6
2.1 工程材料基础知识 ·· 6
2.1.1 金属材料 ·· 7
2.1.2 无机非金属材料 ·· 10
2.1.3 高分子材料 ·· 11
2.1.4 复合材料 ··· 12
2.2 金属材料的性能 ··· 13
2.2.1 金属材料的力学性能 ··· 13
2.2.2 金属材料的物理和化学性能 ·· 14
2.2.3 金属材料的工艺性能 ··· 14
2.3 钢的热处理 ··· 15
2.3.1 普通热处理 ·· 16
2.3.2 表面热处理 ·· 17
2.3.3 常用热处理设备 ·· 18
2.3.4 热处理新技术 ·· 19
2.4 典型零件热处理训练 ··· 20
项目一 锤头的淬火和回火 ·· 20
项目二 灰铸铁平台退火 ··· 21
思考题 ·· 22

第3章 铸造 ... 23

3.1 概述 ... 23
3.1.1 铸造生产的特点和分类 ... 23
3.1.2 砂型铸造的工艺过程 ... 24
3.1.3 铸型的组成 ... 24
3.2 砂型铸造 ... 25
3.2.1 型砂 ... 25
3.2.2 模样和芯盒 ... 26
3.2.3 手工造型 ... 27
3.2.4 机器造型 ... 33
3.2.5 浇冒口系统 ... 33
3.3 金属的熔炼与浇注 ... 35
3.3.1 熔炼 ... 35
3.3.2 浇注 ... 35
3.3.3 落砂和清理 ... 36
3.4 铸件常见缺陷分析 ... 37
3.5 特种铸造简介 ... 39
3.5.1 熔模铸造 ... 39
3.5.2 压力铸造 ... 40
3.5.3 离心铸造 ... 41
3.5.4 消失模铸造 ... 42
3.6 典型零件造型训练 ... 42
思考题 ... 45

第4章 锻压 ... 46

4.1 概述 ... 46
4.2 锻造生产过程 ... 46
4.2.1 下料 ... 46
4.2.2 坯料加热 ... 47
4.2.3 锻造成形及冷却 ... 49
4.2.4 锻后热处理 ... 49
4.3 自由锻 ... 50
4.3.1 自由锻设备与工具 ... 50
4.3.2 自由锻工序 ... 51
4.4 模锻和胎模锻 ... 55
4.4.1 模锻 ... 55
4.4.2 胎模锻 ... 56
4.5 板料冲压 ... 57
4.5.1 冲压设备 ... 58
4.5.2 冲压基本工序 ... 59

4.5.3 冲模 60
4.6 典型零件锻造训练 62
　　项目一　齿轮坯自由锻造 62
　　项目二　阶梯轴坯自由锻造 63
　思考题 65

第5章　焊接 66

5.1 概述 66
　　5.1.1 焊接的含义 66
　　5.1.2 焊接的分类 66
　　5.1.3 焊接的特点 66
5.2 焊条电弧焊 67
　　5.2.1 焊条电弧焊常用设备 67
　　5.2.2 焊条 68
　　5.2.3 焊接规范的选择 69
5.3 气焊 71
　　5.3.1 气焊原理及特点 71
　　5.3.2 气焊设备 71
　　5.3.3 气焊火焰 74
　　5.3.4 气焊工艺与焊接规范 75
　　5.3.5 气焊基本操作 75
5.4 其他焊接方法简介 76
　　5.4.1 气体保护焊 76
　　5.4.2 埋弧自动焊 78
　　5.4.3 电阻焊 80
　　5.4.4 钎焊 81
5.5 典型零件焊接训练 82
　思考题 83

第6章　切削加工基础知识 84

6.1 概述 84
6.2 金属切削刀具 84
　　6.2.1 刀具的含义 84
　　6.2.2 刀具的分类 84
　　6.2.3 刀具的结构 85
　　6.2.4 刀具的材料 86
6.3 常用量具 93
　　6.3.1 量具的分类 93
　　6.3.2 量具的选择原则和方法 93
　　6.3.3 常用量具使用注意事项 94
　思考题 98

第7章 车削加工 ... 99

7.1 概述 ... 99
7.2 卧式车床 ... 100
7.2.1 车床的型号 ... 100
7.2.2 卧式车床的基本结构 ... 100
7.3 车刀及其安装 ... 101
7.3.1 车刀的组成及类型 ... 101
7.3.2 车刀的几何形状与角度 ... 102
7.3.3 车刀的安装 ... 104
7.3.4 车刀的刃磨 ... 104
7.4 工件的安装及所用附件 ... 105
7.4.1 卡盘装夹 ... 105
7.4.2 顶尖装夹 ... 106
7.4.3 花盘装夹 ... 107
7.4.4 心轴装夹 ... 108
7.4.5 中心架与跟刀架的应用 ... 109
7.5 车床操作 ... 109
7.5.1 刻度盘及其手柄的使用 ... 109
7.5.2 试切的方法与步骤 ... 110
7.5.3 粗车与精车 ... 110
7.6 车削工艺 ... 111
7.6.1 车外圆、端面和台阶 ... 111
7.6.2 切槽和切断 ... 113
7.6.3 孔的加工 ... 114
7.6.4 车锥面 ... 115
7.6.5 车螺纹 ... 117
7.6.6 车成形面和滚花 ... 120
7.7 典型零件车削训练 ... 121
项目一　车削销轴 ... 121
项目二　车削阶梯轴 ... 123
思考题 ... 125

第8章 铣削加工 ... 126

8.1 概述 ... 126
8.1.1 铣削的加工范围和特点 ... 126
8.1.2 铣削运动和铣削用量 ... 126
8.1.3 铣削方式 ... 128
8.2 铣床及其附件 ... 130
8.2.1 铣床 ... 130
8.2.2 铣床附件 ... 133

  8.2.3 工件的安装 …… 136
 8.3 铣刀及其安装 …… 137
  8.3.1 铣刀 …… 137
  8.3.2 铣刀的安装 …… 138
 8.4 铣削工艺 …… 139
  8.4.1 铣平面 …… 139
  8.4.2 铣斜面 …… 140
  8.4.3 铣沟槽 …… 141
  8.4.4 铣齿轮齿形 …… 144
 8.5 典型零件铣削训练 …… 145
  项目一 铣 V 形块零件 …… 145
  项目二 铣削滑块零件 …… 147
 思考题 …… 149

第9章 刨削加工 …… 150

 9.1 概述 …… 150
 9.2 刨床及其结构 …… 150
  9.2.1 牛头刨床 …… 150
  9.2.2 龙门刨床 …… 153
  9.2.3 插床 …… 153
 9.3 刨刀及工件安装 …… 154
  9.3.1 刨刀的结构特点 …… 154
  9.3.2 刨刀的分类 …… 154
  9.3.3 刨刀的装夹 …… 155
  9.3.4 工件装夹方法 …… 156
 9.4 刨削加工工艺 …… 157
  9.4.1 刨削运动与刨削用量 …… 157
  9.4.2 刨削加工范围及工艺特点 …… 158
  9.4.3 常用刨削加工方法 …… 159
 9.5 典型零件刨削训练 …… 160
  项目一 刨削台阶 …… 160
  项目二 刨削 V 形槽 …… 161
 思考题 …… 162

第10章 磨削加工 …… 163

 10.1 概述 …… 163
  10.1.1 磨削运动和磨削用量 …… 163
  10.1.2 磨削的特点及应用 …… 163
 10.2 砂轮 …… 164
  10.2.1 砂轮的种类 …… 164
  10.2.2 砂轮的平衡、安装与修整 …… 165

10.3 磨床及磨削加工 ··· 166
　10.3.1 外圆磨床及外圆磨削 ··· 166
　10.3.2 内圆磨床及内圆磨削 ··· 169
　10.3.3 平面磨床及平面磨削 ··· 170
10.4 典型零件磨削训练 ··· 172
　项目一　套类零件的磨削 ·· 172
　项目二　平面的磨削 ·· 173
思考题 ·· 174

第 11 章　钳工与装配 ·· 175

11.1 概述 ·· 175
　11.1.1 钳工的加工范围 ·· 175
　11.1.2 钳工的工作特点 ·· 175
11.2 台虎钳和钳工工作台 ·· 175
　11.2.1 台虎钳 ·· 175
　11.2.2 钳工工作台 ·· 176
11.3 钳工基本操作 ··· 176
　11.3.1 划线 ··· 176
　11.3.2 锯削 ··· 180
　11.3.3 锉削 ··· 182
　11.3.4 錾削 ··· 184
　11.3.5 钻孔、扩孔和铰孔 ·· 186
　11.3.6 攻螺纹、套螺纹 ·· 190
11.4 装配 ·· 192
　11.4.1 常用的装配方法 ·· 193
　11.4.2 基本元件的装配 ·· 193
11.5 典型零件钳工训练 ··· 195
思考题 ·· 197

第 12 章　数控加工 ··· 198

12.1 概述 ·· 198
　12.1.1 数控机床的组成 ·· 198
　12.1.2 数控机床的分类 ·· 199
12.2 数控编程基础知识 ··· 201
　12.2.1 数控机床的坐标系 ·· 201
　12.2.2 数控编程的概念和方法 ·· 202
　12.2.3 数控编程的主要步骤 ··· 203
　12.2.4 常用数控编程指令及代码 ··· 203
12.3 数控车削加工 ··· 207
　12.3.1 数控车床简介 ··· 207
　12.3.2 数控车床编程基础 ·· 208

  12.3.3　数控车床基本编程方法 ·· 208
12.4　数控铣削加工 ··· 214
  12.4.1　数控铣床简介 ·· 214
  12.4.2　数控铣床编程基础 ·· 214
  12.4.3　数控铣床基本编程方法 ·· 215
12.5　典型零件数控加工训练 ·· 221
  项目一　数控车削加工训练 ·· 221
  项目二　数控铣削加工训练 ·· 223
思考题 ··· 226

第 13 章　特种加工 ·· 228

13.1　概述 ·· 228
13.2　电火花成形加工 ··· 228
  13.2.1　电火花成形加工原理 ·· 228
  13.2.2　电火花成形加工的特点 ·· 229
  13.2.3　电火花成形加工的应用范围 ·· 229
  13.2.4　电火花成形加工机床 ·· 229
13.3　电火花线切割加工 ·· 230
  13.3.1　线切割的加工原理 ··· 230
  13.3.2　线切割的特点 ··· 230
  13.3.3　电火花线切割机床分类 ·· 231
  13.3.4　电火花线切割机床结构 ·· 231
  13.3.5　数控线切割机床程序编制方法 ·· 232
13.4　激光加工 ·· 233
  13.4.1　激光加工的基本原理 ·· 233
  13.4.2　激光加工的优点 ··· 234
  13.4.3　激光加工的应用 ··· 234
13.5　快速成形加工 ·· 235
  13.5.1　快速成形的特点 ··· 235
  13.5.2　快速成形的分类 ··· 236
  13.5.3　快速成形的工作原理 ·· 237
13.6　超声波加工 ··· 240
  13.6.1　超声波加工的工作原理 ·· 240
  13.6.2　超声波加工设备 ··· 240
  13.6.3　超声波加工的特点及应用 ·· 241
13.7　典型零件特种加工训练 ·· 241
  项目一　方形盲孔的电火花成形加工 ·· 241
  项目二　样板零件的线切割加工 ·· 242
思考题 ··· 243

参考文献 ··· 244

第1章 绪　论

金属工艺学实习，简称金工实习，是高等院校工科类专业培养方案中一个重要的实践性教学环节，也是高等院校工程训练教学中的主要内容。

传统的机械加工都是以金属材料为加工对象，因此将讲述机械加工方法和加工工艺等基础知识的课程称作金属工艺学。随着材料科学的不断发展，许多金属材料逐渐被非金属材料和复合材料所代替，机械零件也不再是单一的金属材质。现在的金属工艺学实习也就不再是传统意义上只对金属零件进行加工，还包括对非金属零件的加工制造。

1.1　金属工艺学实习的目的

制造业是国民经济的主体，是立国之本、兴国之器、强国之基。《中国制造2025》提出了我国实现制造强国的战略目标，即通过"三步走"，到中华人民共和国成立一百年时，使我国制造业综合实力进入世界制造强国前列。目前，世界各国都非常重视学生的工程素质教育与制造技能训练。美国很多高等院校为了加强实践训练环节，将学制延长1年；德国要求工科大学生在入学前至少要有12个月的工业训练经历，在校学习期间，也要有一半时间在企业中进行工业训练；日本的工科院校设有专门的"机械工作"教学环节，目的是培养学生的工业意识、纪律、情感等；英国把培养"具有开发能力的工程师"作为高等教育改革的重要内容，在大学内设立工业训练中心，有目的地进行工业训练和应用技术开发研究活动。我国也十分重视高等工程教育中的实践教学，进入21世纪后，通过世界银行贷款、"211工程"、中西部高校基础建设工程和中央财政支持地方高校改革发展专项资金等项目，建设了各具特色的工程训练中心，使工程实践教学的理念、内涵和教学方法发生了深刻的变化。

金属工艺学实习是一门实践性很强的技术基础课，其目的是学习基础工艺知识，增强学生工程实践能力，提高综合素质（包括工程素质），培养创新意识和创新能力。

1. 学习机械制造基础工艺知识

工科专业的学生，除了应具备较强的基础理论知识、专业知识和较好的人文素养外，还应具备机械制造方面的基础工艺知识。在金属工艺学实习中，学生要学习机械制造的各种加工方法，熟悉主要机械加工设备的基本结构和工作原理，掌握其操作方法，并学会正确使用各类工具、量具、夹具。通过读懂图纸、工序卡片等技术文件，对工程材料、机械制图、机械制造基础等课程知识有更加深入的理解，真正做到理论联系实际，并且为后续互换性与技术测量、机械制造装备、机械制造工艺学等专业基础课、专业课的学习打下良好的基础。

2. 增强工程实践能力

没有理论，世界走不远；没有实践，世界走不动。理论来源于实践，受实践的检验，在实践中活化、发展与完善。金工实习是我国高等院校实施工程教育的一种实践教学模式，符合教育发展规律，适应中国国情。学生在实习中通过直接动手实践，可以获得对工业生产各个环节的基本认识，获得各种加工方法的初步训练，获得应用所学知识和技能独立分析和解决工艺技术问题的能力，获得群体、质量、安全、经济、环保等工程素质的初步培养。金工实习教学的作用是不可替代的。教学中要"虚实结合，能实不虚；软硬结合，能硬不软；讲练结合，能练不讲"，要强调学生亲身体验，在学习中实践，在实践中学习。

3. 提高综合素质

综合素质是指人具有的学识、才气、能力以及专业技术特长等综合表现力。对于大学生而言，主要包括个人的知识水平、道德修养以及各种能力（包括工程能力）。金工实习整个教学实践中都贯穿着培养学生能力的理念。从指导教师讲解、演示到学生动手操作，都有意识地培养学生的工程实践能力和综合运用能力；通过实习，学生对复杂的社会工程环境有了初步了解，学会正确处理各种技术问题和与之相关的社会人际问题，初步具备质量、安全、市场、管理、群体、经济、环境、社会和法律等方面的工程意识；通过实习还可提高学生的团队精神、吃苦耐劳的工作作风、组织纪律、劳动观点、爱护公共财产等方面的道德修养。

4. 培养创新意识和创新能力

21世纪人才培养的核心是创新人才的培养，是具有创新意识与创新能力的综合人才的培养。创新意识与创新能力的培养离不开实践，工程实践教学则是高校工科专业人才培养中不可或缺的组成部分。金工实习是工科学生进行的第一次工程实践训练，是认识工厂、接触实际生产、树立大工程意识的实践活动，指导教师应创造一切可能条件，发挥学生自主思考的空间，启发、激活学生的创新意识和创新思维。实习基地先进的制造装备、开放的训练环境、自行设计的训练项目，提升了学生的创新兴趣和积极性，增加了学生的创新信心，培养了学生的创新意识和创新能力。

1.2 金属工艺学实习的要求

金工实习总体要求是：接触实际，深入实践，强化动手，注重训练。根据这一要求，提出以下具体要求。

① 熟悉机械零部件制造的一般过程、基础的工程知识和常用的工程术语。

② 了解机械制造过程中所使用的主要设备的基本结构特点、工作原理、适用范围和操作方法，熟悉各种加工方法、工艺技术、图纸文件和安全技术，并正确使用各类工具、夹具、量具。

③ 对简单零件能够正确选择加工方法并进行工艺分析，能够独立操作主要加工设备，完成简单零件的加工制造全过程，掌握一定的工艺实验和工程实践技能。

④ 了解新方法、新技术、新工艺的发展与应用状况，以及机电一体化、CAD/CAM/CAE等现代制造技术在生产实际中的应用。

⑤ 了解机械制造企业在生产组织、技术管理、质量保证体系和全面质量管理等方面的工作及生产安全防护方面的组织措施。

1.3　金属工艺学实习的内容

结合高等农业院校实际教学条件及办学特点,金属工艺学实习主要包括工程材料及钢的热处理、材料成形技术与方法、切削加工技术与方法、现代制造技术与方法等4个方面的内容。通过实际操作、现场教学、专题讲座、综合训练、实验、演示、实习报告或作业以及考核等方式,完成实践教学内容。

1. 工程材料及钢的热处理

主要内容有常用工程材料的分类、金属材料的机械性能、常用金属材料及其牌号、钢的热处理技术(包括退火、正火、淬火、回火和表面热处理)等。

2. 材料成形技术与方法

(1) 铸造　主要内容有砂型铸造(包括砂型及型芯的制造、手工造型工具及模型结构、浇注系统的组成和功能等);冲天炉炉料的组成、金属的熔化及铸件的浇注过程;铸件清理及其设备,铸件质量检验、缺陷原因分析等。

(2) 锻压　主要内容有锻压生产工艺过程、所用设备(如空气锤、压力机等)的结构原理及使用方法;自由锻基本工序的特点、简单自由锻的操作技能和工艺分析;模锻和胎模锻的工艺特点及应用;板料冲压的基本工序以及冲模结构等。

(3) 焊接　主要内容有常用焊接成形方法;焊条电弧焊所用的设备、生产工艺过程、特点和操作;气焊生产工艺过程的特点和操作;其他焊接方法介绍。

3. 切削加工技术与方法

(1) 切削加工基础知识　主要内容有刀具的分类、结构,常用刀具材料;量具的分类,量具的选择原则,游标卡尺、万能角度尺、外径千分尺以及百分表等常用量具的结构、用途和使用注意事项。

(2) 车削加工　主要内容有卧式车床的用途、主要组成部分及其作用;常用车刀的组成和结构,车刀的安装方法;工件的安装方法及所用的附件;车床的操作方法及步骤;车削加工工艺。

(3) 铣削加工　主要内容有铣削运动、铣削用量、加工范围、铣削方式等的介绍;铣床分类、主要组成部分及所用附件;工件和铣刀的安装;铣削加工工艺。

(4) 刨削加工　主要内容有刨床的分类,牛头刨床的用途、主要组成部分及作用;刨刀及工件的安装方法;牛头刨床刨水平面、垂直面、斜面和沟槽的操作方法,所用的刀具、附件。

(5) 磨削加工　主要内容有磨削所用的砂轮组成,砂轮的安装和修整,工件的安装;磨床的种类;外圆、内圆和平面的磨削方法。

(6) 钳工与装配　主要内容有钳工分类,钳工所用的主要装备(工作台和台虎钳);划线、锯削、锉削、錾削,钻、扩、铰孔,攻螺纹、套螺纹等工艺的基本操作方法及其所用工具;基本元件的装配方法。

4. 现代制造技术与方法

（1）数控加工　主要内容有数控机床的组成和分类；数控编程方法、步骤及常用指令；数控车床、数控铣床的用途、分类和基本编程方法等。

（2）特种加工　主要内容有特种加工的含义及特点；电火花成形加工和线切割加工的原理、特点及应用范围；电火花线切割机床和电火花成形机床的结构及基本操作；激光加工、快速成形加工、超声波加工的工作原理、特点及应用等。

1.4　金属工艺学实习的考核

金工实习考核是重要的教学环节，既可以检查学生的实习效果，又可以衡量指导教师的教学水平和能力，对教学质量的评价起着重要的作用。

金工实习考核的内容主要包括以下方面。

（1）平时表现　考核学生平时的实习态度、组织纪律和文明实习情况，如平时有无旷课缺勤、有无违规违纪、场地能否按时进行打扫卫生等。

（2）实际操作能力　考核学生对各工种独立操作技能的掌握水平，如是否能够独立熟练操作、是否需要指导教师重点指导、是否能够完成要求的操作项目等。

（3）实习报告　考核学生按时独立完成实习报告的质量情况。

（4）理论考试　考核学生应掌握的各工种基础理论知识。可各班级统一进行理论考试，一般采取开卷形式。

金工实习是多工种集合的一门实践课程，由于其教学环节较多，对考核内容、考核标准和各部分内容所占比重，各高校可以根据实际教学条件和所设工种的状况灵活掌握。

1.5　安全教育

安全是一切工作能正常、有序和健康开展的保障，同时又是必须共同遵守的规范。参与金工实习的师生要牢固树立"安全第一"的思想，高度重视安全教育工作，做到警钟长鸣，使金工实习教学工作能顺利、有序进行。实习安全主要包括实习人员人身安全、设备安全和环境安全，最重要的是人身安全。为确保学生实习安全，特制定如下要求：

① 进厂实习前，必须进行安全教育，严格遵守安全制度和各工种的安全操作规程，服从指导教师的安排和管理。

② 实习期间必须按规定穿着工作服。不准穿背心、短裤、裙子、拖鞋、高跟鞋进入实习场地，头发过耳者必须将长发放入工作帽内，方可上机操作。

③ 实习应在指定设备上进行，非实习设备严禁动用。未经许可不得擅自启动设备及电器，如触动电闸、开关、按钮、机床手柄等，以免发生意外。

④ 操作机床时不准戴手套，严禁身体、衣袖与机床转动部件接触，必要时要佩戴防护镜。机床工作时，严禁使用擦布擦拭机床。

⑤ 实习时要按工种要求穿戴防护用品，如铸造有浇注任务时应穿劳保皮鞋、戴防护眼镜和安全帽，焊接要戴电焊手套和电焊面罩等。

⑥ 不准攀爬叉车、天车、墙梯和其他装置，不准在天车吊物运行路线上行走和停留。

⑦ 注意观察实习现场生产状况，不准追逐、打闹，避免碰伤、刮伤。

⑧ 若发生安全问题，应迅速切断电源，并进行必要的救助。同时保护好现场，并立即报告指导教师，等候处理。

1.6　学生实习守则

① 实习期间要端正思想态度，认真完成实习训练任务，不怕苦，不怕脏，不怕累，热爱劳动。

② 实习前必须服从实践教学部的安排，认真做好实习前的准备工作，如领取实习教材、实习报告、工作服等。

③ 必须严格遵守考勤制度，不准迟到、早退或中途离开，病事假者必须事先向实习指导老师办理请假手续，未经允许，不准擅离岗位。

④ 虚心学习、注意听讲、认真观摩，操作前须充分了解训练设备、工具的性能及其使用方法。

⑤ 操作时必须单人单机操作，注意力集中。两人以上操作一台机床时，应分先后，轮换操作。暂不操作者，应在旁观察，不能乱动手柄或离开岗位。

⑥ 要按规定独立或分组完成实习考核工件的加工，不得相互帮忙。要认真按时完成实习报告，不准相互抄袭。

⑦ 应在指定地点进行实习，不得脱岗、串岗，不做与实习无关的事情（如聊天、吃零食、睡觉、玩游戏、听音乐、看其他书籍等），训练场地禁止吸烟，做到文明实习。

⑧ 要爱护机器设备、工具、量具等一切公共财物，节约材料、水、电。

⑨ 每天实习结束前，要擦拭机床，清理工具、量具，清扫场地，保持环境卫生。

第 2 章 工程材料与钢的热处理

2.1 工程材料基础知识

材料是人类用于制造物品、器件、构件、机器或其他产品的物质,是人类赖以生存和发展的物质基础。人类社会发展的历史表明,生产技术的进步和生活水平的提高与材料的应用密切相关。每一种新材料的发明和使用,都使社会生产和生活发生了重大变化,并有力地推动了人类文明的进步。近百年来,随着科学技术的迅猛发展和社会需求的不断提高,新材料更是层出不穷。先后出现了高分子材料、半导体材料、陶瓷材料、复合材料、人工合成材料和纳米材料等。目前,能源、信息和新材料已成为现代社会发展的三大支柱。材料的种类、质量和工艺水平已成为衡量一个国家工业技术水平的重要标志之一。

工程材料是指制造工程结构和机器零件时使用的材料。工程材料种类繁多,用途广泛,按其化学成分与组成不同可分为金属材料、无机非金属材料、高分子材料和复合材料四大类,如图 2-1 所示。

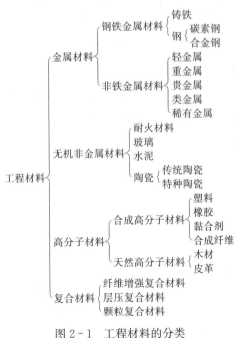

图 2-1 工程材料的分类

2.1.1 金属材料

金属材料是指金属元素或以金属元素为主构成的具有金属特性的材料的统称。金属材料一般具有如下基本特性：①结合键为金属键，常规方法生产的金属为晶体结构；②金属在常温下一般为固体，熔点较高；③具有金属光泽；④纯金属塑性大，展性、延性也大；⑤强度高；⑥由于自由电子的存在，金属的导热性和导电性好；⑦多数金属在空气中易被氧化。

金属材料通常分为钢铁金属材料和非铁金属材料两大类。

钢铁金属材料又称黑色金属材料，包括钢和铸铁。钢按照化学成分分为碳素钢和合金钢；按照品质分为普通钢、优质钢和高级优质钢；按照冶炼方法分为平炉钢、转炉钢、电炉钢和奥氏体钢；按照用途分为建筑及工程用钢、结构钢、工具钢、特殊性能钢和专业用钢。根据石墨在铸铁中的形状不同，铸铁可分为灰铸铁、可锻铸铁、球墨铸铁、蠕墨铸铁。钢铁是现代工业中的主要金属材料，在机械产品中的用量已占整个用材的 60% 以上。

非铁金属材料又称有色金属材料，是指除 Fe 以外的其他金属及其合金。按其密度、价格、在地壳中的储量及分布情况，被分为轻金属、重金属、贵金属、类金属和稀有金属五大类。轻金属一般指密度在 4.5 g/cm^3 以下的金属，包括铝、镁、钠、钾、钙、锶、钡等。重金属一般指密度在 4.5 g/cm^3 以上的金属，包括铜、铅、锌、镍、钴、锡、锑、汞、镉、铋、铬、锰等。贵金属包括金、银和铂族金属（铂、铱、锇、钌、铑、钯）。因它们在地壳中含量少，提取困难，价格较高而得名。贵金属的特点是密度大（$10.4\sim22.4 \text{ g/cm}^3$），熔点高（$1\,189\sim3\,273 \text{ K}$），化学性质稳定。类金属又称半金属、准金属，一般指硅、锗、硒、碲、砷、锑、硼、钋、砹，其物理化学性质介于金属和非金属之间。稀有金属包括锂、铷、铯、铍、钨、钼、钽、铌、钒、钛、锆、铪、铬、铼、镓、铟、铊、稀土金属、锕系金属及超锕元素等。这类金属在自然界中地壳丰度小，天然资源少，贮存状态分散，难以被经济地提取或不易分离成单质金属。非铁金属材料具有较多优良的物理和化学性质，在工程上占有重要的地位。

下面介绍几种工程上常用的金属材料。

1. 碳素钢

碳素钢也称碳钢，是指碳的质量分数低于 2.11%（一般低于 1.35%）的铁碳合金的总称，常含有锰、硅、磷、硫、氢、氧等杂质。其中，锰、硅是有益元素，对碳素钢有一定的强化作用；硫、磷是有害元素，分别增加碳素钢的热脆性和冷脆性，应严格控制其含量。随碳的质量分数增加，碳素钢的强度、硬度、耐磨性升高，塑性、韧性和焊接性降低。碳素钢价格较为低廉，具有良好的使用性能和工艺性能，因此在机械制造中应用广泛。常用碳素钢的牌号及用途如表 2-1 所示。

2. 合金钢

为了得到或改善某些性能，在碳素钢基础上加入一种或多种合金元素所得到的钢称为合金钢。常用的合金元素有硅、锰、铬、镍、钼、钨、钒、钛、铌、钴、锆、铜、硼、稀土等。磷、硫、氮等在某些情况下也可起合金元素作用。合金钢由于含有不同数量和种类的合金元素，再采取适当的工艺措施，就可以分别具有较高的强度、韧性、淬透性、耐磨性、耐热性、耐蚀性、耐低温性、红硬性、磁性等特殊性能。与碳素钢相比，合金钢生产工艺较复杂,价格也较贵,但由于性能优异,故应用广泛,并能节约金属,减轻机器或结构的重量。常用合金钢的牌号及用途如表2-2所示。

表2-1 常用碳素钢的牌号及用途

名称	牌号	性能	用途
碳素结构钢	Q195	具有高的塑性、韧性和焊接性能,良好的压力加工性能	钉子、铆钉、垫块、地脚螺钉以及轻负荷的焊接结构件
	Q235	综合性能较好。具有良好的塑性、韧性和焊接性能,有一定的强度和良好的冷弯性能	一般要求的机械零件和焊接结构件,如钢筋、钢板、小轴、拉杆、手柄、螺栓、螺母、法兰等
优质碳素结构钢	15	强度、硬度低,塑性、韧性好	冲压件、焊接件及一般螺钉、铆钉、垫圈、渗碳件等
	45	综合力学性能和切削加工性能好	强度高的运动零件,如连杆、齿轮、曲轴、传动轴、活塞杆、联轴器等
碳素工具钢	T8	硬度较高,韧性好,热硬性低	手工工具(如木工用铣刀、钻头、圆锯片、斧、凿、手锯),钳工工具,铆钉冲模等
	T12	硬度和耐磨性较高	切削速度不高的工具、量具、模具,如车刀、丝锥、刮刀、板牙、钻头、绞刀、锯条、冷冲模、量规等
铸钢	ZG 200-400	塑性、韧性、焊接性能良好	机座、变速箱壳体等

表2-2 常用合金钢的牌号及用途

名 称	牌 号	性 能	用 途
低合金高强度结构钢	Q345、Q390、Q420	强度较高,塑性良好,焊接性和耐蚀性较好	用于制造房屋构架、桥梁、船舶、车辆、铁道、高压容器、石油天然气管线等工程结构构件
合金渗碳钢	20Cr、20CrMnTi、20Cr2Ni4、	表面硬度高,心部有足够的强度、塑性和韧性	制造承受交变载荷或冲击载荷的机械零件,如齿轮、凸轮、活塞销等
合金调质钢	40Cr、40CrMn、38CrMoAl	良好的综合力学性能(高强度、高韧性)	制造受力复杂的重要机械零件,如发动机连杆、曲轴,机床主轴等
合金弹簧钢	60Si2Mn、50CrVA、55SiMnVB	弹性极限、屈强比高,综合力学性能高	制造承受较大冲击、振动的重要弹性元件,如螺旋弹簧、板簧、阀门弹簧等
滚动轴承钢	GCr15、GCr15SiMn	高硬度、高耐磨性	制造滚动轴承的滚珠、滚子、套圈

3. 铸铁

碳的质量分数大于2.11%的铁碳合金称为铸铁。铸铁中含有碳、硅、锰、硫、磷、钼、铬、铝等化学元素。铸铁与钢的主要区别,一是碳及硅含量高,并且碳多以石墨形式存在;二是硫、磷杂质多。

铸铁作为工程材料历史悠久,并被广泛应用于各个工业部门。由于铸铁制造成本低,又有良好的减振性、耐磨性、切削加工性,在不少应用中是不可替代的。常用铸铁的牌号及用途如表2-3所示。

表2-3 常用铸铁的牌号及用途

名　称	牌　号	性　能	用　途
灰铸铁	HT100、HT200	铸造性、减振性、耐磨性、切削加工性均较好	机床床身,各种箱体,底座,机架,阀体和内燃机的气缸盖、气缸体等
球墨铸铁	QT400-18、QT450-10、QT600-3	高强度,良好的韧性、塑性和切削加工性,焊接性也较好	制造承受振动、大载荷的零件,如汽车、拖拉机的曲轴、连杆、传动齿轮等
可锻铸铁	KTH300-06、KTH350-10、KTZ450-06	塑性、韧性、耐蚀性较好	各种管接头、农具、汽车零件、低压阀门等

4. 非铁金属

钢铁以外的金属材料称为非铁金属材料(旧称有色金属材料)。由于非铁金属材料具有某些独特的性能和优点,从而使其成为工业生产中不可缺少的材料。铝、铜及其合金是目前最常用的非铁金属,在工业和民用方面,都具有重要的作用。

(1) 铝和铝合金　在金属材料中,铝的产量仅次于钢铁,为非铁金属材料产量之首。纯铝的密度小($2.7\,g/cm^3$),导电性、导热性仅次于银和铜,在大气中有良好的耐蚀性,塑性好($A=80\%$)。铝的强度低($\sigma_b=80\sim100$ MPa),但经冷塑性变形之后会明显提高($\sigma_b=150\sim200$ MPa)。纯铝强度很低,主要用来制造电线和强度要求不高的日用器皿等,不能用来制造承受载荷的结构零件。

在纯铝中添加 Si、Cu、Mg、Mn 等元素冶炼成的合金称为铝合金。铝合金的强度比纯铝高,有些铝合金还可以经热处理来提高强度。铝合金可用来制造轻质零件,广泛应用于航空工业。铝合金可分为形变铝合金和铸造铝合金两种。形变铝合金经压力加工后制成板材、管材等型材,常用来制造飞机结构支架、翼肋、螺旋桨、螺栓、铆钉等;铸造铝合金一般用来制造耐蚀、形状复杂及有一定力学性能要求的零件,如内燃机气缸体、活塞等。

(2) 铜和铜合金　在非铁金属材料中,铜的产量仅次于铝。纯铜又称紫铜,导电性仅次于银,导热性在银和金之间;晶体结构为面心立方结构,强度和硬度较低,而冷、热加工性能都十分优良,可以加工成极薄的箔和极细的丝(包括高纯度、高导电性能的丝);具有良好的耐腐蚀性能,易于连接。工业上,纯铜主要用来制造导线、热交换器和油管等,但由于强度低,很少用来制造机械零件。

在纯铜中添加 Pb、Mn、Zn、Si、Al 等元素冶炼成的合金称为铜合金。与纯铜相比,铜合金能提高强度等力学性能,或获得某些特殊性能,因而在机械制造中广泛应用于零件制造。其中常用的是黄铜、青铜和白铜。

黄铜是以 Zn 为主要添加元素的铜合金,主要用来制造弹簧、衬套及耐蚀零件等。铜中加 Zn 能提高其强度和塑性。为了提高黄铜的力学性能、耐蚀性和切削加工性能,还可在普通黄铜中加入 Pb、Mn、Sn、Si、Al 等元素。

青铜是指以 Sn 为主要添加元素的铜合金,主要用来制造轴瓦、蜗轮及要求耐磨、耐蚀的零件等。目前以 Al、Si、Pb 等元素代替 Sn 的铜合金，也称为青铜。为区别起见，前者称为普通青铜或锡青铜，后者称为特殊青铜或无锡青铜。

白铜是以 Ni 为主要添加元素的铜合金。工业上应用的白铜有普通白铜和特殊白铜。普通白铜是铜-镍二元合金；特殊白铜是在铜-镍合金基础上加入锌、锰、铝等合金元素，分别称为锌白铜、锰白铜、铝白铜等。白铜具有高的耐蚀性，优良的冷、热加工性能，因此广泛用于制造精密仪器、仪表化工机械及医疗器械中的关键零件。

（3）钛和钛合金　钛的密度小（4.5 g/cm³）、熔点高（1 668 ℃）。钛及钛合金的强度相当于优质钢，比强度很高，高强度可保持到 550～600 ℃，是很好的热强金属材料，且低温下仍具有很好的力学性能。钛及钛合金是航空、航天、船舶、化学工业重要的结构材料以及医疗生物材料，自 20 世纪 90 年代以来发展极为迅速。波音 777 客机的起落架采用钛合金制造，大大减轻了质量，经济效益极为显著。钛的耐腐蚀性能优异，是目前最耐海水腐蚀的材料；是制造工作温度在 500 ℃ 以下构件的重要材料，如火箭低温液氮燃料箱、导弹燃料罐、核潜艇船壳、化工厂反应釜等。我国钛产量居世界第一，攀枝花、海南岛资源非常丰富。

（4）镍合金　镍是重要的战略性资源。镍基高温合金用以制造喷气发动机涡轮盘及叶片，其使用温度可接近 $0.757t_{熔}$（$t_{熔}$ 为镍的熔点）；镍铜系耐蚀合金可制造高压充油电缆、油槽、医疗器材；镍锰系是电真空材料；镍中添加硅、钨、锆、钙或钡可做阴极材料。我国金川镍矿的开发，为镍基合金发展提供了必要的条件。

（5）镁合金　镁在地壳中含量为 2.77%，仅次于铝和铁，年产量约 40 万 t。镁及镁合金的主要优点是质量分数小，比强度、比模量高，抗振能力强，可承受较大的冲击载荷，同时，切削加工和抛光性能好，因而是航空航天、仪器仪表、交通运输等工业部门的重要结构材料。但是，镁的化学性质活泼，抗腐蚀性能差，熔炼技术复杂，冷变形困难，缺口敏感性大，因而限制了其应用范围。目前以铸造镁合金的应用为主。但近年来研究出来的 Mg－Li 合金，密度为 1.3～1.65 g/cm³，有超合金之称。它强度高，塑性、韧性好，易焊接，缺口敏感性小，是很有发展前途的变形镁合金。

2.1.2　无机非金属材料

无机非金属材料主要是指硅酸盐材料，包括陶瓷、玻璃、水泥和耐火材料 4 类。它们的主要原料是天然的硅酸盐矿物和人工合成的氧化物及其他少数化合物。在这四类材料中，陶瓷是最早使用的无机材料，因此无机非金属材料又常常被统称为"陶瓷"。无机非金属材料（以陶瓷为例）一般具有如下基本特性：①化学键主要是离子键、共价键以及它们的混合键；②硬而脆，韧性低，抗压不抗拉，对缺陷敏感；③熔点较高，具有优良的耐高温性、抗氧化性；④自由电子数目少，导热性和导电性差；⑤耐化学腐蚀性好；⑥耐磨损；⑦成形方式为粉末制坯、烧结成型。

陶瓷是含有玻璃相和气相的晶体。绝大多数陶瓷是一种或几种金属元素与非金属元素组成的化合物。陶瓷种类繁多，工业上使用的陶瓷可分为传统陶瓷和特种陶瓷两大类。传统陶瓷以天然硅酸盐矿物（如黏土、长石、石英等）为原料，经过原料粉碎、成形和高温烧结制成，主要用作日用陶瓷、建筑陶瓷和卫生陶瓷。要求烧结后不变形、外观美，但对强度要求不高。特种陶瓷是以人工化合物（氧化物、氮化物、碳化物、硼化物等）为原料，并使用传统陶瓷的成形、高温烧结工艺制成，主要用于化工机械、动力、电子、能源和某些新技术领域。

与金属材料相比,大多数陶瓷硬度高,脆性大,几乎没有塑性,抗拉强度低,但抗压强度高。陶瓷熔点高,化学稳定性好,有良好的抗氧化性能和抗腐蚀性能。大多数陶瓷是绝缘体,功能陶瓷材料还具有光、电、磁、声等特殊性能。

陶瓷应用广泛。传统陶瓷可以制成生活用品、建筑材料和耐酸碱腐蚀的容器和管道。特种陶瓷可以制成火花塞、坩埚、热电偶套管、刀具等耐磨、耐蚀、耐高温制品。

2.1.3 高分子材料

高分子材料是以C、H、N、O等元素为基础,由许多结构相同的小单位(链节)重复连接而成,含有成千上万个原子。高分子材料一般具有如下基本特性:①结合键主要为共价键,有部分范德华键;②分子量大,无明显的熔点,有玻璃化转变温度、黏流温度;③力学状态有玻璃态、高弹态和黏流态,强度较高;④质量轻;⑤有良好的绝缘性;⑥有优越的化学稳定性;⑦成形方法较多。

根据来源不同,高分子材料可分为天然高分子材料和人工合成高分子材料两大类。人工合成高分子材料又分为塑料、橡胶、合成纤维、黏合剂等。

1. 塑料

塑料是指以合成树脂为主要成分,加入适量添加剂形成的一种能加热融化、冷却后保持一定形状不变的高分子材料。合成树脂是由低分子化合物经聚合反应所获得的高分子化合物,如聚乙烯、聚氯乙烯、酚醛树脂等。树脂受热可软化,起黏结作用。塑料的性能主要取决于树脂。绝大多数塑料是以所用的树脂名称来命名的。

塑料按受热后的性能可分为热塑性塑料和热固性塑料。热塑性塑料加热时可熔融并可多次反复加热使用;热固性塑料经一次成型后,受热不变形,不软化,不能回收再利用,只能压塑一次。

塑料按使用性能可分为通用塑料、耐热塑料和工程塑料三类。通用塑料价格低,产量高,占塑料总产量的3/4以上,如聚乙烯、聚氯乙烯等。耐热塑料工作温度在150~200℃之间,但成本高,如聚四氟乙烯、有机硅树脂、芳香尼龙、环氧树脂等。工程塑料是近几十年发展起来的新型工程材料,具有质量轻、强度大、韧性好、耐蚀、隔热、耐磨等特点,原料易得,加工方便,价格低廉,在工农业生产、国防和日常生活的各个领域广泛应用,如聚酰胺、聚甲醛、聚碳酸酯等。工程塑料主要用于飞机、汽车、电子电气、家用电器、医疗机械等要求轻型化的设备;也可用作强度要求高的零件,如车门拉手、保险杠、外护板、操纵杆等;还可用作耐磨性要求高的零件,如轴承、齿轮、机床导轨、高压密封圈等。

2. 橡胶

橡胶是在室温下处于高弹态的高分子材料,最大的特性是具有高弹性,弹性变形量可达100%~1 000%,具有优良的伸缩性和积贮能量的能力,还有良好的耐磨性、隔声性、阻尼性和绝缘性。橡胶按原料来源不同分为天然橡胶和合成橡胶。合成橡胶在工程上应用较为广泛。常用的合成橡胶按应用分为通用橡胶(如丁苯橡胶、顺丁橡胶、氯丁橡胶等)和特种橡胶(如丁腈橡胶、硅橡胶、氟橡胶等)。通用橡胶主要用来制造轮胎、运输带、胶管、橡胶板、垫片、密封装置等,特种橡胶主要用来制造在高温、低辐射环境下和在酸、碱、油等特殊介质下工作的制品。

3. 合成纤维

合成纤维是呈黏流态的高分子材料经过喷丝工艺制成的。合成纤维一般都具有强度高、密度小、耐磨、耐蚀等特点。常用的合成纤维有涤纶、棉纶、腈纶等。

4. 黏合剂

黏合剂主要用于胶接物体。黏合剂一般是由几种组分混合而成的，常以高聚物或高分子化合物（如树脂、橡胶）为基料，添加固化剂、填料、溶剂等配制而成，如环氧黏合剂、聚氨酯黏合剂、酚醛黏合剂等。黏合剂在工业中应用广泛，如人造木、书籍装订、器件破损修补、密封等均使用黏合剂。

2.1.4 复合材料

复合材料是指由两种或两种以上物理、化学性质不同的物质，经人工合成的材料。它保留了各组成材料的优良性能，从而得到单一材料所不具备的优良的综合性能。复合材料具有以下基本特点：①比强度和比模量高；②良好的抗疲劳性能；③耐烧蚀性和耐高温性好；④结构件减振性能好；⑤具有良好的减摩、耐磨和自润滑性能。

复合材料的优异性能使其得到较广泛的应用，在航空、航天、交通运输、机械工业、建筑工业、化学工业及国防工业等部门起着重要的作用。例如，喷气机的机翼、直升机的螺旋桨、发动机的油嘴等结构零件都使用了复合材料。

复合材料一般由增强材料和基体材料两部分组成，增强材料均匀地分布在基体材料中。基体材料有金属基材料和非金属基材料两类。金属基材料主要有铝合金、镁合金、钛合金等，非金属基体材料有合成树脂、陶瓷等。增强材料主要有纤维（玻璃纤维、碳纤维、硼纤维、碳化硅纤维等）、丝、颗粒、片材等。按增强材料的种类和形状可分为纤维增强复合材料、层压复合材料和颗粒复合材料等。

1. 纤维增强复合材料

玻璃纤维增强复合材料是指以玻璃纤维为增强材料，以热塑性或热固性塑料为基体材料组成的复合材料，又称玻璃钢。玻璃纤维增强复合材料具有较高的力学、介电、耐热、抗老化性能，工艺性能优良，常用来制造轴承、齿轮、仪表盘、壳体、叶片等零件。

碳纤维增强复合材料是指以碳纤维为增强材料，以树脂、石墨、陶瓷或金属为基体组成的复合材料。碳纤维是高强度、高弹性模量的增强相，通常以人造纤维为原料，在高温下隔绝空气碳化而制得。碳纤维增强复合材料常用来制造喷嘴、喷气发动机叶片、导弹的鼻锥体及重型机械轴瓦、齿轮、化工设备的耐蚀件等。

2. 层压复合材料

层压复合材料常用于制作无油润滑轴承，也用于制作机床导轨、衬套、垫片等；还可用于制造飞机、船舶的隔板及冷却塔等。

3. 颗粒复合材料

颗粒复合材料是指由一种或多种材料的颗粒均匀分散在基体材料内组成的材料，是一种优良的工程材料，可用来制作硬质合金刀具、拉丝模等。金属陶瓷是一种常见的颗粒复合材料，具有高硬度、高强度、耐磨损、耐高温、耐腐蚀和膨胀系数小等优点。

复合材料的发展非常迅速，其应用范围也在不断扩大。除了传统复合材料以外，现在又陆续出现了许多新型的复合材料，例如纳米复合新材料、仿生复合材料等。这些材料的研究

2.2 金属材料的性能

金属材料的性能包括使用性能和工艺性能。使用性能是指材料在使用过程中表现出来的性能,包括物理性能、化学性能和力学性能等;工艺性能是指材料对各种加工工艺适应的能力,包括铸造性能、锻造性能、焊接性能、热处理性能和切削加工性能等。

2.2.1 金属材料的力学性能

金属材料的力学性能又称机械性能,是指材料在各种载荷(静载荷、冲击载荷、疲劳载荷等)作用下表现出来的抵抗变形和破坏的能力。常用的力学性能指标有弹性、刚度、强度、塑性、硬度、冲击韧度和疲劳强度等。

1. 弹性

物体在外力作用下改变其形状和尺寸,当外力卸除后物体又恢复到其原始形状和尺寸,这种特性称为弹性。其大小用弹性极限 σ_e 表示,单位为 MPa。弹性极限是指金属材料不产生塑性变形时所能承受的最大应力。对于在工作中不允许产生任何塑性变形的零件,设计时,弹性极限就成为该类零件选材的重要依据,如弹簧需选用弹性极限高的材料。

2. 刚度

大多数机械零件在工作过程中是处于弹性状态,为防止发生弹性变形失效,不允许零件有过多的弹性变形。零件抵抗弹性变形的能力,称为刚度。工程上常用弹性模数 E 作为衡量材料刚度的指标。E 越大,刚度越好。当材料选定(即 E 一定)后,提高零件刚度的方法就只有增加零件的横截面积了。

3. 强度

强度是指金属材料抵抗永久变形和断裂的能力。分为抗拉强度 σ_b、屈服点(屈服强度)σ_s、抗压强度 σ_{bc}、抗弯强度 σ_{bb}、抗剪强度 σ_τ,单位均为 MPa。其中抗拉强度和屈服点是选材的重要依据。机械设计时必须保证零件的最大工作应力不得超过材料的抗拉强度,以免断裂。在发动机的缸盖螺栓选材时,为保证气缸体与缸盖间的气密性,螺栓不允许产生塑性变形,所选材料的屈服点应不小于其最大的工作应力。

4. 塑性

塑性是指断裂前金属材料发生不可逆永久变形的能力,常用指标是断后伸长率 δ(%)和断面收缩率 ψ(%)。δ 和 ψ 越大,材料塑性越好,即材料承受较大的塑性变形而不被破坏。一般把断后伸长率大于 5% 的金属称为塑性材料(如低碳钢),而把断后伸长率小于 5% 的金属称为脆性材料(如灰铸铁)。塑性好的金属材料容易进行锻压、焊接,能够采用冷变形,如冷冲压等;好的塑性也可避免发生机器零件在使用中万一超载而产生突然断裂的状况。

5. 硬度

硬度是指金属材料抵抗其他更硬的物体压入其表面的能力,是衡量金属软硬程度的判断依据。在一般情况下,金属材料的硬度越高,耐磨性能越好,而且硬度与强度之间有一定的关系,根据硬度的大小可以大致估算材料的抗拉强度,因此,硬度是金属材料最重要的性能之一。

金属材料的硬度指标是在硬度机上测定的。生产中,硬度测定方法有压入硬度实验法(如布氏硬度、洛氏硬度、维氏硬度)、划痕硬度实验法(如莫氏硬度)、回跳硬度法(肖氏硬度)等。其中布氏硬度(HB)、洛氏硬度(HR)、维氏硬度(HV)最常用。

6. 冲击韧度

许多机械零件、构件或工具在服役时,往往要承受冲击载荷的作用,如活塞销、连杆、锤杆、冲模等,因此在选材时,还必须考虑材料抵抗冲击载荷的能力。金属材料抵抗冲击载荷的能力称为冲击韧度。一般用材料单位横截面积的冲击消耗能量作为冲击韧度指标,表示符号为 $α_k$,单位 J/cm^2。冲击韧度值越大,说明材料韧性越好。

7. 疲劳强度

金属材料在无数次重复交变载荷作用下不发生断裂的最大应力,称为疲劳强度。对称弯曲疲劳强度以 $σ_{-1}$ 表示。实际上不可能进行无数次试验,故工程上采用的疲劳强度是指材料在一定的应力循环次数下不发生断裂的最大应力。对钢材而言,如应力循环次数达 10^7 次仍不发生疲劳断裂,就认为不会再发生疲劳断裂。非铁合金材料和某些超高强度钢的应力循环基数则常取 10^8 次。

2.2.2　金属材料的物理和化学性能

在机械制造中,绝大多数机械零件都是以力学性能作为设计计算和选材的主要依据,但有些机械设备除要求应具备一定的力学性能外,还要求具备某些特殊的物理性能或化学性能。例如,飞机零件要选用密度小的铝合金;导电元件则要采用导电性好的铜或铜合金;内燃机的排气门应选用耐热性好的材料;某些化工设备零件则要求耐腐蚀性好的材料等。

1. 物理性能

金属的物理性能是指金属材料对自然界的各种物理现象的反应。物理性能主要包括密度、熔点、热膨胀系数、导热性、导电性、磁性等。

2. 化学性能

化学性能是指金属材料在常温或高温时抵抗各种化学介质作用的能力,即金属材料的化学稳定性,如抗氧化性、耐蚀性和耐热性等。耐蚀性包含耐酸性和耐碱性。在腐蚀性介质中或在高温下服役的零部件比在正常室温条件下受到的腐蚀更强烈。在设计这类零件时应考虑选用化学稳定性较好的合金钢。如化工设备、医疗用具等常采用不锈钢来制造,而内燃机排气阀和火力发电设备常采用耐热钢制造。

金属材料的物理性能、化学性能对热加工工艺也有一定的影响。例如,高速钢的导热性较差,锻造和热处理时都必须用较低的加热速度,否则会产生裂纹。又如,铸钢和铸铁因熔点的不同,其熔炼和浇注工艺也不同。

2.2.3　金属材料的工艺性能

金属材料的工艺性能是指在机械零件的制造过程中,材料对各种加工方法的适应性,或者说采用某种加工方法将金属材料制成成品的难易程度。工艺性能是材料在加工方面的物理、化学和力学性能的综合表现。按工艺方法不同,工艺性能可分为铸造性能、锻造性能、焊接性能、热处理性能、切削加工性能等。

1. 铸造性能

铸造性能是指金属材料通过铸造方法制成优质铸件的难易程度。其影响因素主要包括材料的流动性、收缩性、吸气性等。流动性越好，收缩性越小，则铸造性能越好。金属材料中，灰铸铁、锡青铜、硅黄铜和铸铝合金等有良好的铸造性能。

2. 锻造性能

锻造性能是指金属材料在锻压加工过程中，获得优良锻压件的难易程度。它与金属材料的塑性及变形抗力有关。塑性越高、变形抗力越小，则锻压性能越好。

3. 焊接性能

焊接性能是指金属材料在一定焊接工艺条件下，获得优质焊接接头的难易程度。焊接性能与材料的化学成分、焊接方法及加工条件密切相关。焊接性能是一个相对的概念。同一金属材料的焊接性能，随所采用的焊接方法、焊接材料、焊接工艺的改变可能会产生很大差异。例如，当铝及铝合金采用焊条电弧焊和气焊焊接时，难以获得优质焊接接头，此时该类金属的焊接性能差；但如果用氩弧焊焊接时，焊接接头的质量良好，此时该类金属的焊接性能好。所以，随着焊接技术的不断发展，金属的焊接性能也会改变。通常情况下，低碳钢的焊接性能良好，高碳钢、铸铁的焊接性能差。

4. 热处理性能

热处理性能是指金属材料在改变温度和冷却时，获得所需要的结构和性能的能力。对钢而言常指淬透性、淬硬性、回火脆性、裂纹倾向性等。

5. 切削加工性能

切削加工性能是指金属材料被刀具切削加工的难易程度。当切削某种材料时，若刀具的寿命长、切削量大、表面质量高，则认为该材料的切削加工性能好。影响切削加工性能的因素主要是材料的化学成分和金相组织等。

2.3 钢的热处理

热处理是指将钢在固态下加热到预定的温度，并在该温度下保持一段时间，然后以一定的速度冷却到室温的一种热加工工艺。其目的是改变钢的内部组织结构，以改善其性能。热处理可以消除铸、锻、焊等热加工工艺造成的各种缺陷，细化晶粒，消除偏析，降低内应力，使钢的组织更加均匀。适当的热处理也可以显著提高钢的力学性能，延长机械零件的使用寿命。在机械制造中，多数零件，特别是重要的机械零件，如齿轮、传动轴、轴承、弹簧、工模具等均需进行热处理。

钢的热处理工艺过程包括加热、保温和冷却三个阶段，其工艺曲线如图2-2所示。

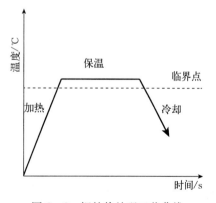

图2-2 钢的热处理工艺曲线

根据加热和冷却方法不同，将热处理分为普通热处理和表面热处理。常用普通热处理方法有退火、正火、淬火和回火。表面热处理方法有表面淬火和化学热处理。

2.3.1 普通热处理

1. 退火

退火是指将工件加热到某一合适温度（碳钢一般加热到 740~880 ℃），保温一定时间，然后缓慢冷却（通常是随炉冷却或埋入导热性较差的介质中冷却）的一种工艺方法。退火的主要目的是均匀化学成分及组织，细化材料内部晶粒，调整硬度，消除毛坯在成形（锻造、铸造、焊接）过程中所造成的内应力和加工硬化，改善切削加工性能，为后续的机械加工和热处理做好准备。常用的退火方法有消除中碳钢铸件缺陷的完全退火，改善高碳钢切削加工性能的球化退火和去除大型铸锻件应力的去应力退火等。

2. 正火

正火是指将工件加热到某一温度（碳钢一般加热到 760~920 ℃），保温一定时间后，出炉并在空气中冷却的一种工艺方法。由于正火的冷却速度稍快于退火，经正火后的零件，其强度和硬度较退火零件要高，而塑性、韧性略有下降。对于塑性和韧性较好、硬度低的低碳钢，可以用正火处理代替退火处理，提高零件硬度，改善其切削加工性能，这对于缩短生产周期，提高劳动生产率有较好的实用意义；对于中碳钢，正火可以消除其热加工缺陷，细化晶粒，使组织正常化；对于高碳钢，正火可消除网状渗碳体，便于球化退火；对某些使用要求不太高的零件，可通过正火提高强度、硬度，并把正火作为零件的最终热处理。

3. 淬火

淬火是指将工件加热到临界温度以上一定温度（碳钢一般加热到 770~870 ℃），保温一定时间，然后在淬火介质中快速冷却的一种工艺方法。淬火的主要目的是提高零件的强度和硬度，增加耐磨性。淬火是工件强化的最经济有效的热处理工艺，几乎所有的工具、模具和重要零部件都需要进行淬火处理。

淬火冷却的基本要求是既要使工件淬硬，又要避免产生变形和开裂，因此合适的淬火介质十分重要。常用的淬火冷却介质有水、油、盐溶液、碱溶液等。水最便宜而且冷却能力较强，但随着水温的升高，冷却能力显著下降，因此淬火时水温不应超过 30 ℃。水适合于尺寸不大、形状简单的碳钢零件的淬火。浓度为 10% 的 NaCl 或 NaOH 溶液与纯水相比，冷却能力显著提高。前者的冷却能力是纯水冷却能力的 10 倍以上，而后者的冷却能力更高。油也是一种常用的淬火介质。目前工业上主要采用矿物油，如锭子油、全损耗系统用油（俗称机油）、柴油等。油的主要优点是低温区间冷却能力比水小得多，从而可大大降低淬火工件的组织应力，减小工件变形和开裂的倾向；缺点是高温区间冷却能力低。油多用于合金钢的淬火。

4. 回火

工件淬火后，硬度、强度及耐磨性都显著提高，而脆性增加，并产生很大的内应力。为了降低脆性、消除内应力，必须进行回火处理。

回火是指把淬火后的工件再次加热到一定温度（低于临界温度，一般为 150~650 ℃），保温一定时间后，冷却到室温的一种工艺方法。随着回火温度的升高，零件的硬度逐渐降低，脆性不断消除，淬火应力不断减少。通常将回火分为低温回火、中温回火和高温回火三种。

（1）低温回火　低温回火温度一般为 150~250 ℃，回火组织主要为回火马氏体。低温回火使工件既保持了高强度、高硬度和良好的耐磨性,又适当提高了韧性,特别适用于要求高硬度的耐磨零件,如刀具、量具、滚动轴承、渗碳件及高频表面淬火工件。

(2) 中温回火　中温回火温度一般为350~500℃,回火组织为回火托氏体。中温回火后工件的淬火应力基本消失,具有高的弹性极限,较高的强度和硬度,良好的塑性和韧性。中温回火主要用于处理各种弹簧零件及热锻模具。

(3) 高温回火　高温回火温度一般为500~650℃,回火组织为回火索氏体。习惯上将淬火和随后的高温回火相结合的热处理工艺称为调质处理。经调质处理后,工件可获得强度、硬度、塑性和韧性等都较好的综合力学性能。高温回火主要适用于中碳结构钢或低合金结构钢制作的重要机器零件,如发动机曲轴、连杆、连杆螺栓、汽车半轴、机床主轴及齿轮等。这些机器零件在使用中要求较高的强度并能承受冲击和交变载荷的作用。

2.3.2 表面热处理

1. 表面淬火

齿轮、凸轮、曲轴及各种轴类零件在扭转、弯曲等交变载荷下工作,并承受摩擦和冲击,其表面要比心部承受更高的应力,因此,要求零件表面具有高的强度、硬度和耐磨性,心部具有一定的强度、足够的塑性和韧性。采用表面淬火工艺可以达到这种表面硬、心部韧的性能要求。

表面淬火是指将工件表层快速加热到一定温度,热量未传到工件心部时,立即采用某种介质迅速冷却,使表层获得淬火组织的一种工艺方法。表面淬火根据加热方式不同分为感应加热表面淬火、火焰加热表面淬火和激光加热表面淬火。

(1) 感应加热表面淬火　感应加热表面淬火是指将工件放在通有一定频率交流电的感应圈内,利用工件内部产生的感应电流加热工件,然后淬火冷却的热处理工艺方法。原理如图2-3所示。工件表面感应电流密度大,心部电流密度小,可将工件表面层迅速加热到淬火温度,但工件心部的温度变化不大,随后水(或油等其他介质)冷,工件表面层被淬硬,而心部硬度变化不大。交流电的频率越高,工件表面电流密度越大,加热层越薄,所需时间也越短,淬火硬化层也越薄。感应加热表面淬火的特点是加热速度快,淬火质量高,淬硬层厚度容易控制,易于实现自动化,但设备较为复杂,故适用于大批量生产。

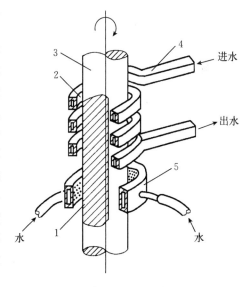

图2-3　感应加热表面淬火的原理
1. 加热淬硬层　2. 间隙　3. 工件
4. 加热感应圈　5. 淬火喷水套

(2) 火焰加热表面淬火　火焰加热表面淬火是指利用乙炔-氧气或煤气-氧气的混合气体燃烧的火焰,对工件表面快速加热,随后快速冷却的工艺。原理如图2-4所示。火焰加热表面淬火的淬硬深度一般为2~6mm,主要适用于单件或小批量生产的大型零件和需要局部淬火的工具及零件等。主要缺点是加热不均匀,易造成工件表面过热或熔化,因而限制了它在机械工业生产中的应用。

(3) 激光加热表面淬火　激光加热表面淬火是指利用激光束扫描零件表面,将表面加热到相变点以上,随着材料自身冷却,奥氏体转变为马氏体,从而使材料表面硬化的淬火技术。原理如图 2-5 所示。激光加热表面淬火的功率密度高,冷却速度快,不需要水或油等冷却介质,是清洁、快速的淬火工艺。与感应淬火、火焰淬火、渗碳淬火工艺相比,激光淬火淬硬层均匀,硬度高,工件变形小,加热层深度和加热轨迹容易控制,易于实现自动化,不需要像感应加热表面淬火那样根据不同的零件尺寸设计相应的感应线圈,对大型零件的加工也不会受到化学热处理时炉膛尺寸的限制,因此在工业很多领域中正逐步取代感应加热表面淬火和化学热处理等传统工艺。尤其重要的是激光淬火前后工件的变形几乎可以忽略,因此特别适合高精度要求的零件表面处理。

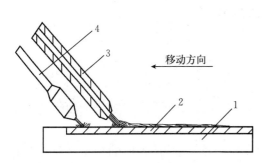 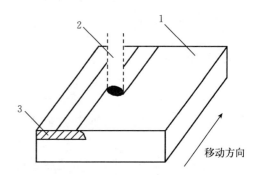

图 2-4　火焰加热表面淬火的原理　　　　　图 2-5　激光加热表面淬火的原理
1. 工件　2. 淬硬层　3. 喷水管　4. 火焰喷嘴　　　　1. 工件　2. 激光束　3. 淬硬层

激光淬火现已成功地应用于冶金行业、机械行业、石油化工行业中易损件的表面强化,特别是在提高轧辊、导卫、齿轮、剪刀等易损件的使用寿命方面,效果显著,取得了很好的经济效益与社会效益。近年来在模具、齿轮等零部件表面强化方面也得到越来越广泛的应用。

2. 化学热处理

化学热处理是指将工件放入某种介质的氛围中加热、保温,使一种或几种化学元素渗入工件表层,改变表层化学成分、组织和性能的热处理工艺方法。渗碳是生产中应用较多的化学热处理方法之一。

渗碳是指将碳原子渗入工件表层,使工件表面含碳量增加。需要渗碳的零件一般为低碳钢或低碳合金钢,渗碳后表层成为高碳钢。渗碳厚度一般为 0.5～2 mm。渗碳后再进行淬火和低温回火,可使表面硬度高、中心韧性好,适用于要求耐磨而又承受冲击载荷的零件。常用的渗碳方法有固体渗碳和气体渗碳两种。固体渗碳是指将零件放在装有木炭粒和碳酸盐的密封铁箱中,然后将铁箱在炉中加热,生产率较低。气体渗碳是指将零件直接放在密封的炉中加热,并通入渗碳气体,生产效率较高。

2.3.3　常用热处理设备

热处理设备主要有加热设备、冷却设备和检验设备等。

1. 加热设备

热处理加热设备主要是加热炉,常用的加热炉有箱式电阻炉和井式电阻炉。

(1) 箱式电阻炉 箱式电阻炉是由耐火砖砌成的炉膛及侧面和底面布置的电热元件组成的。通电后，电能转化为热能，通过热传导、热对流、热辐射对工件进行加热。一般根据工件的大小和装炉量的多少选用箱式电阻炉。箱式电阻炉应用最为广泛，常用作工件的退火、正火、淬火、回火、调质及固体渗碳等热处理的加热设备。箱式电阻炉的结构如图2-6所示。

(2) 井式电阻炉 井式电阻炉的炉身置于地面以下，炉口向上如井。其工作原理与箱式电阻炉相同，特别适宜长轴类零件的垂直悬挂加热，可以减少弯曲变形。另外，井式电阻炉可用吊车装卸工件，故应用较为广泛。井式电阻炉的结构如图2-7所示。

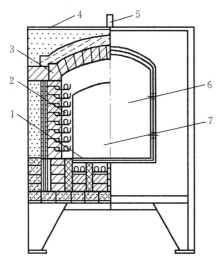
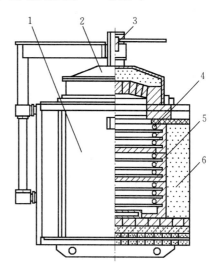

图2-6 箱式电阻炉
1. 炉底板 2. 电阻丝 3. 耐火砖
4. 炉壳 5. 热电偶 6. 炉门 7. 炉膛

图2-7 井式电阻炉
1. 炉壳 2. 炉盖 3. 炉盖升降机构
4. 电热元件 5. 炉衬 6. 保温层

2. 冷却设备

冷却设备是为了能够保证工件在冷却时具有相应的冷却速度和冷却温度。常用的冷却设备有水槽、油槽、缓冷坑等。为了提高生产能力，常配备冷却循环系统和吊运设备。冷却介质主要包括自来水、盐水、机油、硝酸盐溶液等。

3. 检验设备

常用的检验设备有金相显微镜、布氏硬度计、洛氏硬度计、无损探伤仪、物理性能测试仪、游标卡尺等。

2.3.4 热处理新技术

1. 形变热处理

形变热处理是指将塑性变形和热处理有机结合在一起的一种复合工艺。该工艺既能提高钢的强度，又能改善钢的塑性和韧性，获得形变强化和相变强化的综合效果。形变热处理不仅可以提高工件的强韧性，还可以简化金属材料或工件的生产流程。形变热处理的方法很多，有高温形变热处理、低温形变热处理、等温形变淬火、形变时效和形变化学热处理等。

高温形变热处理适用于一般碳钢、低合金钢结构零件以及机械加工量不大的锻件或轧材,如连杆、曲轴、弹簧、叶片及各种农机具零件;低温形变热处理可用于结构钢、弹簧钢、轴承钢及工具钢。经低温形变热处理后,结构钢强度和韧性显著提高,弹簧钢疲劳强度、轴承钢强度和塑性、高速钢切削性能和模具钢耐回火性均得到提高。

形变热处理虽有很多的优点,但增加了变形工序,设备和工艺条件受到限制,应用还不普遍。对形状比较复杂或尺寸较大的工件进行形变热处理还有困难,形变后需要进行切削加工或焊接的工件也不宜采用形变热处理,这些问题有待于进一步研究解决。

2. 真空热处理

真空热处理是指热处理工艺的全部或部分在真空状态下进行。真空热处理可以实现几乎所有的常规热处理所能涉及的热处理工艺,包括真空淬火、真空退火、真空回火和真空化学热处理(如真空渗碳、真空渗铬等),热处理后工件质量可大大提高。

真空热处理所处的真空环境指的是低于一个大气压的气氛环境,包括低真空、中等真空、高真空和超高真空。与常规热处理相比,真空热处理可减小工件变形,使钢脱氧、脱氢和净化工件表面,实现无氧化、不脱碳、表面光洁,可显著提高耐磨性和疲劳强度。真空热处理的工艺操作条件好,有利于实现机械化和自动化,而且节约能源,减少污染,因而发展较快。

3. 可控气氛热处理

可控气氛热处理是指将工件放在炉气成分控制在预定范围内的加热炉中进行的热处理工艺。可控气氛热处理可有效地控制渗碳、碳氮共渗等化学热处理时表面碳的浓度,或防止工件在加热时氧化和脱碳,还可实现低碳钢的光亮退火及中、高碳钢的光亮淬火。可控气氛按炉气可分为渗碳性气氛、还原性气氛和中性气氛等。按吸热、放热方式可控气氛可分为吸热式气氛、放热式气氛、放热—吸热式气氛,其中以放热式气氛的制备最便宜。

4. 电子束淬火

电子束淬火是指利用电子枪发射成束电子轰击工件表面,使之急速加热,然后自冷淬火的热处理工艺。其能量利用率大大高于激光热处理,可达80%。这种表面热处理工艺不受钢材种类限制,淬火质量高,基体性能不变,是很有发展前途的新工艺。

5. 化学热处理新技术

(1) 电解热处理 电解热处理是指将工件和加热容器分别接在电源的负极和正极上,容器中装有渗剂,利用电化学反应使欲渗元素的原子渗入工件表层的工艺。电解热处理可以用于电解渗碳、电解渗硼和电解渗氮等。

(2) 离子化学热处理 离子化学热处理是指在真空炉中通入少量与热处理目的相适应的气体,在高压直流电场作用下,稀薄的气体放电、启辉加热工件,与此同时,欲渗元素从通入的气体中离解出来,渗入工件表层的工艺。离子化学热处理比一般化学热处理速度快,在渗层较薄的情况下尤为显著。离子化学热处理可进行离子渗碳、离子碳氮共渗、离子渗氯、离子渗硫和渗金属等。

2.4 典型零件热处理训练

项目一 锤头的淬火和回火

完成图2-8所示锤头的热处理工艺中的淬火和回火操作过程。锤头材料为45钢。

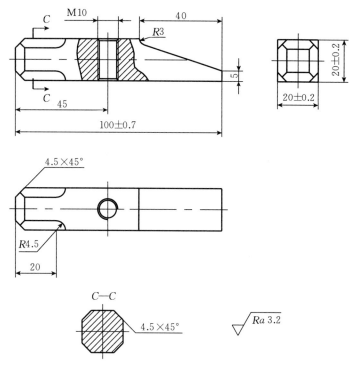

图 2-8 锤头零件图

1. 热处理要求

锤头中间部分热韧性好,所以中间部分不淬火;两端锤击部分硬度为 49~56 HRC,热处理深度为 4~5 mm,采用局部热处理方法。

2. 热处理方法

淬火+低温回火。

3. 热处理设备

中温箱式电阻炉。

4. 工艺路线

圆钢(或方钢)下料→锻造→粗铣(或粗刨)→钳工制作→淬火+低温回火→检验。

5. 操作要点

把锤子放在电阻炉中加热至 820~850 ℃,保温 15 min,取出在冷水中连续调头淬火,淬入水中深度约为 5 mm,待锤头呈暗黑色后,全部浸入水中。淬火结束后再将其放入回火炉中进行回火,加热温度为 250~270 ℃,保温 90 min。

6. 检测

热处理后用硬度计检验硬度是否符合要求。

项目二 灰铸铁平台退火

完成图 2-9 所示平台的去应力退火操作过程。平台材料为 HT150。

1. 热处理要求

平台是精度要求较高的铸件,要求变形小、几何尺寸稳定性好,并需要通过热处理消除铸造后的残余应力和机械加工应力，以保持其尺寸稳定性。

2. 热处理方法

去应力退火。

3. 热处理设备

中温箱式电阻炉。

4. 加热温度和保温时间

加热温度为 530～550 ℃，保温时间为 8～10 h。

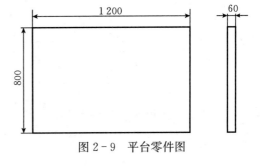

图 2-9　平台零件图

5. 工艺路线

铸造→粗加工→去应力退火→半精加工→去应力退火→精加工→检验。

6. 操作要点

由于铸件尺寸较大，原始应力大，为避免温差造成更大的变形，应以冷炉装炉，随炉缓慢（加热速度小于 80 ℃/h）升温；为使铸件受热均匀，应把铸件放在垫铁上；冷却速度是决定去应力退火的关键因素，因此应以小于或等于 20 ℃/h 的速度冷却至室温；出炉后铸件应平放，不能雨淋，不能水浸。

思考题

1. 说明下列钢号各代表何种钢：
Q235、45、T12、20CrMnTi、40Cr、60Si2Mn、HT200
2. 根据石墨的形状不同，铸铁可分为哪几类？
3. 工程塑料有哪些特点和用途？
4. 什么是金属材料的力学性能？力学性能有哪些指标？
5. 金属材料的工艺性能主要包括哪些方面？
6. 什么是热处理？常用的热处理方法有哪些？
7. 什么是退火？什么是正火？它们有什么异同点？
8. 什么是淬火？淬火的目的是什么？常用的淬火介质有哪几种？
9. 钢在淬火后为什么要回火？三种类型回火的用途有何不同？
10. 什么是调质处理？其目的是什么？
11. 表面淬火的目的是什么？有几种表面淬火的方法？
12. 弹簧和车床主轴各应选择哪些主要的热处理工艺以保证其使用性能？

第 3 章 铸 造

3.1 概 述

铸造是指熔炼金属、制造铸型并将熔融金属浇入铸型,熔融金属经凝固后获得一定形状和性能的金属毛坯或零件的成形方法。其实质是液态金属逐步冷却凝固而成形。用铸造方法获得的金属毛坯或零件称为铸件。

我国铸造技术历史悠久。早在 3 000 年前,青铜铸件已经开始应用;2 500 年前,铸铁工具应用已经相当普遍。大量考古文物显示了我国古代劳动人民在铸造技术上的精湛技艺。铸造方法至今仍然是机械制造中生产机器毛坯或零件的主要方法之一。用于铸造生产的金属主要有铸铁、铸钢以及有色金属。铸件在机械产品中占有很大的比例。如在机床、内燃机、重型机器中,铸件占 70%~90%,在制造业中占有重要的地位。

3.1.1 铸造生产的特点和分类

1. 铸造生产的特点

(1) 适用范围广 铸造成形几乎不受工件大小、薄厚、重量和形状的限制,尤其适用于有内腔及外形复杂的工件成形,这是其他金属成形方法难以办到的。

(2) 生产成本低 铸造生产用的原材料来源广泛,并可大量利用废旧金属;工艺设备费用低,容易实现机械化生产;铸件具有一定的尺寸精度,后续加工余量小,可节约原材料和加工能耗,综合经济性好。

(3) 生产方式灵活 铸造既可用于单件生产,也可用于成批生产,基本不受生产批量的限制。生产准备过程简单,周期短,批量生产时可实现机械化生产。

(4) 铸件质量不稳定 铸造成形工艺过程复杂,工序多,有些工艺过程难以精确控制,易产生缩孔、缩松、气孔、夹渣、晶粒粗大等缺陷,质量不够稳定,废品率相对较高。

2. 铸造的分类

铸造生产方法很多,常分为砂型铸造和特种铸造两大类。

(1) 砂型铸造 用型砂紧实成形的铸造方法称为砂型铸造。因为型砂来源广泛、价格低廉,且砂型铸造方法适应性强,所以砂型铸造是目前生产中应用最多、最基本的铸造方法。砂型铸造生产的铸件占铸件总产量的 80% 以上。

(2) 特种铸造 与砂型铸造不同的其他铸造方法统称为特种铸造,如熔模铸造、金属型铸造、压力铸造、离心铸造等。

3.1.2 砂型铸造的工艺过程

铸造生产过程是一个既复杂、繁琐，又有较多工序的工艺过程，基本上是由造型（造芯），合金熔炼，浇注、落砂、清理三个独立工艺过程构成。图3-1表示砂型铸造的基本工艺过程：根据零件的形状和尺寸，设计制造模样和芯盒；配制型砂和芯砂（即制砂）；用模样制造砂型；用芯盒制造型芯（即制芯）；把烘干的型芯装入砂型并合型形成铸型；把冲天炉或其他加热炉熔化的液态金属浇入铸型；凝固后经落砂、清理、检验，得到铸件。

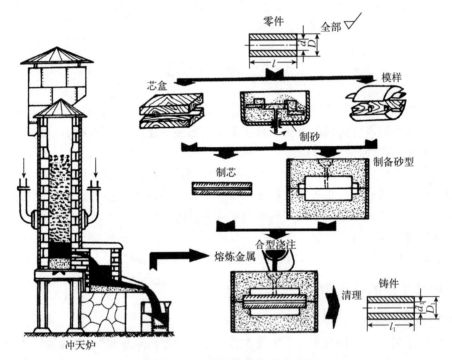

图3-1 砂型铸造的基本工艺过程

3.1.3 铸型的组成

铸型是指用金属或其他耐火材料制成的组合整体，是金属液凝固后形成铸件的地方。砂型铸造的典型铸型由上型、下型、浇注系统、型腔、型芯及出气孔等部分组成，如图3-2所示。

分型面是铸造组元间的结合表面，一般位于模样的最大截面。有了分型面可使铸型分开以便取出模样和安放型芯。型芯用来获得铸件的内孔或局部外形，是用芯砂或其他材料制成的。铸型中，造型材料所包围的空腔部分，即形成铸件本体的空腔称为型腔。出气孔是为了排出型腔中的气体、浇注时产生的气体以及金属液析出的气体等而设置的沟槽或孔道。浇注系统是为了将熔融金属填入型腔而开设于铸型中的一系列通道。

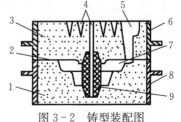

图3-2 铸型装配图
1. 下型 2. 分型面 3. 上型 4. 出气孔
5. 浇注系统 6. 上箱 7. 型腔
8. 下箱 9. 型芯

3.2 砂型铸造

3.2.1 型砂

型砂是指按一定比例配成的造型材料,是制造砂型铸造用铸型的主要材料之一。

1. 型砂的性能

型砂的质量直接影响铸件的质量。型砂质量差会使铸件产生气孔、砂眼、黏砂、夹砂等缺陷。型砂的性能主要体现在以下几个方面:

(1) 可塑性 型砂在外力作用下变形,除去外力后能保持外力所赋予的形状的能力称为可塑性。可塑性好,便于制造形状复杂、型腔轮廓清晰的砂型,起模也容易。

(2) 强度 型砂抵抗外力破坏的能力,称为强度。若强度不足,易引起塌箱和型腔表面被破坏,使铸件产生砂眼、不成形等缺陷;若强度太高,会使型砂其他性能变坏和阻碍铸件的收缩,使铸件产生内应力甚至开裂,因此强度要适中。

(3) 透气性 紧实后的型砂能让气体透过的能力称为透气性。高温金属液体浇入铸型后,型腔内充满大量气体,这些气体必须从铸型内顺利排出去,否则将使铸件产生气孔、浇不足等缺陷。铸型的透气性受砂的粒度、黏土含量、水分含量及型砂紧实度等因素的影响。砂的粒度越细、黏土及水分含量越高,砂型紧实度越高,透气性则越差。

(4) 耐火性 型砂能经受高温热作用的能力,称为耐火性。型砂的耐火性好,铸件不易产生黏砂缺陷。型砂中 SiO_2 含量越多,耐火性越好。

(5) 退让性 铸件冷凝收缩时,型砂可被压缩的能力,称为退让性。若型砂的退让性差,则铸件易产生内应力或开裂。型砂越紧实,退让性越差。在型砂中加入木屑等材料可以提高退让性。

此外,还要求型砂有较好的流动性、溃散性和耐用性等。

2. 型砂的组成

为了满足型砂的性能要求,它一般由原砂、黏结剂、水及附加物按一定比例混制而成。

(1) 原砂 原砂是型砂的主体,主要成分是二氧化硅。铸造用砂要求原砂中二氧化硅的质量分数为 85%~97%。原砂的颗粒形状、大小、均匀程度和 SiO_2 含量,对型砂的性能影响很大。砂的颗粒以圆形、大小均匀为好。

(2) 黏结剂 黏结剂是指能使砂粒相互黏结的物质,如黏土、膨润土、矿物质、复合脂和树脂等。不同的黏结剂可以配制性能不同的型砂。黏土、膨润土价格低廉,应用最广。型砂结构如图 3-3 所示。

(3) 水 水可与黏土形成黏土膜,从而增加砂粒的黏结作用,并使其具有一定的强度和透气性。水分的多少对型砂的性能及铸件的质量有很大的影响。水分过多,易使型砂湿度过大,强度低;水分过少,型砂干而脆,强度、可塑性降低,造型、起模困难。

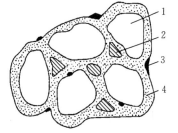

图 3-3 型砂的结构
1. 砂粒 2. 空隙 3. 附加物 4. 黏土膜

(4) 附加物 为使型砂具有某种特殊性能而加入少量的附加物。常加的附加物有煤粉、木屑、草木灰等。煤粉在高温熔融金属作用下燃烧形成气膜,能隔离熔融金属与铸型型腔直接作用,使铸件表面光洁,防止铸件黏砂;加入木屑能改善型砂的透气性和退让性。

3. 混砂

混砂是指将原砂、黏结剂、附加物和水混制成型砂的过程。其目的是将型砂各组成成分混合均匀,使黏结剂均匀分布在砂粒表面。混砂越均匀,型砂的性能越好。实际生产中,型砂的混制是在混砂机中进行的。常用的碾轮式混砂机如图3-4所示。其混砂质量较好,但生产率不高。

混砂的过程是:按配方加入新砂、旧砂、黏结剂和附加物,先干混2~3 min,再加入水湿混5~12 min,性能符合要求后出砂。使用该型砂前要过筛并使其松散。

混制好的型砂性能检测合格后才能使用。在单件小批量生产的铸造车间里,常用手捏法来粗略判断型砂的性能。如用手抓起一把型砂,紧捏时感到柔软容易变形,放开后砂团不松散、不黏手,并且手印清晰,如图3-5(a)所示。把它折断时,端面平整均匀并没有碎裂现象,同时感到具有一定的强度,如图3-5(b)所示,就可认为型砂具有合适的性能。对大批量生产的铸造用型砂,必须通过相应的仪器检验其性能。

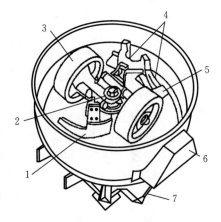

图3-4 碾轮式混砂机
1. 刮板 2. 主轴 3. 碾轮 4. 刮板
5. 卸料口 6. 防护罩 7. 气动拉杆

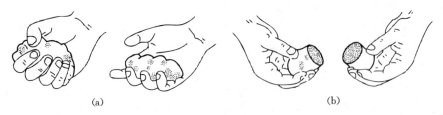

图3-5 手捏法检验型砂

3.2.2 模样和芯盒

模样是铸造生产中必要的工艺装备。对具有内腔的铸件,铸造时内腔由型芯形成,因此,还要制备制芯用的芯盒。制造模样和芯盒常用的材料有木材、金属和塑料。在单件小批量生产时广泛采用木质模样和芯盒,在大批量生产时多采用金属或塑料模样、芯盒。金属模样和芯盒的使用寿命长达10万~30万次,塑料模样和芯盒的使用寿命最多几万次,而木质模样和芯盒的使用寿命仅1 000次左右。

为了保证铸件质量,在设计和制造模样和芯盒时,必须先设计出铸造工艺图,然后根据工艺图的形状和大小制造模样和芯盒。在设计铸造工艺图时,要考虑分型面的位置和模样的起模斜度问题。以压盖零件的铸造工艺图及模样图为例(图3-6),简要说明。

(1)分型面的选择 分型面是上、下型的分界面。选择分型面时必须使模样能顺利地从砂型中取出,并使造型方便,有利于保证铸件质量。

(2)起模斜度 为了易于从砂型中取出模样,凡垂直于分型面的表面,都需做出

0.5°~4°的起模斜度。

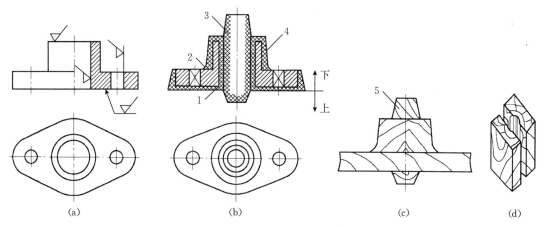

图 3-6 压盖零件的铸造工艺图及模样图
(a) 零件图 (b) 铸造工艺图 (c) 模样图 (d) 芯盒
1. 加工余量 2. 铸造圆角 3. 砂芯 4. 起模斜度 5. 芯头

3.2.3 手工造型

在单件小批量生产中，常采用手工造型。其特点是操作灵活，适应性强，但劳动强度大，生产效率低，对操作人员的技能要求高。

1. 手工造型的工具

手工造型常用的造型工具和修型工具如图 3-7 所示。

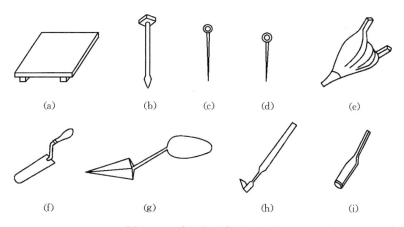

图 3-7 手工造型常用的工具
(a) 底板 (b) 砂春 (c) 通气针 (d) 起模针 (e) 手风器 (f) 镘刀 (g) 压勺 (h) 提钩 (i) 半圆

（1）底板 造型底板用来安装和固定模样，在造型时还可用来托住模样、砂箱和砂型，一般由硬质木材或铝合金、铸铁、铸钢制成。底板应具有光滑的工作面。

（2）砂春 也称春砂锤、捣砂杵，用来春实型砂。其平头用来捶打紧实、春平砂型表面，如砂箱顶部的砂；尖头（扁头）用来春实模样周围及砂箱靠边处或狭窄部分的型砂。

（3）通气针 用于在砂型适当位置扎出通气孔，以利于排出型腔中的气体。

(4) 起模针和起模钉　起模针用于从砂型中取出模样。起模针与通气针十分相似，不过一般起模针较粗，用于取出较小的木模；起模钉工作端为螺纹形，用于取出较大的模样。

(5) 手风器　俗称皮老虎，用来吹去模样上的分型砂及散落在型腔中的散砂、灰土等。使用手风器时注意不要碰到砂型或用力过猛，以免损坏砂型。

(6) 镘刀　也称刮刀，用来修理砂型或砂芯的较大平面，也可开挖浇注系统、冒口，切割大的沟槽及在砂型插钉时把钉子揿入砂型。镘刀通常由头部和手柄两部分构成，头部一般用工具钢制成，有平头、圆头、尖头几种；手柄用硬木制成。

(7) 压勺　用来修整砂型型腔的曲面。

(8) 提钩　也称砂钩，用来修理砂型或砂芯中深而窄的底面和侧壁及提出掉落在砂型中的散砂，由工具钢制成。常用的提钩有直砂钩和带后跟砂钩。

(9) 半圆　也称竹片梗、平光杆，用来修整砂型垂直弧形的内壁和底面。

2. 手工造型方法

手工造型的方法很多，按砂箱特征分为两箱造型、三箱造型、地坑造型等；按模样特征分为整模造型、分模造型、挖砂造型、假箱造型、活块造型和刮板造型等。

(1) 两箱整模造型　当零件的最大截面在端部，并选它作为分型面，然后用两个砂型和整体模样进行造型的方法为两箱整模造型。造型过程如图3-8所示。

两箱整模造型的特点是模样为整体结构，型腔全在一个砂箱里，分型面多为平面，能避免错型等缺陷，因而铸件形状、尺寸精度较高。模样制造和造型都较简单，多用于形状简单的铸件生产，如盘类、盖类、轴承铸件等。

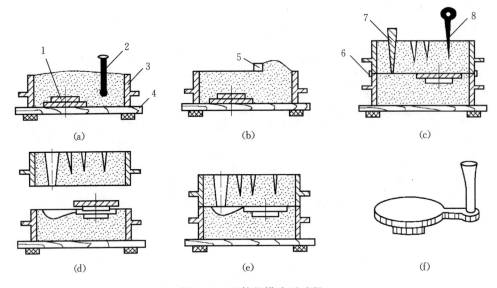

图3-8　两箱整模造型过程

(a) 下箱放模样、舂砂　(b) 刮平下箱　(c) 造上箱　(d) 开箱、起模、挖浇道　(e) 合型　(f) 带浇口的铸件

1. 模样　2. 砂舂　3. 砂箱　4. 横底板　5. 刮板　6. 泥号　7. 浇口棒　8. 气孔针

(2) 两箱分模造型　当铸件不适宜用整模造型时，通常以最大截面为分模面，把模样分成两半，采用分模两箱造型。其特点是模样是分开的，模样的分模面必须是模样的最大截面，以利于起模；分型面与分模面相重合。分模造型过程和整模造型过程相类似，不同的是

造上型时增加了放上半模样和取上半模样两个操作。图3-9为套筒零件的两箱分模造型过程。

两箱分模造型方法简单、应用较广。但分模造型时，若砂箱定位不准、夹持不牢，则易产生错型，影响铸件精度；铸件沿分型面还会产生披缝，影响铸件表面质量，清理也费时。

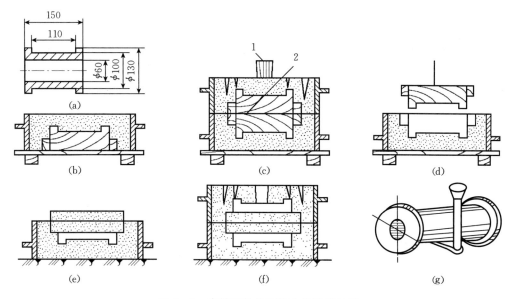

图3-9 套筒零件的两箱分模造型过程
(a) 铸件零件图　(b) 造下型　(c) 造上型、开浇口　(d) 开箱、起模　(e) 下芯　(f) 合型　(g) 带浇口的铸件
1. 浇口棒　2. 分模面（分型面）

（3）活块造型　铸件上有凸起部分妨碍起模时，可将局部影响起模的凸台做成活块，然后在造型起模时，先取出主体模样，再用适当方法取出活块，这种造型方法称为活块造型。用钉子连接活块的造型过程如图3-10所示，应注意先将活块四周的型砂塞紧，再拔出钉子。

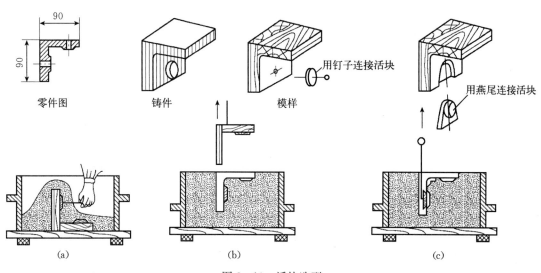

图3-10 活块造型

活块模造型的操作难度较大,对工人的操作技术要求较高,生产率低,只适用于单件、小批量生产。成批生产时,可用外加型芯取代活块,使造型容易,如图 3-11 所示。

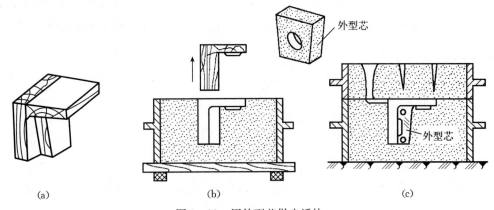

图 3-11 用外型芯做出活块
(a) 模样 (b) 取模,下芯 (c) 合型

(4) **挖砂造型** 当铸件的最大截面不在端部,模样又不便分开时,常将模样做成整体的,造型中将妨碍起模的型砂挖掉至模样最大截面处,以便起模。如图 3-12 中所示的手轮,分型面不平,轮辐处又较薄,不能将模样分成两半,因而可采用挖砂造型。

挖砂造型要求准确挖至模样的最大截面处,较难掌握,要求工人的操作技术水平较高,且生产率低,只适于单件、小批量生产。

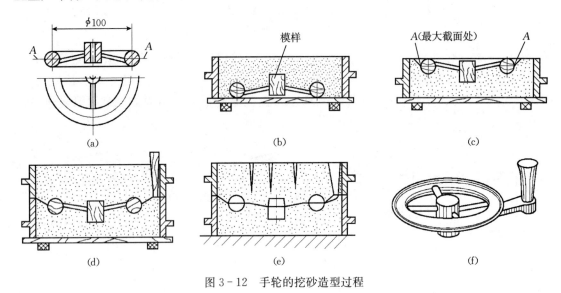

图 3-12 手轮的挖砂造型过程
(a) 零件图 (b) 造下型 (c) 翻下型、挖修分型面 (d) 造上型、起模 (e) 合型 (f) 带浇口的铸件

(5) **刮板造型** 刮板造型是指利用与零件截面形状相适应的特制刮板代替模样进行造型的方法。对于回转体类的铸件,常用绕垂直轴旋转的刮板,如图 3-13 所示。按铸件尺寸选好砂箱,并适当紧实一部分型砂,使刮板轴能定位且转动自如。用下型刮板刮制下型,用上型刮板刮制上型,合型后便制得铸型。

刮板造型能节省模样材料和模样加工工时,但造型操作费时、生产率较低,多适于单件、小批量生产，尤其是大型回转体铸件的生产。

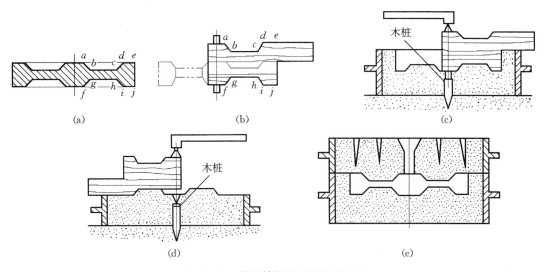

图 3-13　带轮铸件的刮板造型过程
(a) 带轮铸件　(b) 刮板　(c) 刮制下型　(d) 刮制上型　(e) 合型

（6）三箱分模造型　三箱分模造型操作程序复杂，必须有与模样高度相适应的中箱，如图 3-14 所示，因此难以应用于机器造型。当生产量大时，可采用外型芯（如环形型芯）的办法，将三箱分模造型改为两箱整模造型（图 3-15）或两箱分模造型（图 3-16），以适应机器两箱造型。

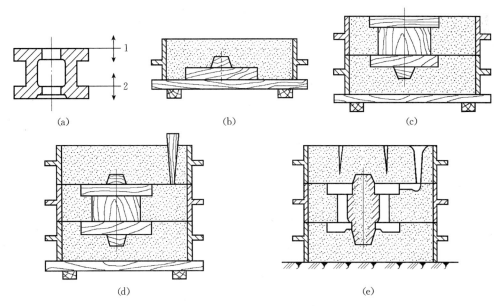

图 3-14　三箱分模造型过程
(a) 铸件　(b) 造下型　(c) 造中型　(d) 造上型　(e) 起模、下芯、合型

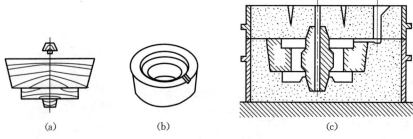

图 3-15 采用外型芯的两箱整模造型
(a) 模样 (b) 外型芯 (c) 合型

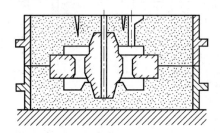

图 3-16 采用外型芯的两箱分模造型

3. 制芯

为了获得铸件的内腔或局部外形，用芯砂或其他材料制成的、安放在型腔内部的铸型组元称为型芯。绝大部分型芯是用芯砂制成的。芯砂是指将原砂、黏结剂、附加物和水按一定比例混制而成的符合造芯要求的造型材料。由于铸件在成形过程中，型芯受高温金属液的冲击和包围，工作条件较恶劣，故芯砂的性能要比型砂高，同时也要求芯砂易从铸件中取出，即芯砂的出砂性要好。

对于一般的型芯，可用黏土砂制作；对于形状较复杂、要求较高的型芯，应采用油砂、复合脂砂或树脂砂等材料来制作。为了保证型芯的性能要求，在型芯中，除型芯的主体外，还可在砂芯中放入金属芯骨以提高型芯的强度。在型芯中开通气孔，以便浇注时气体能顺利而迅速地排出型芯，避免铸件中出现气孔。

型芯一般是用芯盒制成的。其中开式芯盒制芯是常用的手工制芯方法，适合于圆形截面的较复杂型芯。开式芯盒制芯过程如图 3-17 所示。

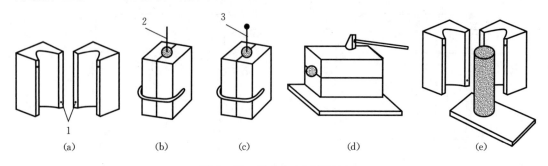

图 3-17 开式芯盒制芯过程
(a) 准备芯盒 (b) 舂砂、放芯骨 (c) 刮平、扎通气孔 (d) 轻敲芯盒 (e) 开盒取砂芯
1. 定位销和定位孔 2. 芯骨 3. 通气针

3.2.4 机器造型

机器造型是以机器全部或部分代替手工填砂、紧砂和起模等造型工序。机器造型与机械化砂处理、浇注和落砂等工序共同组成铸件流水线生产,是现代化砂型铸造生产的基本方式。为了提高生产效率,采用机器造型的铸件应尽量避免活块和砂芯。机器造型可以大大提高铸件的质量和生产率,改善劳动条件,但设备和工装模具投入大,生产准备时间长,且只能实现两箱造型,故仅适用于成批生产。

机器造型按紧砂方式不同,可分为震压造型、压实造型、抛砂造型、射砂造型等。其中,震压造型在国内中、小型铸造工厂的应用最广泛。

震压式造型机兼有震实和压紧的作用。其利用压缩空气使震击活塞多次震击,将砂箱下部的砂型紧实,再用压缩气体将上部的砂型紧实。工作原理如图 3-18 所示。

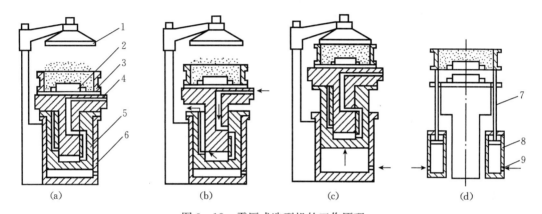

图 3-18 震压式造型机的工作原理
(a) 填砂 (b) 震动紧砂 (c) 压实紧砂 (d) 起模
1. 压头 2. 模板 3. 砂箱 4. 震击活塞 5. 压实活塞 6. 压实气缸 7. 顶杆 8. 气缸 9. 进气孔

(1) 填砂 将砂箱放在模板上,打开定量砂斗门,型砂从上方填入砂箱内。

(2) 震实紧砂 先使压缩空气进入震击活塞底部,顶起震击活塞、模板和砂箱。活塞上升至出气孔位置时,压缩空气排出,震击活塞、模板和砂箱下落并与压实活塞顶部撞击。如此多次循环,使砂箱下部型砂震实。

(3) 压实紧砂 用压缩空气顶起压实活塞、震击活塞、模板、砂型等,在压头压板的压力作用下,使砂箱下部型砂压实。

(4) 起模 在压缩空气及液压油的作用下,推动起模顶杆平稳顶起砂型脱离模板。

机器造型通常与铸造过程中使用的各种辅助设备连接起来,组成机械化或自动化的铸造生产线。造型机分别造好上、下型后,由输送线送至下芯平台,手工或机器下芯,再由合型机将上型翻转并合型。将合型后的砂箱送至浇注平台进行自动或人工浇注。由输送线将砂箱通过冷却段后送至落砂机落砂。铸件与型砂分别运送到清理工位和砂处理工位。空砂箱送回至造型机等待下次造型。

3.2.5 浇冒口系统

1. 浇注系统

浇注系统是指为金属液流入型腔而开设于铸型中的一系列通道。其作用是平稳、迅速地注入金属液；阻止熔渣、砂粒等进入型腔；调节铸件各部分温度，补充金属液在冷却和凝固时的体积收缩。

正确地设置浇注系统，对保证铸件质量、降低金属的消耗具有重要的意义。若浇注系统开设得不合理，铸件易产生冲砂、砂眼、渣孔、浇不足、气孔和缩孔等缺陷。典型的浇注系统由外浇口、直浇道、横浇道和内浇道四部分组成，如图3-19所示。对于形状简单的小铸件，可以省略横浇道。

（1）外浇口　外浇口可单独制作或直接在铸型上形成，成为直浇道顶部的扩大部分。其作用是容纳注入的金属液并缓解液态金属对砂型的冲击，使液态金属平稳地流入直浇道中。其结构便于熔渣浮于金属液表面。小型铸件的外浇口通常为漏斗状（称为浇口杯），较大型铸件的为盆状（称为浇口盆）。

（2）直浇道　直浇道是指连接外浇口与横浇道的垂直通道。改变直浇道的高度可以改变金属液的静压力大小和金属液的流动速度，从而改变液态金属的充型能力。如果直浇道的高度或直径太小，会使铸件产生浇不足的现象。为便于取出直浇道棒，直浇道一般做成上大下小的圆锥形。

（3）横浇道　横浇道是指将直浇道的金属液引入内浇道的水平通道，一般开设在砂型的分型面上。其截面形状一般是高梯形，并位于内浇道的上面。横浇道的主要作用是分配金属液进入内浇道和挡渣。

（4）内浇道　内浇道是指浇注系统中引导液态金属流入型腔的部分，一般开设在下型分型面上。其作用是调节金属液流入型腔的方向和速度，调节铸件各部分的冷却速度。内浇道的截面形状一般是扁梯形和月牙形，也可为三角形。

2. 冒口

液态金属在冷凝的过程中，体积会收缩，故在金属最后凝固的地方，很容易产生缩孔和缩松。在铸件容易产生缩孔和缩松的部位附近，增设一个铸型空腔，以容纳一部分多余金属，在铸件凝固时补充收缩的金属量，避免铸件内部产生缩孔和缩松。增设的这个多余的铸型空腔称为冒口，如图3-20所示为带有冒口的浇注系统。冒口的主要作用就是补缩，明冒口还兼有排气、集渣和观察型腔是否充满的作用。冒口是铸件多余部分，在铸件成形以后，冒口和浇注系统等多余金属部分将一同清理去除。

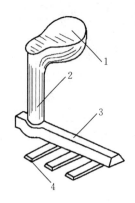

图3-19　浇注系统的构造
1.外浇口　2.直浇道　3.横浇道　4.内浇道

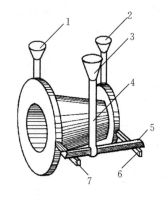

图3-20　带冒口的浇注系统
1、2.冒口　3.外浇口　4.直浇道　5.横浇道　6、7.内浇道

3.3 金属的熔炼与浇注

3.3.1 熔炼

金属熔炼的质量对能否获得优质的铸件有着重要影响。熔炼的目的是要获得预定成分和温度的熔融金属，并尽量减少其中的气体和夹杂物。

1. 铸铁的熔炼

在铸造生产中，熔炼铸铁的设备主要有冲天炉、感应电炉、反射炉、电弧炉等。

冲天炉的炉料包括金属料（如生铁、回炉料、废钢和铁合金等）、燃料（主要是焦炭）和熔剂（石灰石、氟石等）。冲天炉熔炼铸铁，优点是比较简单、方便、生产率高，而且成本低，不足之处是铁液质量不稳定、工作环境差。中频感应电炉熔炼速度快，合金元素烧损小，能耗少，且钢液杂质含量少，但相同熔炼效率下投资较大。

2. 铸钢的熔炼

铸钢的强度和韧性均较高，常用于制造较重要的铸件。生产中常用三相电弧炉来熔炼铸钢。三相电弧炉的温度容易控制，熔炼质量好、速度快，操作较方便。它既可用来熔炼碳钢，又可熔炼合金钢。生产小型铸钢件也可用工频或中频感应炉来熔炼。

3. 铝合金的熔炼

铝合金具有导热性和导电性好、耐腐蚀及耐磨损等特性，加之质轻、价廉，是工业生产中应用较广泛的铸造有色金属之一。

（1）熔炼设备　铸造铝合金的熔炼炉种类较多，常用的有坩埚炉、感应炉及反射炉等。其中，电阻坩埚炉带有电子电位差计，能对炉温进行准确地控制；炉内含杂质和气体少，合金的成分容易控制，因而熔炼的合金质量高。其缺点是耗能多，成本较高。它主要用于对质量要求较高的铝、铜等合金的熔炼。

（2）熔炼工艺　加料前应把坩埚、炉料及工具（与熔融金属接触部位）分别预热到150～300 ℃，以除去水气、油污及其他含氢杂质；进行精炼处理，目的是去除铝液中的气体和各种非金属夹杂物，保证获得高质量的液态铝合金。常用的精炼剂是六氯乙烷（C_2Cl_6）或氯化锌等。用含硅量大于6%的铝合金浇注厚壁铸件时，易出现针状粗晶粒组织，使铝合金的力学性能下降。为了消除这种组织，在浇注之前向铝合金液中加入质量为其2%～3%的钠盐和钾盐混合物（常用NaF、$NaCl$、KCl、Na_3AlF_6）进行变质处理。在铝合金凝固结晶时，钠原子可阻止硅生成针状粗晶粒组织，使晶粒细化，从而提高力学性能。

3.3.2 浇注

合金熔炼后，将熔融金属从浇包浇入铸型的操作过程称为浇注。浇注是铸造生产中的一个重要环节，浇注操作不当常引起浇不足、冷隔、缩孔及夹砂等缺陷。

1. 浇注前的准备工作

① 清理浇注时，行走的通道不应有杂物挡道，更不能有积水。

② 了解要浇注铸件的质量、大小和形状，使同牌号铸件放在一起，以便于浇注。

③ 浇注的用具及设备（如挡渣勺、浇包等）要烘干，以免降低铁水的温度或引起铁水

飞溅。

2. 浇注时注意的问题

（1）浇注温度　金属液浇入铸型时所测量到的温度称为浇注温度。浇注温度由铸件材质、大小及形状来确定。浇注温度过低，金属液的流动能力、充型能力差，易产生浇不足、冷隔和气孔等缺陷；浇注温度过高，会使金属液收缩量增加而产生缩孔、裂纹以及铸件黏砂等缺陷。对形状复杂的薄壁件，浇注温度应高些；对简单的厚壁件，浇注温度可低些。

（2）浇注速度　单位时间内浇入铸型中的金属液质量称为浇注速度。浇注速度由铸件形状和大小来定。浇注速度应适中。浇注速度太慢会使金属液降温过多，易产生浇不足等缺陷；浇注速度太快又会使金属液中的气体来不及析出而产生气孔，同时由于金属液的动压力增大，易造成冲砂、抬箱及跑火等缺陷。对于薄壁件，浇注速度要快一些。

（3）正确估计金属液质量　金属液不够时应不浇注，否则得不到完整的铸件。

（4）挡渣　浇注前应向浇包内金属液面上加些干砂或稻草灰，以使熔渣变稠便于扒出或挡住。

（5）引气　用红热的挡渣勾及时点燃从砂型中逸出的气体，以防 CO 等有害气体污染空气及形成气孔。

3.3.3　落砂和清理

1. 落砂

落砂是指将铸件从砂型中取出来的过程。落砂应注意铸件温度和凝固时间。落砂过早，高温铸件在空气中急冷，易产生变形和开裂，表面也易形成白口组织导致难以切削加工。落砂过晚，铸件的冷却收缩会受到铸型或型芯的阻碍而引起铸件变形和开裂，铸件组织粗大，同时还影响生产率及砂箱的周转。铸件在砂箱中停留的时间，与铸件的形状、大小及厚度有关。一般情况下，应在保证铸件质量的前提下尽早落砂。形状简单、质量小于 10 kg 的铸件，浇注后 0.5～1 h 即可落砂。单件生产落砂用手工就地完成，成批生产可采用机器落砂。

落砂后应对铸件进行初步检验。若有明显缺陷，则应单独存放，以决定是否报废或修补。只有初步判定合格的铸件才能进行清理工作。

2. 清理

落砂后，从铸件上清除表面黏砂和多余金属（包括浇冒口、飞翅、毛刺和氧化皮等）的过程称为清理。清理工作主要包括下列内容：

（1）切除浇冒口　铸铁件性脆，可用铁锤敲掉浇冒口；铸钢件要用气割切除；有色金属铸件则使用锯子锯掉。

（2）除芯　从铸件中去除芯砂和芯骨的操作称为除芯。除芯可用手工、振动除芯机或水力清砂装置进行。

（3）清砂　落砂后除去铸件表面黏砂的操作称为清砂。小型铸件广泛采用清理滚筒、喷砂器来清砂；大、中型铸件可用抛丸清理机等机器清砂。生产量不大时可用手工清砂。

（4）铸件的修理　它是指最后磨掉在分型面或芯头处产生的飞翅、毛刺和残留的浇冒口痕迹的操作。一般采用各种砂轮、手凿及风铲等工具来进行。

（5）铸件的热处理　铸件在冷却的过程中难免会出现不均匀组织和粗大晶粒等非平衡组织，同时又难免会存在铸造热应力，故清理以后要进行退火、正火等热处理。

3.4 铸件常见缺陷分析

铸造生产是一项较为复杂的工艺过程,往往由于原材料质量不合格、工艺方案不合理、生产操作不当、工厂管理不完善等原因,产生各种缺陷。某些有缺陷的产品经修补后仍可使用的成为次品,严重的缺陷则使铸件成为废品。为保证铸件的质量,应首先正确判断铸件的缺陷类别,分析其产生原因,提出改进措施。砂型铸造常见的缺陷有冷隔、浇不足、气孔、黏砂、夹砂、砂眼、错箱、裂纹、缩孔等。

1. 冷隔和浇不足

液态金属充型能力不足或充型条件较差,在型腔被填满之前,金属液便停止流动,将使铸件产生浇不足或冷隔的缺陷。浇不足时,铸件不能获得完整的形状;冷隔时,铸件虽可获得完整的外形,但因存有未完全融合的接缝(图3-21),铸件的力学性能严重受损。

防止浇不足和冷隔的方法是:提高浇注温度与浇注速度;合理设计铸件壁厚;增强铸型的透气性。

2. 气孔

气体在金属液结壳之前未及时逸出,在铸件内生成的孔洞类缺陷称为气孔,如图3-22所示。气孔的内壁光滑、色泽明亮或带有轻微的氧化色。铸件中产生气孔后,将会减小其有效承载面积,且在气孔周围会引起应力集中而降低铸件的抗冲击性和抗疲劳性。气孔还会降低铸件的致密性,致使某些工作中要求承受压力的铸件报废。另外,气孔对铸件的耐腐蚀性和耐热性也有不良的影响。

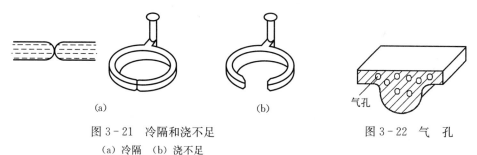

图3-21 冷隔和浇不足
(a) 冷隔 (b) 浇不足

图3-22 气 孔

防止气孔产生的有效方法是:降低金属液中的含气量;适当提高浇注温度;增大砂型的透气性;在型腔的最高处增设出气冒口等。

3. 黏砂

铸件表面黏附有一层难以清除的砂粒的现象称为黏砂,如图3-23所示。黏砂既影响铸件外观,又增加铸件清理和切削加工的工作量,甚至会影响机器的寿命。例如泵或发动机等机器零件中若有黏砂,将会影响燃料油、气体、润滑油和冷却水等流体的流动,并会玷污和磨损整个机器。

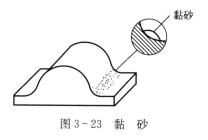

图3-23 黏 砂

防止黏砂的方法是:在砂型中加入煤粉;在铸型表面涂刷耐火涂料;尽量选择较低的浇注温度。

4. 夹砂

在铸件表面,有表面粗糙、边缘锐利的金属夹杂物或片状、瘤状物形成的现象称为夹砂,如图 3-24 所示。铸件中产生夹砂的部位大多是与砂型上表面相接触的地方,型腔上表面受金属液辐射热的作用,容易拱起和翘曲。翘起的砂层受金属液流不断冲刷时可能断裂破碎,留在原处或被带入其他部位。铸件的上表面越大,型砂体积膨胀越大,形成夹砂的倾向性也越大。

防止夹砂的方法是:避免铸型有大的平面结构;降低浇注温度。

5. 砂眼

在铸件内部或表面充塞着型砂的孔洞称为砂眼,如图 3-25 所示。砂眼产生的原因主要是:型砂或芯砂强度低;型腔内散砂未吹尽;铸型被破坏;浇注系统不合理,冲坏了铸型等。

防止砂眼的方法是:提高型砂强度;合理开设浇注系统;增加砂型紧实度等。

6. 错箱

浇注后铸件在分型面上有错移的现象称为错箱,如图 3-26 所示。错箱产生的原因主要是:造型时,上半模样和下半模样未对好;合箱时上砂箱和下砂箱未对准。造型和合箱时要认真操作,防止错箱发生。

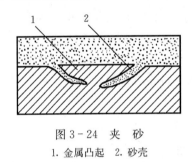

图 3-24 夹 砂
1. 金属凸起 2. 砂壳

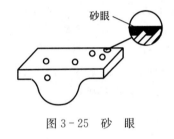

图 3-25 砂 眼

7. 裂纹

铸件局部出现开裂,开裂处金属表面氧化的现象称为裂纹,如图 3-27 所示。裂纹产生的原因主要是:铸件结构不合理,壁厚相差较大;砂型和砂芯的退让性差;落砂过早。

防止裂纹的方法是:合理设计铸件结构,减小应力集中;提高铸型与型芯的退让性;控制砂型的紧实度等。

8. 缩孔

铸件厚大部位的内部出现的形状不规则、内壁粗糙的孔洞称为缩孔,如图 3-28 所示。缩孔产生原因主要是:铸件壁厚相差过大,造成局部金属积聚;浇注系统和冒口的位置不合理;浇注温度太高或金属化学成分不合格,收缩过大。

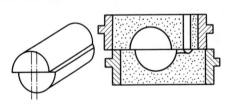

图 3-26 错 箱

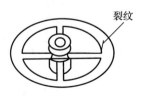

图 3-27 裂 纹

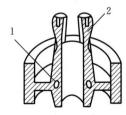

图 3-28 缩 孔
1. 缩孔 2. 补缩冒口

防止缩孔的方法是：合理设计铸件结构，使壁厚尽量均匀；合理布置冒口，提高冒口的补缩能力；适当降低浇注温度，采用合理的浇注速度。

3.5 特种铸造简介

砂型铸造的适应性强、成本低廉，但其生产的铸件精度与表面质量较低，加工余量大，很难满足各种类型生产的需求。为了克服砂型铸造在一定工艺条件下的不足，提高铸件的尺寸精度，改善表面粗糙度及性能，在砂型铸造的基础上发展了一些新的造型方法，统称为特种铸造。这里介绍熔模铸造、压力铸造、离心铸造和消失模铸造。

3.5.1 熔模铸造

熔模铸造是指用易熔材料（如蜡料）制成模样（熔模），并在模样表面涂覆多层耐火材料，待硬化干燥后，加热将熔模熔出而获得具有与熔模形状相适应的空腔的型壳，再经焙烧之后进行浇注，金属冷凝后敲掉型壳获得铸件的铸造方法。

熔模铸造的工艺过程如图3-29所示，主要包括熔模的制造、型壳的制备及浇注等。熔模的制造包括制造压型、压制蜡模及蜡模组合等；型壳的制备主要包括上涂料和撒砂，型壳的干燥、硬化、脱蜡和焙烧。为了提高液态金属的充型能力，防止浇不足，常在焙烧后趁热浇注。

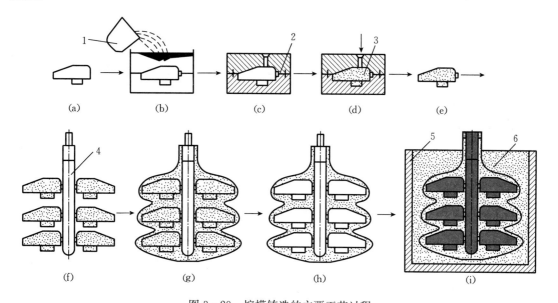

图3-29 熔模铸造的主要工艺过程
(a) 母模 (b) 浇注易熔合金 (c) 压型 (d) 压蜡 (e) 单个蜡模成型
(f) 蜡模组合 (g) 结壳 (h) 脱蜡并焙烧 (i) 造型浇注
1. 浇包 2. 内浇道 3. 蜡料 4. 浇道棒 5. 砂箱 6. 填砂

熔模铸造是实现少切削或无切削的重要制造方法，具有以下特点：
① 铸件尺寸精度高，表面质量好。熔模铸造没有分型面，不必考虑起模，型壳内表面光洁，铸件表面粗糙度低。

② 能铸出各种合金铸件，尤其适合铸造高熔点、难切削加工和用其他方法难以成形的合金，如耐热合金、磁钢、不锈钢等。

③ 可铸出形状复杂、轮廓清晰的薄壁铸件，最小壁厚可至 0.3 mm，最小铸孔孔径为 0.5 mm。

④ 熔模铸造工序繁杂，生产周期较长，且铸件不能太大（一般质量不大于 25 kg），生产成本较高。

目前，熔模铸造已广泛应用于航空、汽车、电器、仪器等制造部门。

3.5.2 压力铸造

压力铸造是指在高压作用下，将金属液以较高的速度充入高精度型腔内，并在压力下快速凝固，以获得优质铸件的高效铸造方法，简称压铸。高压（5~150 MPa）和高速（5~100 m/s）是压铸区别于一般金属型铸造的重要特征。

压铸机是压力铸造生产中的主体设备，分为热压室压铸机和冷压室压铸机两类，常用的是卧式冷压室压铸机。图 3-30 所示为卧式冷压室压铸机工作原理图。其工艺过程为：首先移动动型，使压型闭合，并把金属液注入压缩室中；然后使活塞向前推进，将金属液压入压型的型腔中，继续施加压力，直至金属液凝固；最后打开压型，用顶杆顶出铸件。这种压铸机广泛用于压铸熔点较低的有色金属，如铜、镁、铝等合金。

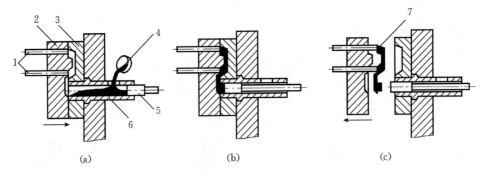

图 3-30 卧式冷压室压铸机工作原理图
(a) 合型，注入金属液　(b) 压铸，金属液凝固　(c) 开型，顶出铸件
1. 顶杆　2. 动型　3. 静型　4. 金属液　5. 活塞　6. 压缩室　7. 铸件

压力铸造具有以下特点：

① 压铸件的尺寸精度高，表面质量好。一般在清理毛边、毛刺后，不经过机械加工或少量的机械加工后就可使用。

② 压铸时由于金属液是在高压高速下成形，可以铸出形状复杂、轮廓清晰的薄壁铸件，也可直接铸出各种小孔、螺纹等。

③ 由于压型的冷却速度快，又是在压力条件下结晶，故可得到极细密的内部组织，强度一般比砂型铸造高 25%~30%。

④ 压铸操作简便，生产率高，易于实现自动化与机械化。

⑤ 压铸设备投资大，压铸模制造费用高、周期长，只适用于形状复杂的薄壁有色金属铸件的批量生产。

目前,压力铸造广泛应用于汽车、仪表、航空、电器及日用品铸件的铸造,以铝、锌合金材料为主。

3.5.3 离心铸造

离心铸造是指将液态金属浇入高速旋转的铸型内,在离心力作用下充型,凝固后获得铸件的方法。离心铸造的铸件多为空心回转体,不用型芯便可获得内孔,主要用于生产铸钢、铸铁金属材料的各类管状零件的毛坯。为使铸型旋转,离心铸造须在离心铸造机上进行。离心铸造机根据铸型旋转轴空间位置的不同,可分为立式和卧式两大类。

立式离心铸造中,铸型是绕垂直轴旋转的,如图 3-31(a)所示。当浇注圆筒形铸件时,为便于自动形成内腔,金属液并不填满型腔,铸件的壁厚取决于浇入的金属量。其优点是便于铸型的固定和金属的浇注,但其自由表面(即内表面)呈抛物线状,使铸件上薄下厚。因此,铸件的高度越高,厚度的差别就越大。此种方法主要用于铸造高度小于直径的圆环类铸件。

卧式离心铸造是最常用的离心铸造方法。其铸型是绕水平轴旋转的,如图 3-31(b)所示。由于铸件各部分的冷却条件相近,故铸出的圆筒形铸件在轴向和径向的壁厚都是均匀的。此种方法适于生产长度较大的套筒、管类铸件。

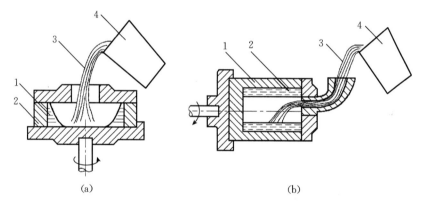

图 3-31 离心铸造示意图
(a)立式离心铸造 (b)卧式离心铸造
1. 铸型 2. 铸件 3. 金属液 4. 浇包

离心铸造具有以下特点:
① 不需要型芯就可直接生产筒、套类铸件,铸造工艺大大简化,生产率高。
② 在离心力作用下,金属从外向内顺序凝固,铸件组织致密,无缩孔、缩松、夹杂等缺陷,力学性能好。
③ 不需要浇冒口。金属利用率高。
④ 便于生产双金属铸件,如钢套镶铜等,且其结合面牢固,节省材料,降低成本。
⑤ 铸件易产生偏析,不宜铸造密度偏析倾向大的合金。
⑥ 内孔尺寸不精确,内表面粗糙,加工余量大。

目前,离心铸造已广泛应用于制造回转体的中空铸件,如铸铁管、气缸套、铜套、双金属轴承、无缝管坯、造纸机滚筒等。

3.5.4 消失模铸造

消失模铸造又称实型铸造,是指将整体模样和浇注系统采用聚苯乙烯泡沫制造并留在铸型内,浇注时模样受热逐渐汽化燃烧,从铸型中消失,金属液逐渐取代模样所占型腔的位置,从而获得铸件的方法。消失模铸造工艺过程如图 3-32 所示。

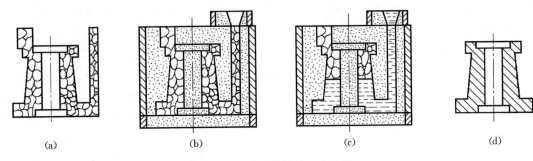

图 3-32 消失模铸造工艺过程
(a)泡沫塑料模样及浇注系统 (b)造好的铸型 (c)浇注过程 (d)铸件

消失模铸造具有以下特点:

① 不用起模、分型,无起模斜度,减少或取消了型芯,避免了合型、组芯等工序,增大了零件设计的自由度,提高了铸件的尺寸精度;

② 简化了铸件生产工序,缩短了生产周期,提高了生产率。同时减少了材料消耗,降低了铸造成本;

③ 塑料泡沫只能浇注一次,且在浇注过程中,由于汽化和燃烧会产生大量的烟雾和碳氢化合物,使铸件易产生皱皮等缺陷问题。

消失模铸造主要应用于形状结构复杂、难以起模、有活块和外型芯较多的铸件,如在汽车、造船、机床等行业中用来生产模具、曲轴、箱体、阀门、缸体、制动盘等铸件。

3.6 典型零件造型训练

如图 3-33 所示的模样,采用整模造型的方法完成造型工序。

1. 基本要求

能正确使用常用的造型工具。在老师的指导下,利用模样进行整模造型。

2. 工艺分析

分型面设在铸件最大截面处;合型时,应使上型保持水平下降,并按定位装置或合型线定位。

3. 工艺准备

选择大小尺寸适合的砂箱、底板。需要准备的手工造型工具包括刮板、砂舂、手风器、提钩、镘刀、压勺、通气针、起模针、毛笔、分型砂、小锤等。

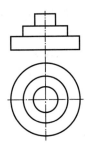

图 3-33 模 样

4. 手工造型基本操作

手工造型基本操作如表 3-1 所示。

表 3-1 手工造型操作

工 序	图 示	操作要领
1. 准备造型工具，安放模样		安放模样时，模样与砂箱内壁及顶部之间应留 30~100 mm 距离，称为吃砂量。注意模样不要放在正中间，要为浇注系统留一定的空间
2. 舂砂		舂砂时必须将型砂分次加入，每次加入的量要适当，厚度为 50~70 mm，以保证型砂的紧实度
		第一次加砂时需用手将模样按住，并用手将模样周围的砂塞紧，以免舂砂时模样在砂箱内移动
		舂砂时，一共填两次型砂。第一次舂砂用砂舂尖头，第二次舂砂用平头。舂砂力度应适当。用力过大，砂型太紧，浇注时型腔的气体排不出去，使铸件产生气孔等缺陷；用力过小，砂型太松，易造成塌箱。同一砂型各处的紧实度是不同的：靠近砂箱内壁处应舂紧，以免塌箱；靠近模样处应较紧，以使型腔承受熔融金属的压力；其他部分应较松，以利于透气
		舂砂时应均匀地按一定路线进行，并注意不要撞到模样上。舂砂完毕后，用刮板刮去砂箱上面多余的型砂

(续)

工 序	图 示	操作要领
3. 翻箱、修光分型面		下型造好后，翻转180°。修光分型面时用食指轻压镘刀或压勺平面部分，并使刀底平面与运动方向成2°～4°角，以免刮起型砂
4. 撒分型砂		1. 将细而干的分型砂从抖动的五指缝均匀地撒在分型面上。须薄薄的一层，防止上、下箱粘到一起而开不了箱。 2. 用手风器或掸笔扫去模样上的分型砂
5. 造上砂箱，扎通气孔		1. 放好上箱及浇口棒，造上型。填砂时要将型砂垂直落入砂箱，防止浇注棒倾斜。舂砂方法与造下砂箱的舂砂方法相同。舂砂时不要用力过大，防止舂坏模样和分型面。 2. 用通气针扎出通气孔，以便浇注时排气。通气孔位置在模样的上方，分布要均匀，深度要适当
6. 开外浇口		1. 轻轻敲拔浇注棒。 2. 用压勺挖出外浇口，应挖出约60°的锥形，大端直径为60～80 mm，锥面修光，与直浇道连接处应修成圆滑过渡。如果外浇口挖得大而浅，浇注时金属液易飞出伤人
7. 开箱，起模		1. 如没有定位销，则开箱前做合箱线或打泥号，防止错箱。 2. 开箱后，上箱翻转180°放稳。 3. 起模前用毛笔蘸少许水，沿模样四周刷一圈，增强这部分型砂的强度和塑性，防止起模时损坏砂型。 4. 用起模针插入模样重心线位置，起模前用小锤沿前、后、左、右方向轻敲起模针下部，待模样松动后轻轻提起

(续)

工 序	图 示	操作要领
8. 修型		1. 借助木板、镘刀修较大的损坏部位。 2. 用镘刀黏型砂，在水平和垂直方向修小缺口。 3. 用提勾黏砂修型腔底面和较窄的侧面，抹平
9. 开内浇道		用压勺压入分型面，并挖出内浇道
10. 合箱		搬起上箱保持水平，对准定位销或合箱记号，慢慢放在下箱上

思考题

1. 什么是铸造？铸造生产有哪些特点？
2. 型砂主要由哪些材料组成？应具备哪些性能？
3. 手工砂型铸造常用的工具有哪些？
4. 常用的手工造型方法有哪几种？各种造型方法有何特点？
5. 简述两箱整模造型和两箱分模造型的造型过程。
6. 什么叫浇注系统？它由哪几部分组成？各部分的作用是什么？
7. 金属浇注时应注意哪些问题？
8. 砂型铸造中常见缺陷有哪些？
9. 常用的特种铸造方法有哪些？
10. 简述熔模铸造、压力铸造、离心铸造和消失模铸造的特点。

第4章 锻 压

4.1 概 述

锻压通常是指锻造和板料冲压,属于塑性加工方法。塑性加工是指使金属材料在一定外力作用下产生塑性变形,从而获得一定尺寸、形状及力学性能的工件的加工方法。塑性加工作为金属加工方法之一,是机械制造领域生产零件或毛坯的重要加工方法。

锻造是指利用锻造设备,通过工具或模具使金属毛坯产生塑性变形,从而获得具有一定形状、尺寸和内部组织的工件的一种塑性加工方法。按金属变形温度的不同,锻造分为热锻、温锻和冷锻;根据工作时所受作用力的来源,锻造分为手工锻造和机器锻造两种。手工锻造是指利用手锻工具,依靠人力在铁砧上进行的锻造,仅用于零件修理或初学者基本操作技能的训练;机器锻造是现代锻造生产的主要方式,包括自由锻、模锻和胎模锻,在各种锻造设备上进行。生产中按锻件质量的大小和生产批量的多少选择不同的锻造方法。

冲压是指利用冲模在冲床上对金属板料施加压力,使其产生分离或变形,从而得到一定形状及满足一定使用要求的工件的加工方法。冲压通常在常温下进行,也称冷冲压,又因其主要用于加工板料零件,故又称板料冲压。

锻造和板料冲压同金属的切削加工、铸造、焊接等加工方法相比,具有材料利用率高和力学性能好的特点。一方面,金属塑性成形是依靠金属材料在塑性状态下形状的改变和体积转移来实现,材料利用率高,可节约大量金属材料;另一方面,在塑性成形过程中,金属内部组织得到改善,特别是锻造使工件获得良好的力学性能和物理性能。受力较大的重要机器零件大多采用锻造方法制造。

4.2 锻造生产过程

锻造生产一般包括下料、坯料加热、锻造成形及冷却、锻后热处理等工艺环节。

4.2.1 下料

下料是指根据锻件的形状、尺寸和质量从原材料上截取坯料。以铸锭为原料时,因其内部组织、成分不均匀,通常要用自由锻方法进行开坯,然后以剁割方式切除铸锭两端,按一定形状将坯料分割;中小型锻件一般以热轧圆钢或方钢为原料。

锻件坯料的下料方法主要有剪切、锯割及氧气切割等。剪切可在锻锤或专用的棒料剪切机上进行，生产率高，但坯料断口质量较差，主要适用于大批量生产；锯割可在锯床上使用弓锯、带锯或圆盘锯进行，坯料断口整齐，但生产率低，主要适用于中小批量生产，采用砂轮锯片锯割可大大提高生产效率；氧气切割设备简单，操作方便，但坯料断口质量较差，金属损耗较多，只适用于单件小批量生产，特别适用于大截面钢坯和钢锭的切割。

4.2.2 坯料加热

1. 加热目的和锻造温度范围

加热的目的是提高坯料的塑性并降低变形抗力，以改善其锻造性能。随着温度的升高，金属材料的强度会降低，而塑性会提高，锻造性能变好。但是加热温度过高，也会使锻件质量下降，甚至成为废品。因此，金属的锻造应在一定温度范围内进行。

材料在锻造时所允许的最高加热温度，称为该材料的始锻温度。坯料在锻造过程中，随着热量的散失，温度不断下降，塑性变差，变形抗力变大。温度下降到一定程度后，坯料不仅难以继续变形，而且易于断裂，必须停止锻造，重新加热。各种材料停止锻造的温度，称为该材料的终锻温度。

从始锻温度到终锻温度的温度区间称为锻造温度范围。始锻温度的确定要保证坯料无过烧现象；终锻温度的确定不仅要使锻件具有足够的塑性，还要保证锻件能获得更好的组织性能。确定锻造温度范围的基本原则是在保证金属坯料具有良好的锻造性能前提下，应尽量放大锻造温度范围，以便锻造成形有充裕的时间，减少加热次数，降低材料消耗，提高生产率。常用钢材锻造温度范围如表4-1所示。

表4-1 常用钢材锻造温度

材料种类	始锻温度/℃	终锻温度/℃	材料种类	始锻温度/℃	终锻温度/℃
低碳钢	1 200～1 250	800	低合金工具钢	1 100～1 150	850
中碳钢	1 150～1 200	800	高速工具钢	1 100～1 150	900
碳素工具钢	1 050～1 150	750～800	铝合金	450～500	350～380
合金结构钢	1 000～1 180	800	铜合金	800～900	650～700

2. 加热方式

根据所采用的热源不同，金属毛坯的加热方法分为火焰加热和电加热。

（1）火焰加热　火焰加热是指利用燃料（如煤、焦炭、油等）在加热炉内燃烧，产生含有大量热能的高温气体（火焰），通过对流、辐射把热能传给毛坯表面，再由表面向中心传导，使金属毛坯加热。

火焰加热方法广泛用于各种毛坯的加热。其优点是原料来源方便，炉子修造简单，加热费用低，适用于多种毛坯；缺点是劳动条件差，加热速度慢，效率低，加热过程难以控制。

（2）电加热　电加热是指利用电流通过以特种材料制成的电阻体产生的热量，再以辐射传热方式将金属坯料加热。电加热方法主要有电阻加热法、感应加热法、电接触加热法和盐浴加热法。

3. 加热设备

锻造加热设备按所用能源和形式的不同主要分为火焰加热炉和电加热炉两大类。

火焰加热炉有利用煤、焦炭为燃料的明火炉和利用重油、煤气作为燃料的室式炉。两者均通过热能辐射、传导和对流形式来加热锻坯。

电加热炉主要有箱式电阻炉和中频、工频感应炉。

（1）明火炉　明火炉是指以烟煤或焦炭为燃料，将坯料直接置于燃料上加热的炉子，又称手锻炉，如图 4-1 所示。燃料放在炉箅上，燃烧所需的空气由鼓风机经风管从炉箅下方进入煤层；堆料平台可放置金属坯料或备用燃料；后炉门用于出渣及加热长杆件。

明火炉具有结构简单、使用方便的特点，但热效率低，加热不均匀，生产率低，一般适用于小型锻件的单件小批手工锻或小型空气锤自由锻的生产，也可用于长杆形坯料的局部加热。

（2）室式炉　室式炉是指以重油或煤气为燃料，炉膛三面是墙，一面有门的炉子。图 4-2 为室式重油炉，采用重油为燃料。重油与压缩空气分别进入喷嘴，压缩空气从喷嘴喷出时，将重油带出，在喷嘴口附近混合雾化后，喷入炉膛进行燃烧。调节重油和空气流量，便可调整炉膛燃烧温度。其加热较迅速，但加热质量一般，适用于小型单件或成批中小锻件的生产。

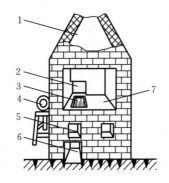

图 4-1　明火炉

1. 烟筒　2. 后炉门　3. 炉箅　4. 鼓风机
5. 火钩墙　6. 灰坑　7. 堆料平台

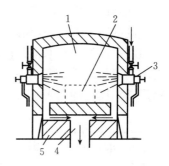

图 4-2　室式重油炉

1. 炉膛　2. 炉门　3. 喷嘴
4. 烟道　5. 炉底

（3）电阻炉　电阻炉的工作原理是利用电阻发热元件通电产生的电阻热，以热辐射方式对坯料进行加热。电阻炉分为中温电阻炉和高温电阻炉。前者发热元件为电阻丝，最高使用温度为 1 100 ℃，后者的发热元件为硅碳棒，最高使用温度为 1 600 ℃。箱式电阻炉如图 4-3 所示。

电阻炉结构简单，具有加热温度、炉气成分易控制，加热质量好的特点，适用于中小型单件或成批且加热质量要求高的锻件的生产。

（4）感应炉　感应炉是指利用交流电通过感应线圈产生交变磁场，使置于线圈中的坯料内部产生交变涡流而升温加热的炉子。它具有加热迅速，效率高，加热质量好，温度控制准确，便于和锻压设备组成生产线以实现机械化、自动化等特点，适用于大批质量要求高的特定形状锻件的生产。

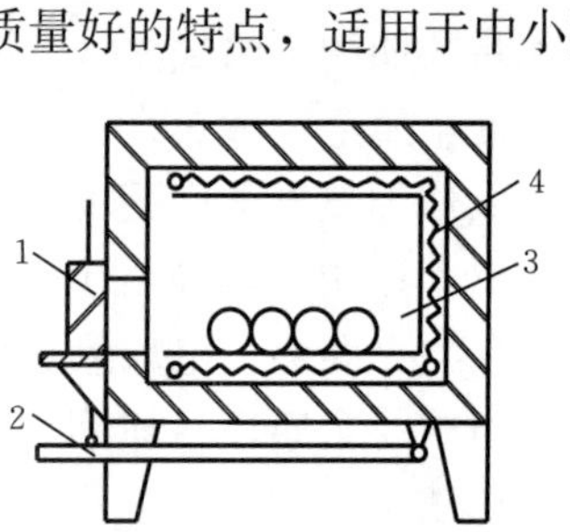

4. 加热缺陷

（1）氧化和脱碳　钢是铁与碳组成的合金。加热时，钢

图 4-3　箱式电阻炉

1. 炉门　2. 踏杆　3. 炉膛　4. 电阻丝

料与高温的氧气、二氧化碳及水蒸气等接触，发生剧烈的氧化作用，使坯料表面产生氧化皮及脱碳层。脱碳层会在机械加工过程中切削掉，一般不影响零件使用，但氧化过于严重时会造成锻件的报废。

减少氧化和脱碳的措施是严格控制送风量，快速加热，减少坯料加热后在炉中停留的时间，或采用少氧化、无氧化等加热方法。

(2) 过热及过烧　加热钢料时，如果加热温度超过始锻温度，或在始锻温度下保温过久，内部晶粒会变得粗大，这种现象称为过热。过热的锻件机械性能较差，可通过增加锻打次数或锻后热处理的措施，使晶粒细化。

如果将钢料加热到更高的温度，或将过热的钢料在高温下长时间保温，会造成晶粒间低熔点杂质的熔化和晶粒边界的氧化，削减晶粒之间的联结力，继续锻打时会出现碎裂，这种现象称为过烧。过烧的钢料是无法挽回的废品。

为防止过热和过烧，须严格控制加热温度，不要超过规定的始锻温度，尽量缩短坯料在高温下炉内停留时间。

(3) 加热裂纹　尺寸较大的坯料，尤其是高碳钢料和一些合金钢料，在加热过程中如果加热速度过快或装炉温度过高，则由于坯料内各部分之间较大的温度差引起的温度应力，导致产生裂纹。

为避免加热裂纹，加热时须防止装炉温度过高和加热过快，一般采取预热措施。

4.2.3　锻造成形及冷却

1. 锻造成形

坯料在锻造设备上经锻造成形，才能达到一定的形状和尺寸要求。锻造按成形方式的不同分为自由锻、模锻和胎模锻。

2. 锻件冷却

锻件的锻后冷却是保证锻件质量的重要环节，应避免产生硬化、变形或裂纹等质量问题。常见的冷却方式如下：

(1) 空冷　锻件在无风的空气中，在干燥的地面上冷却的方法称为空冷。

(2) 坑冷　锻件放入填有炉灰、砂子等保温材料的坑中慢慢冷却的方法称为坑冷。

(3) 炉冷　锻件锻好后，再放回 500～700 ℃ 的加热炉中，随炉温慢慢冷却到较低温度后再出炉的方法称为炉冷。

冷却速度过快会造成锻件表层硬化，难以进行切削加工，甚至产生裂纹。一般碳素结构钢和低合金钢的中小型锻件，锻后均采用冷却速度较快的空冷方式，成分复杂的合金钢件大都采用坑冷或炉冷。

4.2.4　锻后热处理

锻件在切削加工前，一般都要进行热处理。热处理的作用是使锻件的内部组织进一步细化和均匀化，消除锻造残余应力，降低锻件硬度，便于进行切削加工。常用的锻后热处理方法有正火、退火和球化退化等。生产中根据锻件材料种类和化学成分确定具体热处理方法。

4.3 自由锻

自由锻是指将加热的金属毛坯放在自由锻设备的平砧间进行锻造的方法。自由锻由操作者来控制金属的变形方向,从而获得符合一定形状和尺寸要求的锻件。

自由锻具有工具简单、通用性强的特点,适用于单件和小批量锻件的生产。自由锻时,因坯料只有部分表面与上、下砧接触产生塑性变形,其余部分为自由表面,故自由锻所需变形力较小,设备功率小。自由锻对大型锻件也适用,可以锻造各种变形程度相差很大的锻件。由于自由锻是靠人工操作来控制锻件形状和尺寸,因此,操作者的技术水平直接影响锻件的精度。此外,自由锻生产率较低且劳动强度大。

4.3.1 自由锻设备与工具

1. 自由锻设备

常用的自由锻设备有空气锤、蒸汽-空气锤和水压机等。其砧座质量一般为落下部分质量的10~15倍,蒸汽-空气锤的落下部分质量一般为1~5 t,小于1 t的使用相应的空气锤,大于5 t的使用水压机。

(1) 空气锤结构及工作原理 空气锤是自由锻最为常见的设备,如图4-4(a)所示。其结构由锤身、压缩缸、工作缸、传动机构、操纵机构、落下部分及砧座等组成。锤身、压缩缸和工作缸缸体铸成一体。传动机构包括减速机构、曲柄、连杆等。操纵机构包括踏杆(或手柄)、旋阀及其连接杠杆。落下部分包括工作活塞、锤杆等。

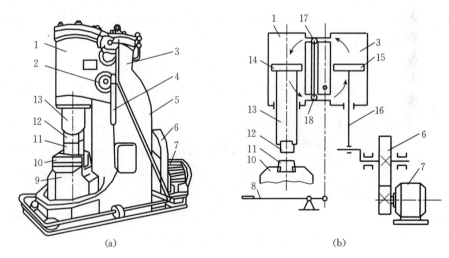

图4-4 空气锤结构和传动原理
(a) 空气锤结构图 (b) 空气锤传动原理
1.工作缸 2.旋阀 3.压缩缸 4.手柄 5.锤身 6.减速机构 7.电动机 8.脚踏板 9.砧座 10.砧垫
11.下砧铁 12.上砧铁 13.锤杆 14.工作活塞 15.压缩活塞 16.连杆 17.上旋阀 18.下旋阀

空气锤的规格用落下部分的质量来表示,又称锻锤的吨位。打击力为落下部分重力的1 000倍左右。空气锤的规格依据锻件尺寸与质量选择。

空气锤的传动原理如图4-4(b)所示。电动机通过减速装置带动曲柄连杆机构运动,使压缩气缸的压缩缸活塞上下运动,产生压缩空气。通过手柄或踏脚杆操纵上、下旋阀,使其处于不同位置时,让压缩空气进入工作缸的上部或下部,推动由工作活塞、锤杆和上砧铁组成的落下部分上升或下降,完成各种打击动作。

(2) 空气锤的操作 空气锤通过控制旋阀与两个气缸之间的连通方式,实现提锤、连打、下压、空转等几种动作循环。

① 提锤。上旋阀通大气,下旋阀单向通工作缸的下腔,使落下部分提升并停留在上方。

② 连打。上、下旋阀均与压缩空气和工作缸连通,压缩空气交替进入气缸的下腔和上腔,使落下部分上、下运动,实现连续打击。

③ 下压。下旋阀通大气,上旋阀单向通工作缸的上腔,使落下部分压紧工件。

④ 空转。上、下旋阀均与大气相通,压缩空气排入大气中,落下部分靠自重停落在下砧铁上。

用空气锤进行自由锻造操作方便,但只适用于小型锻件。

2. 自由锻工具

常用自由锻工具包括锻打工具(手工自由锻为大锤、小锤)、支持工具(如铁砧)、夹持工具(各种钳子)、衬垫工具和测量工具(如钢尺、卡钳等)。

4.3.2 自由锻工序

自由锻通过一系列工序完成锻件的成形。自由锻工序分为辅助工序、基本工序和精整工序三类。辅助工序是指为便于基本工序的实施而使坯料预先产生变形的工序,如压肩、压钳口和压钢锭棱边等;基本工序是指改变坯料的形状和尺寸,实现锻件基本成形的工序,主要有镦粗、拔长、冲孔、弯曲、扭转和切割等;精整工序是为修整锻件的尺寸和形状而实施的工序,如滚圆、摔圆、平整和校直。

下面重点介绍自由锻基本工序。

1. 镦粗

使毛坯高度减少,横截面积增大的锻造工序称为镦粗,如图4-5 (a) 所示。镦粗是自由锻最基本的工序,一般用于锻造圆盘形、齿轮坯和凸轮坯锻件。

为保证锻件质量,镦粗时毛坯的高径比应控制在2.5以下,否则易镦弯,如图4-5 (b) 所示;当镦弯现象出现时,应将工件放平,轻轻锤击矫正,如图4-5 (c) 所示。

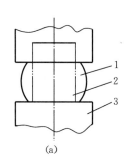
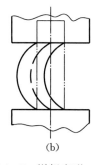
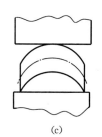

图4-5 镦粗变形
(a) 镦粗 (b) 镦弯 (c) 矫正图
1. 锻件 2. 毛坯 3. 平砧

2. 拔长

使毛坯横截面积减小而长度增加的锻造工序称为拔长，如图4-6所示。拔长一般用于锻造轴类、杆类及长筒形锻件。

拔长时，锻件成形质量取决于送进量、压下量及拔长操作等因素。拔长操作时，一般送进量$L=(0.4\sim0.8)B$（B为砧宽）。每次送进量L过大或过小不仅影响拔长效率，还会影响锻件质量。增大压下量h，可以提高生产率和锻合锻件内部的缺陷。在锻件塑性允许的条件下，应尽量采用大压下量拔长。塑性好的结构钢锻件虽不受塑性限制，但压下量过大时会出现折叠，如图4-6（c）所示。因此，单边压下量$h/2$应小于送进量L。

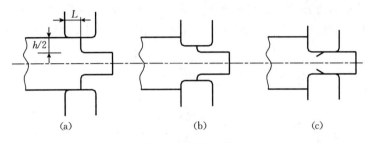

图4-6 拔长过程
(a) 送进量L、压下量$h/2$ (b) 压下过程 (c) 产生折叠过程

为保证坯料在整个长度上都被拔长，操作时必须一边沿轴线送进，一边不断翻转锻打，翻转方法如图4-7所示。方法一为螺旋式翻转拔长，是指锻件沿圆周拔长一周后再沿轴线方向给一定的送进量，如图4-7（a）所示。该方法适用于锻造台阶轴锻件。方法二为反复翻转拔长，是指先对锻件一周的两个面反复翻转90°拔长，如图4-7（b）所示，然后再对另外两个面进行同样的操作。该方法常用于手工操作锻造。方法三为单面前后顺序拔长，是指沿整个锻件毛坯长度方向拔长一遍后再翻转90°拔长，如图4-7（c）所示。该方法多用于锻造大型锻件，但这种操作方法容易使毛坯端部产生弯曲，因此需要先翻转180°将料平直，然后再翻转90°依次拔长，翻转前后拔长的送进位置要相互错开，从而使锻件及轴线方向的变形趋于均匀。拔长短毛坯时，可从毛坯的一端拔至另一端；而拔长长毛坯和钢锭时，则应从毛坯的中间向两端拔。

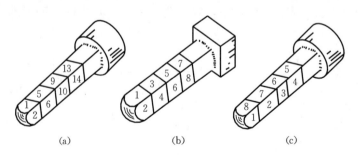

图4-7 拔长时锻件的翻转方法
(a) 螺旋式翻转拔长 (b) 反复翻转拔长 (c) 单面前后顺序拔长

为防止拔长时锻件内部产生裂纹，无论工件由圆打成方、由方打成圆，还是由大圆打成小圆，都要先将坯料打成方形后再进行拔长，最后锻打成所需的截面形状和尺寸。圆截面

拔长变形过程如图 4-8 所示。

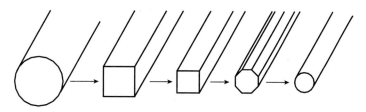

图 4-8 圆截面拔长变形过程

锻制带有台阶的轴类锻件时，需先在截面分界处进行压肩，即压出凹槽，如图 4-9 所示。压肩后将截面较小的一端拔长锻出台阶。

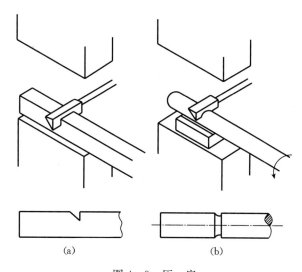

图 4-9 压 肩
(a) 方料压肩 (b) 圆料压肩

锻件拔长后须进行修整以使锻件表面光洁、尺寸准确。对方形或矩形截面的锻件修整时，将锻件沿下砧铁长度方向送进，轻轻敲击，以增加锻件与砧铁接触长度，并用钢板尺的侧面检查锻件的平直度及表面平整度，如图 4-10（a）所示；圆形截面的锻件修整时，锻件在送进的同时还应不断转动，且使用摔子修整，锻件的尺寸精度更高，如图 4-10（b）所示。

3. 冲孔

采用冲子将毛坯冲出通孔或不通孔的锻造工序称为冲孔，常用于锻造齿轮、套筒、空心轴和圆环等带孔锻件。直径小于 25 mm 的孔一般在切削加工时加工得到；大于 25 mm 的孔常用冲孔方法冲出，分单面冲孔和双面冲孔两类。

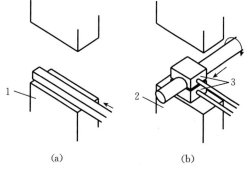

图 4-10 拔长后修整
(a) 矩形截面锻件修整 (b) 圆形截面锻件修整
1、2. 下砧铁 3. 摔子

一般锻件采用双面冲孔。冲孔时，冲子由毛坯的一面冲入，当冲孔冲到深为毛坯高度的70%左右时，将毛坯翻转180°再用冲子从另一面把孔冲透，如图4-11（a）所示。该方法操作简单，材料损失少，广泛用于孔径小于400 mm的锻件。

较薄的坯料采用单面冲孔，如图4-11（b）所示。单面冲孔时冲子大头朝下，漏盘孔径不宜过大。

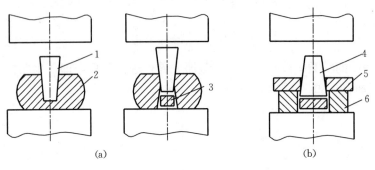

图4-11 冲 孔
（a）双面冲孔 （b）单面冲孔
1、4. 冲子 2、5. 坯料 3. 冲孔余料 6. 漏盘

4. 弯曲

将毛坯弯成所规定外形的锻造工序称为弯曲。其用来锻造各种弯曲类锻件，如起重机吊钩、曲轴杆等。弯曲时，只须加热和操作需要弯曲的部分，如图4-12所示。当需要多处弯曲时，弯曲顺序一般是先弯锻件端部，再弯与直线相连接部分，最后弯其余部分。弯曲通常在砧铁的边缘或砧角上进行。

5. 扭转

将坯料的一部分相对另一部分绕其轴线旋转一定角度的工序称为扭转，如图4-13所示。扭转时，金属变形剧烈，受扭部分应加热到始锻温度，扭转后缓慢冷却，以防扭裂。扭转常用于锻造多拐曲轴和连杆等锻件。

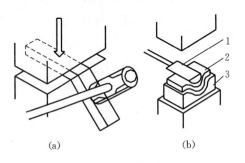 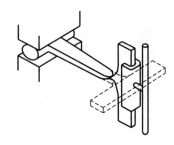

图4-12 弯 曲
（a）角度弯曲 （b）成形弯曲
1. 成形压铁 2. 坯料 3. 成形垫铁

图4-13 扭 转

6. 切割

把坯料或工件切断的工序称为切割。切割方形截面工件时，先将剁刀垂直切入工件至快断开，然后将工件翻转，再用剁刀截断，如图4-14（a）所示。切割圆形截面工件时，将

工件放在带有凹槽的剁垫中,边切割边旋转,直至切断,如图4-14(b)所示。

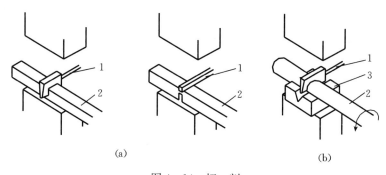

图4-14 切 割
(a)方料切割 (b)圆料切割
1. 剁刀 2. 工件 3. 剁垫

4.4 模锻和胎模锻

除了自由锻外,按照锻造模具固定方式的不同,锻造成形还有模锻和胎模锻。

4.4.1 模锻

模锻即模型锻造,是指将加热的毛坯放在固定于模锻设备上的模具内,使锻模型腔中的毛坯在外力作用下产生塑性变形从而获得锻件的方法。按照固定模具的设备不同,模锻分为锤上模锻和压力机上模锻。模锻件主要有短轴类(盘类)锻件和长轴类锻件两大类。

与自由锻相比,模锻由于模具的作用能够锻出形状较复杂、精度较高、表面粗糙度较低的锻件。此外,还能够提高生产率及改善劳动条件,但模锻设备及模具造价高,消耗能量大,故只适用于中、小型锻件的大批量生产。

1. 模锻设备

模锻可以在多种设备上进行。工业生产中,常采用的模锻设备有蒸汽-空气模锻锤、热模锻压力机和摩擦压力机等。蒸汽-空气模锻锤的结构如图4-15所示。摩擦压力机传动过程如图4-16所示。

2. 锻模

模锻中以锤上模锻更为常用。锤上模锻所用的锻模结构如图4-17所示,由上、下模构成。上模和下模分别安装在锤头下端和砧座上的燕尾槽内,用楔铁紧固。锻模由模具钢制成,具有较高的热硬性、耐磨

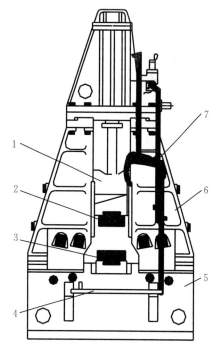

图4-15 蒸汽-空气模锻锤
1. 锤头 2. 上模 3. 下模 4. 踏板
5. 砧座 6. 锤身 7. 操纵机构

性和抗冲击性能。上模和下模的模腔构成坯料借以成形的模膛。根据作用不同，模膛分为制坯模膛和模锻模膛。常用的制坯模膛有拔长模膛、滚压模膛和弯曲模膛；模锻模膛分为预锻模膛和终锻模膛。锻模中，由于没有顶出装置，为便于锻件出模，与分模面垂直的模腔表面都有5°～10°的模锻斜度；为便于金属在型腔内流动，避免锻件产生折伤并保持金属流线的连续性，模型中面与面的交角都做成圆角。模锻下料时，考虑到锻造烧损量、飞边及连皮等损耗，坯料体积要稍大于锻件。

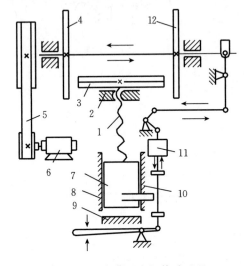

图4-16 摩擦压力机传动过程
1. 螺杆 2. 螺母 3. 飞轮 4、12. 圆轮 5. 皮带
6. 电机 7. 滑块 8、10. 导轨 9. 工作台 11. 离合器

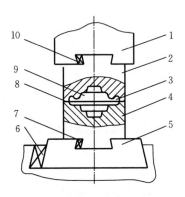

图4-17 锤上模锻的锻模结构
1. 锤头 2. 上模 3. 飞边槽 4. 下模 5. 模垫
6、7、10. 紧固楔铁 8. 分型面 9. 模膛

4.4.2 胎模锻

胎模锻是指在自由锻设备上用可移动模具生产锻件的一种锻造方法。胎模锻使用的模具简称胎模。胎模不固定在锤头或砧铁上，只是在使用时放在自由锻设备下砧铁上进行锻造。胎模锻一般先采用自由锻的镦粗或拔长工序制坯，然后在胎模内终锻成形。与自由锻相比，胎模锻具有锻件尺寸较精确、生产率高和节约金属等优点；与模锻相比，胎模锻具有操作较灵活、胎模模具简单、易制造、成本低和周期短等优点。胎模主要有扣模、套筒模和合模三种，如图4-18所示。

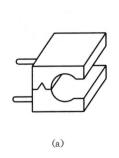 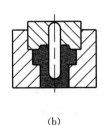 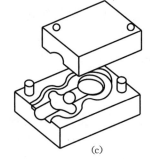

(a)   (b)   (c)

图4-18 胎膜类型
(a) 扣模 (b) 套筒模 (c) 合模

1. 扣模

扣模用于锻造非回转体锻件,具有敞开的模膛,如图 4-18(a)所示。锻造时,工件一般不翻转,不产生毛边。既用于制坯,也用于成形。

2. 套筒模

套筒模主要用于锻造回转体锻件,有开式和闭式两种。

开式套筒模一般只有下模(套筒和垫块),没有上模(锤砧代替上模)。其结构简单,可以得到很小或不带模锻斜度的锻件。取件时一般要翻转180°,对上、下砧铁的平行度要求较严,否则易使毛坯偏斜或填充不满。

闭式套筒模一般由上模、套筒等组成,如图 4-18(b)所示。锻造时金属在模膛的封闭空间中变形,不形成毛边。由于导向面间存在间隙,往往在锻件端部间隙处形成横向毛刺,需进行修整。该方法要求坯料尺寸精确。

3. 合模

合模一般由上、下模及导向装置组成,如图 4-18(c)所示。其用来锻造形状复杂的锻件,锻造过程中多余金属流入飞边槽形成飞边。合模成形与带飞边的固定模模锻相似。

齿轮坯锻件的胎模锻过程如图 4-19 所示。其所用的胎模为套筒模,由模筒、模垫和冲头三部分组成。加热的坯料经自由锻,将模垫和模筒放在砧铁上,再将镦粗的坯料平放在模筒内,压上冲头,锻打成形,取出锻件并将孔中的连皮冲掉。

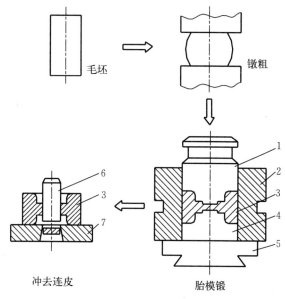

图 4-19 齿轮坯锻件胎模锻过程

1.冲头 2.模筒 3.锻件 4.模垫 5.砧座 6.凸模 7.凹模

胎模锻主要适用于没有模锻设备的中小型工厂生产中、小批量小型锻件的情况。

4.5 板料冲压

板料冲压简称冲压,是指利用冲模使板料分离或变形从而获得冲压件的加工方法。

4.5.1 冲压设备

1. 剪床

剪床是进行剪切工序（下料）的主要设备，用它将板料切成一定宽度的条料，为后续冲压工序备料，如图 4-20 所示。

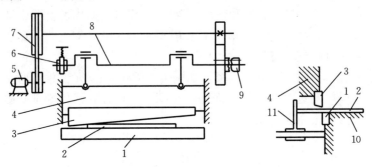

图 4-20 剪床结构及剪切示意图
1.下刀片 2.板料 3.上刀片 4.滑块 5.电动机 6.制动器
7.传送带 8.曲柄 9.离合器 10.工作台 11.挡铁

2. 冲床

冲床是进行冲压加工的主要设备。其主要由工作机构、传动系统、操纵系统、支撑部件和辅助系统组成，如图 4-21 所示。

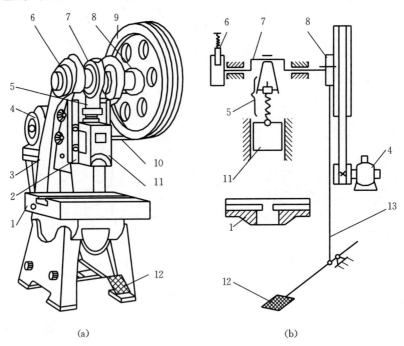

(a)   (b)

图 4-21 开式冲床
(a) 外形图 (b) 传动图
1.工作台 2.导轨 3.床身 4.电动机 5.连杆 6.制动器 7.曲轴
8.离合器 9.飞轮 10.V形带 11.滑块 12.踏板 13.拉杆

4.5.2 冲压基本工序

板料冲压的基本工序主要有分离工序和变形工序两大类。

1. 分离工序

分离工序是指使坯料的一部分与另一部分相互分离的工序，主要包括落料、冲孔等，如表 4-2 所示。

表 4-2 冲压分离工序

工序名称		工序简图	特 点
分离工序	落料	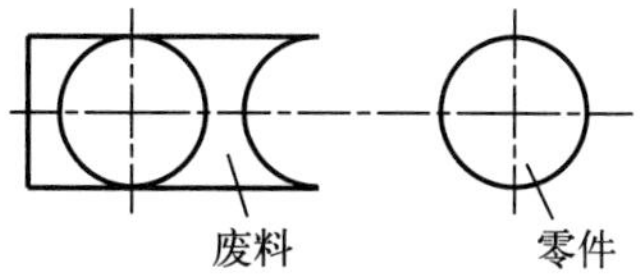	利用模具沿封闭轮廓线冲切板料，冲下的部分为工件，余下部分为废料
	冲孔	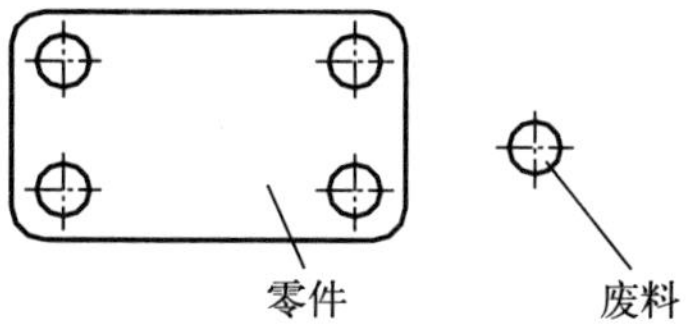	利用模具沿封闭轮廓线冲切板料，冲下的部分为废料，余下部分为工件
	切边	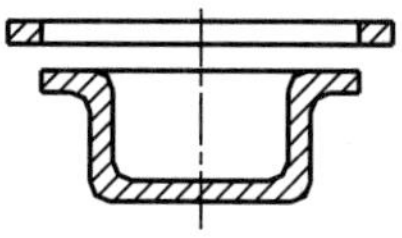	利用模具将拉深或成形后的半成品边缘部分的多余材料切除
	剪切	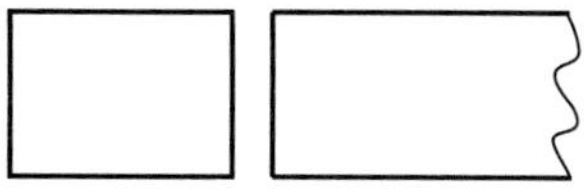	将板料沿不封闭轮廓线剪切成条料，作为其他冲压工序毛坯
	切口	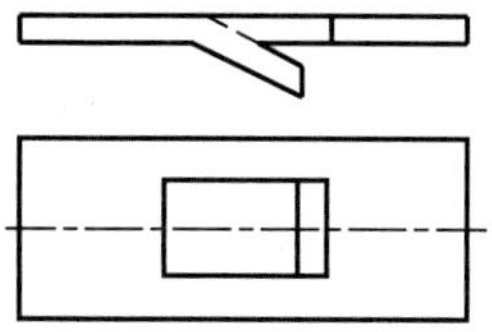	利用模具将板料部分切开而不完全分离，切口处的材料发生弯曲
	剖切	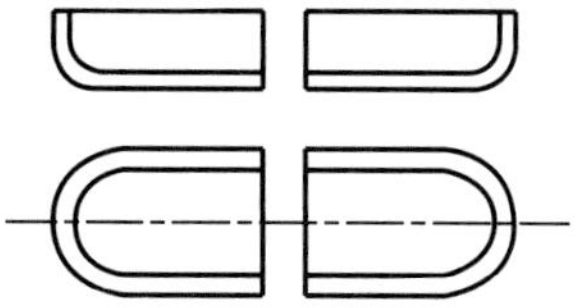	将半成品切开为两个或几个工件，常用于成对冲压

2. 变形工序

变形工序是指使坯料的一部分相对于另一部分产生变形而不破裂的工序，主要包括弯曲、拉深、翻边、胀形等，如表 4-3 所示。

表 4-3 冲压变形工序

工序名称		工序简图	特 点
变形工序	弯曲		利用模具将板料、棒料、管料和型材弯曲成一定形状及角度的工件
	拉深		利用拉深模具将平板毛坯压制成各种空心工件,或将已制成的空心件进一步加工成其他形状的空心件
	翻边		将板料毛坯外边缘或板料孔边缘制成竖立直边的工件
	胀形		用模具对空心件施加由内向外的径向力,使其局部直径扩大
	缩口		用模具对空心件口部施加由外向内的径向压力使其局部直径缩小
	起伏		利用局部成形的方法用模具将板料或零件大的表面制成各种形状的凸起与凹陷

4.5.3 冲模

冲压模具简称冲模,是指在冲压加工中使板料冲压成形和分离的模具。成形用的模具有型腔,分离用的模具有刃口。冲模种类很多,根据工艺性质可以分为冲裁模、弯曲模、拉深模和成形模等;根据工序组合程度分为简单模、连续模和复合模等。

冲压模具类型不同,但都是由上模和下模构成。上模通过模柄安装在冲床滑块上,随滑块上、下往复运动;下模通过下模板由压板或螺栓安装紧固在冲床工作台上。工作时,坯料通过定位零件定位,冲床滑块带动上模下压,在模具工作零件的作用下坯料分离或产生塑性变形从而获得所需形状和尺寸的工件。

1. 简单模

冲床的每个动作循环完成一道生产工序,这种模具称为单工序模,也称简单模,如图4-22所示。单工序模结构简单、制造容易,但生产率低,用于生产批量较大、尺寸较小的工件。模具中的凸模和凹模是工作零件。凸模也称为冲头,与凹模配合使板料分离,是主要工作部分;定位销和导板是定位零件;上、下模通过导柱、导套的滑动配合(导向)保证凸模和凹模间隙的均匀性。冲床工作时,上模下行作用将制件从凹模孔中推出,经工作台孔进入料箱。

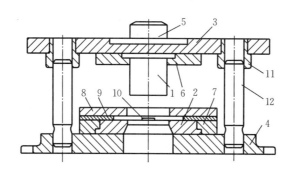

图4-22 简单模
1.凸模 2.凹模 3.上模板 4.下模板 5.模柄 6、7.压板
8.卸料板 9.导板 10.定位销 11.导套 12.导柱

2. 复合模

为提高生产率,将多道冲压工序,如落料、拉深、冲孔、切边等工序安排在一个模具上,使坯料在一个工位上完成多道冲压工序,这种模具称为复合模,如图4-23所示。在冲床滑块的一次行程中,落料凹模和凸凹模进行落料,随着滑块的继续下行运动,拉深凸模与凸凹模完成拉深成形工序。

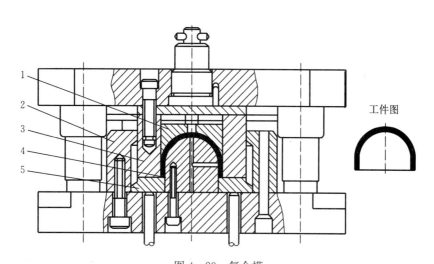

图4-23 复合模
1.推件板 2.落料凹模 3.凸凹模 4.拉深凸模 5.压料顶板

3. 连续模

将多个工序安排在一个模具的不同位置上，在冲压过程中坯料依次通过多工位被连续冲压成形，到最后一个工位时成为制件，这种模具称为连续模，又称为级进模。模具在冲床滑块的一次行程中，在模具的不同位置上同时完成冲孔和落料两道工序，如图 4-24 所示。

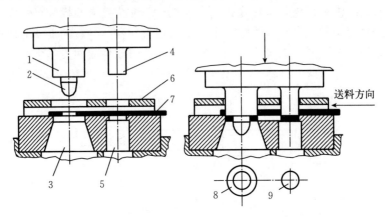

图 4-24 连续模
1. 落料凸模 2. 定位销 3. 落料凹模 4. 冲孔凸模 5. 冲孔凹模 6. 卸料板 7. 坯料 8. 成品 9. 废料

4.6 典型零件锻造训练

项目一 齿轮坯自由锻造

齿轮坯自由锻工艺如表 4-4 所示。零件为空心类锻件，主要采用漏盘内局部镦粗和双面冲孔等工序，锻件加工余量、锻造公差和锻锤吨位等工艺参数依据相关技术资料确定。

表 4-4 齿轮坯自由锻工艺

锻件名称	齿轮坯	工艺类别	自由锻
材料	45	锻造设备	65 kg 空气锤
加热火次	1	锻造温度范围	800~1 200 ℃
锻件图		坯料图	

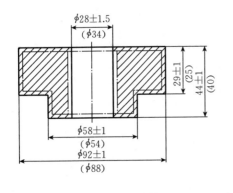
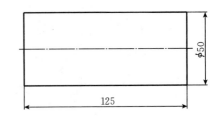

(续)

序号	工序名称	工序简图	使用工具	操作要点
1	镦粗	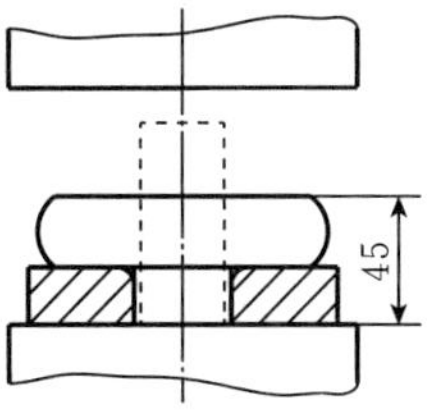	火钳 镦粗漏盘	控制镦粗后总高度为 45 mm
2	冲孔	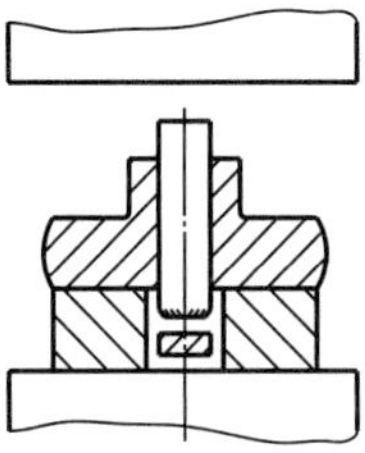	火钳 镦粗漏盘 冲子 冲孔漏盘	双面冲孔，冲子对中； 冲正面凹孔时镦粗漏盘不取下，工件翻转后将孔冲透（如左图）
3	修整外圆	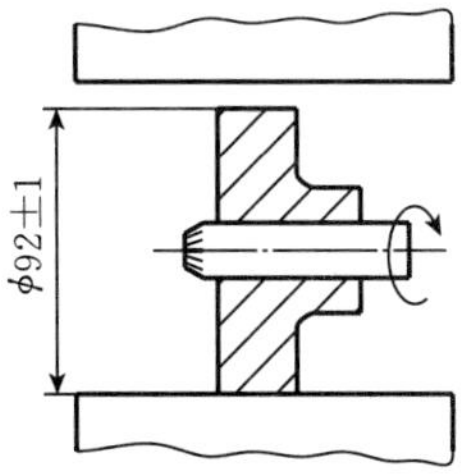	火钳 冲子	边旋转边轻打，直至外圆消除鼓形，尺寸达到 $\phi(92\pm1)$ mm
4	修整平面	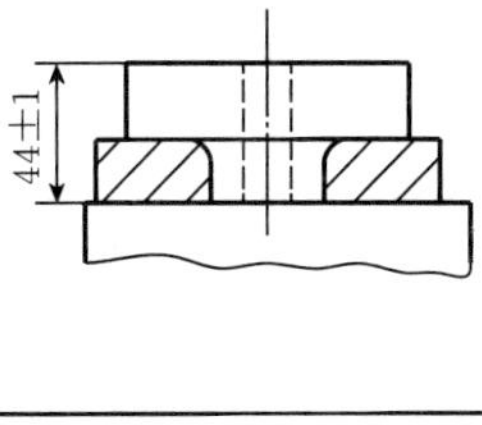	火钳 镦粗漏盘	将镦粗漏盘垫在下面，边旋转边轻打，直至锻件厚度达到 (44 ± 1) mm

项目二 阶梯轴坯自由锻造

一般中小型阶梯轴坯自由锻工艺如表 4-5 所示。主要工序为在整体拔长后分段压肩和拔长，其中压肩位置尺寸须经过计算确定。

表 4-5 阶梯轴坯自由锻工艺

锻件名称	台阶轴	工艺类别	自由锻
材料	45	锻造设备	150 kg 空气锤
加热火次	2	锻造温度范围	800～1 200 ℃
锻件图		坯料图	

序号	工序名称	工序简图	使用工具	操作要点
1	拔长		火钳	整体拔长至 $\phi(49\pm2)$ mm
2	压肩		火钳 压肩摔子	边轻打边旋转锻件
3	拔长一端		火钳	将压肩一端拔长至直径略大于 37 mm
4	摔圆		火钳 摔圆摔子	将拔长部分摔圆至 $\phi(37\pm2)$ mm

(续)

序号	工序名称	工序简图	使用工具	操作要点
5	压肩		火钳 压肩摔子	截出中段42 mm后，将另一端压肩
6	拔长		火钳	将压肩一端拔长至略大于32 mm
7	摔圆		火钳 摔圆摔子	将拔长部分摔圆至φ（32±2）mm
8	修整		火钳、卡钳、钢板尺	修整轴向弯曲，检查各部分尺寸

思考题

1. 锻压加工主要有哪些工艺方法？各有何特点？
2. 锻造前，坯料加热的目的是什么？
3. 什么是锻造温度范围？常见的加热缺陷有哪些？
4. 常用的加热设备有哪几种？
5. 锻件常用的冷却方式有哪些？
6. 自由锻基本工序有哪些？简述其操作要领。
7. 拔长时合适的进给量是多少？进给量过大或过小会出现什么问题？
8. 简述自由锻和模锻的异同。
9. 简述胎模锻的特点及应用。
10. 常见冲压设备有哪些？
11. 冲压的基本工序有哪些？简述落料与冲孔的区别。
12. 冲模有哪几类？如何区别？

第 5 章 焊 接

5.1 概 述

在金属结构和机器的制造中,经常需要用一定的连接方式将两个或两个以上的零件按一定形式和位置连接起来。金属连接方式可分为两大类:一类是可拆卸连接,即不必毁坏零件(连接件、被连接件)就可以拆卸,如螺栓连接、键连接和销连接等;另一类是永久性连接,也称不可拆卸连接,其拆卸只有在毁坏零件后才能实现,如铆接、焊接和黏接等。焊接是目前应用极为广泛的一种永久性连接方法。

5.1.1 焊接的含义

焊接是指通过加热或加压,或两者并用,使焊件结合的一种加工工艺方法。根据焊接方法不同,焊接过程可以使用或不使用填充材料。因此,焊接最本质的特点就是通过焊接使焊件结合,从而将原来分开的物体形成永久性连接的整体。要使两部分金属材料永久连接,就必须使分离的金属相互非常接近,从而产生足够大的结合力,才能形成牢固的接头。这对液体来说是很容易的,而对固体来说则比较困难,故金属焊接时必须采用加热、加压或两者并用。焊接过程需要外部输入很大的能量,可以是电能、化学能、机械能、光能、超声波能等。

5.1.2 焊接的分类

按照焊接过程中金属所处的状态不同,可以把焊接方法分为熔焊、压焊和钎焊三类。熔焊是指在焊接过程中,将焊件接头加热至熔化状态,不加压力完成焊接的方法。目前熔焊应用最广,常见的气焊、电弧焊、电渣焊、气体保护焊等都属于熔焊。

压焊是指在焊接过程中,必须对焊件施加压力(加热或不加热),以完成焊接的方法。如电阻焊、摩擦焊、气压焊、冷压焊、爆炸焊等属于压焊。

钎焊是指采用比母材熔点低的钎料作为填充材料,焊接时将焊件和钎料加热到高于钎料熔点且低于母材熔点的温度,利用液态钎料润湿母材、填充接头间隙并与母材相互扩散实现连接焊件的方法。常见的钎焊方法有烙铁钎焊、火焰钎焊等。

5.1.3 焊接的特点

焊接与铆接、铸造相比,优点是可以节省大量金属材料,减轻结构的质量,成本较低;

简化了加工与装配工序，工序较简单，生产周期较短，劳动生产率高；焊接接头不仅强度高，而且其他性能（如耐热性能、耐腐蚀性能、密封性能）都能与焊件材料相匹配，焊接质量高；劳动强度低，劳动条件好等。焊接的主要缺点是在焊接过程中，焊件内部会产生焊接应力与变形；焊接接头部位会出现焊接缺陷（如气孔、夹渣、未焊透、未熔合、裂纹、凹坑、咬边、焊瘤等）；会产生有毒有害的物质等。

5.2 焊条电弧焊

焊条电弧焊是指利用手工操作焊条，用电弧作为热源熔化焊条和母材而形成焊缝的一种焊接方法，又称为手工电弧焊。焊条电弧焊是熔焊中最基本的一种焊接方法。焊条电弧焊使用的设备简单，操作方便，适应各种条件的焊接。虽然自动化焊接方法正在不断推广使用，但对形状复杂的焊件、小零件、短焊缝焊件等仍必须采用焊条电弧焊来完成，因此，焊条电弧焊仍然是国内外焊接工作中应用最广泛的一种焊接方法。

5.2.1 焊条电弧焊常用设备

1. 电焊机

电焊机按电流种类不同，可分为交流弧焊机和直流弧焊机。

（1）交流弧焊机 交流弧焊机是一种特殊的变压器。它的输出电压随输出电流（负载）的变化而变化。空载时为60～80 V，既能满足顺利引弧的需要，又对人身比较安全。起弧后，电压会自动下降到电弧正常工作所需的20～30 V。当短路起弧时，电压会自动降到趋近于零，使短路电流不至于过大而烧毁电路设备。交流弧焊机具有结构简单、价格便宜、使用可靠、维修方便等优点，但在电弧稳定性方面不如直流电焊机好。

（2）直流弧焊机 直流弧焊机可分为发电机式直流弧焊机和整流式直流弧焊机两种。发电机式直流弧焊机的特点是能够得到稳定的直流电，因而容易引弧，电弧稳定，焊接质量较好。但它的结构比较复杂，价格高，使用噪声大，且维修困难，故逐渐被淘汰。整流式直流弧焊机是用大功率的硅整流元件组成整流器，将交流电转变成直流电，供焊接时使用。它不但具有电弧稳定的优点，而且结构简单，维修方便，噪声小，是一种较好的焊接电源。

2. 电焊钳

电焊钳的作用是夹住焊条和传导电流。它主要由上下钳口、弯臂、弹簧、直柄、胶布手柄及固定销等组成。

3. 焊接电缆

焊接电缆的作用是传导焊接电流。一般要求用多股紫铜软线制成，要具有足够的导电截面积；容易弯曲，柔软性要好，既便于操作，又减轻焊工劳动强度；绝缘性良好，以免发生短路损坏电焊机。焊接电缆的长度应根据工作时的具体情况而定，不要过长。焊接电缆截面积大小应根据焊接电流大小决定。

4. 面罩及护目玻璃

面罩的作用是保护焊工的面部，免受强烈的电弧光和飞溅金属的灼伤。面罩有手持式和头戴式两种，可根据不同的工作情况进行选用。护目玻璃又称黑玻璃，用作减弱电弧光的强度，过滤红外线和紫外线。焊接时，焊工通过护目玻璃观察熔池情况，以便掌握和控制焊接过程，并使眼睛免受弧光灼伤。

5. 辅助工具

焊工常用的辅助工具有焊条保温筒、清渣锤、钢丝刷及凿子等。为了防止被弧光和飞溅金属损伤及触电，焊工焊接时必须戴好皮革手套、工作帽和穿白帆布工作服、脚盖、绝缘鞋等。焊工在敲渣时，应戴平光眼镜。电焊条保温筒用于已烘干的焊条在工地上保温，使焊条药皮中的含水量不超过 0.4%。

角向磨光机用于修磨焊接坡口以及金属表面的焊疤，清除焊缝中较浅的缺陷（如气孔、夹渣等），清理焊缝两侧飞溅金属等。清渣锤是清除焊渣的工具，一般采用一头尖、一头扁的形式。焊工常常根据实际情况自制清渣锤。

5.2.2 焊条

焊条是指涂有药皮的供焊条电弧焊用的熔化电极。它由药皮和焊芯两部分组成。药皮是涂在焊芯表面上的涂料层，焊芯是焊条中被药皮包覆的金属芯。焊条前端的药皮有 45°左右的倒角，便于引弧；尾部有一段裸焊芯，约占焊条总长的 1/16，一般长 15～25 mm，便于焊钳夹持和导电。焊条直径实际上是指焊芯直径，通常分为 1.6 mm、2.0 mm、2.5 mm、3.2 mm、4.0 mm、5.0 mm、6.0 mm 等几种，其长度一般在 200～450 mm 之间。

焊条要满足引弧容易、燃烧平稳，无过多的烟雾和飞溅，焊条熔化端部能形成喇叭形套筒，保证熔敷金属具有一定的抗裂性、所要求的力学性能和化学成分，焊后焊缝成形正常，焊渣容易清除等要求，以保证正常的焊接过程。

1. 焊芯

焊芯用钢和普通钢材在化学成分上有很大的区别，主要是含碳量少，磷、硫含量很低。因为在焊接过程中，特别是焊接含碳量很低的钢时，焊芯的碳几乎全部被渗入到焊缝中，因而使焊缝金属的塑性和抗裂性能变坏，所以一般焊芯的含碳量被限制在 0.2% 以下，常用的低碳钢焊芯含碳量小于 0.1%。焊芯中的硫、磷是炼钢时无法完全清除的杂质，同时在组成焊条药皮的原材料中也含有硫、磷杂质。一般焊芯中硫、磷含量均限制在 0.04% 以内；高级优质焊芯中硫、磷含量均不超过 0.03%。

锰能提高焊缝金属的强度和塑性，其在焊芯中的含量没有严格的规定。一般碳素结构钢焊芯的锰含量为 0.3%～0.55%，低合金或合金结构钢焊芯的锰含量可达 0.8%～1.1%，或者更高。

硅在低碳钢焊缝中有降低焊缝金属塑性和韧性的倾向。焊芯中的硅含量通常控制在 0.03% 内。

2. 药皮

焊芯表面的涂药称为药皮。药皮是决定焊缝金属质量的主要因素之一。药皮由多种原材料组成，按其所起的作用主要有稳弧剂、造渣剂、造气剂、脱氧剂、合金剂、黏结剂、成形剂。

焊条药皮的作用主要有以下几方面：

（1）机械保护作用　在焊接过程中焊条药皮的某些组成物（如大理石等），在电弧高温作用下产生大量的气体，起到气体保护的作用。同时，熔渣覆盖着熔滴和熔池金属，起到熔池保护的作用。

（2）渗合金作用　虽然最好的合金化途径是通过焊芯过渡到焊缝，但在生产上为了焊芯制造方便，不使焊芯因成分变化而规格过多，仍通过药皮来渗合金。例如在药皮中加入一些脱氧剂，如锰铁、硅铁等，使氧化物还原，以保证焊缝质量。

（3）改善焊接工艺性能，提高焊接生产率　焊条药皮在焊接过程中燃烧对稳定电弧起着重要作用。例如在焊接过程中，有药皮的焊条比裸焊条燃烧稳定，这是因为焊条药皮中通常含有钾或钠的化合物和长石、大理石等容易电离的低电离电位的物质作为稳弧剂。此外，焊条药皮中含有合适的造渣、稀渣成分，焊接因此可获得良好的流动性。总之，焊条药皮的作用是保证焊缝金属获得具有合乎要求的化学成分和机械性能，并使焊条具有良好的焊接工艺性。

3. 焊条的分类

根据焊接熔渣的碱度，焊条分为酸性焊条（如J422）和碱性焊条（如J507）。

酸性焊条的药皮中含有较多的氧化铁、氧化钛、氧化硅等氧化物。其氧化性强，焊接过程中合金元素容易烧损；焊缝金属含氧、氢较多，机械性能较低，特别是冲击值较碱性焊条低，但其工艺性能良好，脱渣容易；对铁锈、水分产生气孔的敏感性不强；可交、直流电两用。

碱性焊条中含有较多的大理石和萤石，并含有较多的作为脱氧剂和渗合金剂的铁合金。其脱氧性强，焊缝金属含氧和氢少，机械性能高，尤其是韧性、抗裂性和抗时效性能好，但对锈、水分产生气孔的敏感性较强，脱渣性比酸性焊条差，适用于较重要的焊接结构。碱性焊条一般采用直流反接。但当药皮中加入稳弧组成物时，也可用交流电源。

5.2.3　焊接规范的选择

焊条电弧焊的焊接规范通常包括焊条牌号、焊条直径、弧焊电源种类与极性、焊接电流、电弧电压、焊接速度和焊接层数等。选择合适的焊接规范是生产中一个重要问题，会直接影响到焊缝成形和产品质量。

1. 焊条牌号的选择

① 低碳钢、中碳钢和低合金结构钢的焊接，可按其强度等级来选用相应的焊条，唯有在焊接结构刚性大、受力情况复杂时选用比钢材强度低一级的焊条。但遇到焊后要进行回火处理的焊件，应防止焊缝强度过低和焊缝中应有的合金元素含量达不到要求。

② 在焊条的强度确定后再决定选用酸性焊条还是碱性焊条。焊条选择主要取决于焊接结构具体形状的复杂性、构件刚性大小、构件承载情况、钢材的焊接性以及有无直流电源等。一般来说，对于塑性、冲击韧性和抗裂性能要求较高的焊缝应选用碱性焊条。

③ 低碳钢与低合金高强度钢的异种钢焊接，一般应选用与强度等级较低钢材相匹配的焊条。

④ 对于工作环境有特定要求的焊件，应选用相应的焊条，如低温钢焊条、水下焊条等。

⑤ 珠光体耐热钢一般选用与钢材成分相似的焊条或根据焊件的工作温度来选用。

⑥ 薄板焊接或定位焊接应采用J××1或J××2焊条。此类焊条易引弧又不易烧穿焊件。

⑦ 在满足焊件使用性能和操作性能的前提下，应选用规格大、效率高的焊条。

⑧ 在使用性能基本相同时，应尽量选择价格较低的焊条。

2. 焊条直径的选择

为了提高生产率，尽可能地选用较大直径的焊条，但直径过大会造成未焊透或焊缝成形不良等缺陷，因此必须正确选择焊条直径。焊条直径的大小与下列因素有关。

（1）焊件的厚度　厚度较大的焊件应选用直径较大的焊条；反之，薄件应用直径小的焊条。

（2）焊缝位置　平焊缝用的焊条直径应比其他位置大一些；立焊时焊条直径最大不应超过 5 mm；仰焊、横焊时焊条最大直径不应超过 4 mm，这样可减少熔化金属的下淌。

（3）焊接层数　在多层焊时，为了防止根部焊不透，对多层焊的第一层焊道，应采用直径较小的焊条进行焊接，以后各层可根据焊件厚度，选用较大直径的焊条。在焊接低碳钢及 16Mn 等低合金结构钢中、厚钢板的多层焊缝时，每层焊缝厚度过大会对焊缝接头产生不利影响，每层厚度最好不大于 4～5 mm。

3. 弧焊电源种类与极性的选择

通常酸性焊条可采用交、直流两种电源，一般优先选用交流弧焊电源。碱性焊条必须使用直流弧焊电源。焊接电源采用直流电源时，若工件接电源正极，焊条接电源负极，称为直流正接；若工件接电源负极，焊条接电源正极，称为直流反接。由于阴极的发热量远小于阳极，采用直流正接时，工件接正极，温度较高。因此，焊接厚板时用直流正接，而焊接薄板、铸铁、有色金属时用直流反接。

4. 焊接电流的选择

焊接时决定焊接电流的因素很多，如焊条类型、焊条直径、焊件厚度、接头型式、焊缝位置和层数等，但主要是焊条直径和焊缝位置。焊条直径越大，熔化焊条所需要的电弧热能就越多，故焊接电流应相应增大。焊接电流一般按下列经验公式计算：

$$I = Kd$$

式中　I——焊接电流，A；

　　　d——电焊条直径，mm；

　　　K——经验系数。

根据以上公式求得的焊接电流只是一个大概数值，实际生产中还要考虑下列因素的影响。

① 焊件导热快时，焊接电流可以小些，而回路电阻高，焊接电流就要大些。

② 如果焊条直径不变，焊接厚板的电流比焊接薄板的电流要大。使用碱性焊条时的焊接电流一般要比酸性焊条的小一些。

③ 焊接平焊缝时，由于运条和控制熔池中的熔化金属比较容易，因此可选用较大的电流进行焊接。立焊与仰焊用焊接电流要比平焊小 15%～20%，而角焊电流比平焊电流要大。

④ 快速焊接电流要大于一般焊速的电流。施焊前根据上述公式考虑到各种因素粗略地选好电流后，可在废钢板上引弧进行试焊，然后根据熔池大小、熔化深度、焊条的熔化情况鉴别焊接电流是否适当。焊接电流过大，会使焊条芯过热、药皮脱落，又会造成焊缝咬边、烧穿、焊瘤等缺陷，同时金属组织也会因过热而发生变化；若电流过小，则容易造成未焊透、夹渣等缺陷。

5. 电弧电压的选择

电弧电压是由电弧长度决定的。电弧长，则电弧电压高；电弧短，则电弧电压低。电弧长短对焊缝质量有极大的影响。一般地讲,长度超过焊条直径的电弧称为长弧,长度小于焊条直径的电弧称为短弧。用长弧焊接时,电弧引燃不稳定,所得到的焊缝质量较差。表面鱼鳞不均匀,焊缝熔深较浅。当焊条熔滴向熔池过渡时,周围空气容易侵入,导致产生气孔,且熔化金属飞溅严重,造成浪费。因此,施焊时应该采用短弧,才能保证焊缝质量。一般弧长按下述经验公式确定:

$$L=(0.5\sim 1)d$$

式中　L——电弧长度,mm;
　　　d——焊条直径,mm。

6. 焊接速度的选择

焊接速度是指焊条沿焊接方向移动的速度。应该在保证焊缝质量的前提下,采用较大直径的焊条和焊接电流,并按具体条件,适当加大焊接速度,以提高生产率,保证获得熔深、加强高和宽窄都较一致的焊缝。

5.3　气　　焊

5.3.1　气焊原理及特点

1. 气焊原理

气焊是指利用可燃气体与助燃气体混合燃烧后,产生的高温火焰对金属材料进行熔焊的一种方法。如图 5-1 所示,将乙炔和氧气在焊炬中混合均匀后,从焊嘴喷出燃烧火焰,将焊件和焊丝熔化后形成熔池,待冷却凝固后形成焊缝连接。

气焊所用的可燃气体很多,有乙炔、氢气、液化石油气、煤气等,而最常用的是乙炔气。乙炔气的发热量大,燃烧温度高,制造方便,使用安全,焊接时火焰对金属的影响最小,火焰温度高达 3 100~3 300 ℃。氧气作为助燃气,纯度越高,耗气越少。因此,气焊也称为氧-乙炔焊。

2. 气焊的特点

① 火焰对熔池的压力及焊件的热输入量调节方便,故熔池温度、焊缝形状和尺寸、焊缝背面成形等容易控制。

② 设备简单,移动方便,操作易掌握,但设备占用面积较大。

③ 焊炬尺寸小,使用灵活。气焊热源温度较低,加热缓慢,生产率低,而且热量分散,热影响区大,使焊件产生较大的变形,导致接头质量不高。

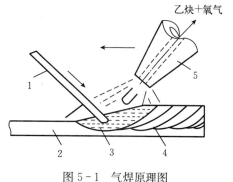

图 5-1　气焊原理图
1. 焊丝　2. 焊件　3. 熔池　4. 焊缝　5. 焊炬

④ 气焊适用于各种位置的焊接,如对厚度在 3 mm 以下的低碳钢、高碳钢薄板、铸铁的焊补以及铜、铝等有色金属的焊接。

5.3.2　气焊设备

气焊所用设备及气路连接如图 5-2 所示。

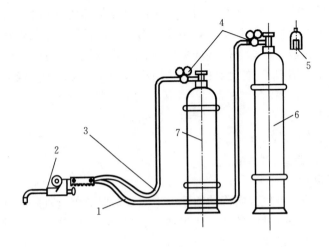

图 5-2 气焊所用设备及气路连接

1. 氧气胶管（黑色） 2. 焊炬 3. 乙炔胶管（红色） 4. 减压器 5. 瓶帽 6. 氧气瓶 7. 乙炔瓶

1. 焊炬

焊炬俗称焊枪，是气焊的主要设备。它的构造多种多样，但基本原理相同。焊炬是气焊时用于控制气体混合比、流量及火焰并进行焊接的手持工具。焊炬有射吸式和等压式两种。常用的是射吸式焊炬，由手柄、乙炔调节阀、氧化调节阀、喷嘴、射吸管、混合管、焊嘴、乙炔导管和氧气导管等组成，如图 5-3 所示。

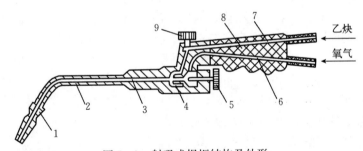

图 5-3 射吸式焊炬结构及外形

1. 焊嘴 2. 混合管 3. 射吸管 4. 喷嘴 5. 氧气调节阀 6. 氧气导管 7. 乙炔导管 8. 手柄 9. 乙炔调节阀

射吸式焊炬的型号有 H01-2 和 H01-6 等。各型号的焊炬均备有 5 个大小不同的焊嘴，可供焊接不同厚度的工件使用。表 5-1 为 H01 型射吸式焊炬的基本参数。

表 5-1 H01 射吸式焊炬型号及其参数

型号	焊接低碳钢厚度/mm	氧气工作压力/MPa	乙炔使用压力/MPa	可换焊嘴个数	焊嘴直径/mm				
					1	2	3	4	5
H01-2	0.5~2	0.1~0.25	0.001~0.10	5	0.5	0.6	0.7	0.8	0.9
H01-6	2~6	0.2~0.4			0.9	1.0	1.1	1.2	1.3
H01-12	6~12	0.4~0.7			1.4	1.6	1.8	2.0	2.2
H01-20	12~20	0.6~0.8			2.4	2.6	2.8	3.0	3.2

第5章 焊　　接

2. 乙炔瓶

乙炔瓶是储存溶解乙炔的钢瓶。在瓶的顶部装有瓶阀供开闭气瓶和装减压器用，并套有瓶帽保护。在瓶内装有浸满丙酮的多孔性填充物（活性炭、木屑、硅藻土等）。丙酮对乙炔有良好的溶解能力，可使乙炔安全地储存于瓶内。在瓶阀下面的填充物中心部位的长孔内放有石棉绳，作用是促使乙炔与填充物分离。

乙炔瓶的外壳漆成白色，用红色写明"乙炔"字样和"火不可近"字样。乙炔瓶的容量为 40 L，工作压力为 1.5 MPa，而输给焊炬的压力很小，因此，乙炔瓶必须配备减压器，同时还必须配备回火安全器。

乙炔瓶一定要竖立放稳，以免丙酮流出；要远离火源，防止乙炔瓶受热。因为乙炔温度过高会降低丙酮对乙炔的溶解度，而使瓶内乙炔压力急剧增高，甚至发生爆炸。

3. 回火安全器

回火安全器又称回火防止器或回火保险器。它是装在乙炔减压器和焊炬之间，用来防止火焰沿乙炔管回烧的安全装置。正常气焊时，气体火焰在焊嘴外面燃烧，但当气体压力不足、焊嘴堵塞、焊嘴离焊件太近或焊嘴过热时，气体火焰会进入嘴内逆向燃烧，这种现象称为回火。发生回火时，焊嘴外面的火焰熄灭，同时伴有爆鸣声，随后有"吱吱"的声音。如果回火火焰蔓延到乙炔瓶，就会发生严重的爆炸事故。回火安全器的作用是使回流的火焰在倒流至乙炔瓶以前被熄灭。此时应首先关闭乙炔开关，然后再关氧气开关。

4. 氧气瓶

氧气瓶是储存氧气的一种高压容器钢瓶。氧气瓶要经受搬运、滚动，甚至还有振动和冲击等，因此材质要求很高，产品质量要求十分严格，出厂前要经过严格检验，以确保氧气瓶的安全可靠。氧气瓶是一个圆柱形瓶体，瓶体上有防震圈；瓶体的上端有瓶口，瓶口的内壁和外壁均有螺纹，用来装设瓶阀和瓶帽；瓶体下端还套有一个增强用的钢环圈瓶座，一般为正方形，便于立稳，卧放时也不至于滚动；为了避免腐蚀和产生火花，所有与高压氧气接触的零件都用黄铜制作；氧气瓶外表漆成天蓝色，用黑漆标明"氧气"字样。氧化瓶的容积为 40 L，储氧最大压力为 15 MPa，但提供给焊炬的氧气压力很小，因此氧气瓶必须配备减压器。由于氧气化学性质极为活泼，能与自然界中绝大多数元素化合，与油脂等易燃物接触会剧烈氧化，引起燃烧或爆炸，所以使用氧气时必须十分注意安全。要隔离火源；禁止撞击氧气瓶；严禁在瓶上沾染油脂；瓶内氧气不能用完，应留有余量。

5. 减压器

减压器是指将高压气体降为低压气体的调节装置。其作用是减压、调压、量压和稳压。气焊时所需的气体工作压力一般都比较低，如氧气压力通常为 0.2～0.4 MPa，乙炔压力最高不超过 0.15 MPa，因此，必须将氧气瓶和乙炔瓶输出的气体经减压器减压后才能使用，而且可以调节减压器的输出气体压力。

6. 橡胶管

橡胶管是指输送气体的管道，分氧气橡胶管和乙炔橡胶管，两者不能混用。国家标准规定：氧气橡胶管为黑色；乙炔橡胶管为红色。氧气橡胶管的内径为 8 mm，工作压力为 1.5 MPa；乙炔橡胶管的内径为 10 mm，工作压力为 0.5 MPa 或 1.0 MPa；橡胶管长一般为 10～15 m。

氧气橡胶管和乙炔橡胶管不可有损伤和漏气发生，严禁明火检漏。特别是要经常检查橡胶管的各接口处是否紧固，橡胶管有无老化现象，橡胶管不能沾有油污。

5.3.3 气焊火焰

常用的气焊火焰是乙炔与氧混合燃烧所形成的火焰,也称氧乙炔焰。根据氧与乙炔混合比的不同,氧乙炔焰可分为中性焰、碳化焰(也称还原焰)和氧化焰三种,如图5-4所示。

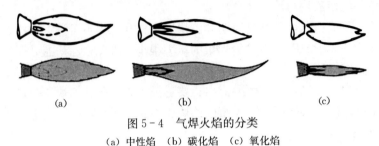

图 5-4 气焊火焰的分类
(a) 中性焰 (b) 碳化焰 (c) 氧化焰

1. 中性焰

氧气和乙炔的混合比为 1.1~1.2 时燃烧所形成的火焰称为中性焰,又称正常焰。它由焰心、内焰和外焰三部分组成。

焰心靠近喷嘴孔,呈尖锥形,色白而明亮,轮廓清楚。在焰心的外表面分布着乙炔分解所生成的碳素微粒层,焰心的光亮就是由炽热的碳微粒所发出的。焰心温度并不是很高,约为 950 ℃。内焰呈蓝白色,轮廓不清晰,并带深蓝色线条而微微闪动,与外焰无明显界限。外焰由里向外逐渐由淡紫色变为橙黄色。

中性焰最高温度在焰心前 2~4 mm 处,为 3 050~3 150 ℃。用中性焰焊接时主要是利用内焰这部分火焰加热焊件。中性焰燃烧完全,对红热或熔化了的金属没有碳化和氧化作用,所以称之为中性焰。气焊一般都可以采用中性焰。它广泛用于低碳钢、低合金钢、中碳钢、不锈钢、紫铜、灰铸铁、锡青铜、铝及其合金、铅锡、镁合金等的气焊。

2. 碳化焰(还原焰)

氧气和乙炔的混合比小于 1.1 时燃烧形成的火焰称为碳化焰。其最高温度为 2 700~3 000 ℃。与中性焰相比,碳化焰的整个火焰长而软,也由焰心、内焰和外焰组成,而且这三部分均很明显。焰心呈灰白色,并发生乙炔的氧化和分解反应;内焰有多余的碳,故呈淡白色;外焰呈橙黄色,除燃烧产物 CO_2 和水蒸气外,还有未燃烧的碳和氢。

由于火焰中存在过剩的碳微粒和氢,其中的碳会渗入熔池金属,使焊缝的含碳量增高,故称这种火焰为碳化焰,同时碳具有较强的还原作用,故又称还原焰。游离的氢也会透入焊缝,产生气孔和裂纹,造成硬而脆的焊接接头。因此,碳化焰不能用于焊接低碳钢和合金钢,只使用于高速钢、高碳钢、铸铁焊补、硬质合金堆焊、铬钢等。

3. 氧化焰

氧与乙炔的混合比大于 1.2 时燃烧形成的火焰称为氧化焰。氧化焰的整个火焰和焰心的长度都明显缩短,只能看到焰心和外焰两部分。由于氧化焰中有过剩的氧,整个火焰均具有氧化作用,故称这种火焰为氧化焰。氧化焰的最高温度可达 3 100~3 300 ℃。使用这种火焰焊接各种钢铁时,金属很容易被氧化而形成脆弱的焊接接头;在焊接高速钢或铬、镍、钨等优质合金钢时,会出现焊丝与合金钢互不融合的现象;在焊接有色金属及其合金时,产生的氧化膜会更厚,甚至焊缝金属内有夹渣,形成不良的焊接接头。因此,氧化焰一般很少采用,仅适用于烧割工件和气焊黄铜、锰黄铜及镀锌铁皮。另外,氧化焰特别适合用于黄铜类。因为黄铜中的锌在高温下极易蒸发,采用氧化焰时,熔池表面上会形成氧化锌和氧化铜的薄膜,起到抑制锌蒸发的作用。

不论采用何种火焰气焊,喷射出来的火焰(焰心)形状应该整齐垂直,不允许有歪斜、分叉或发生"吱吱"的声音。只有这样才能使焊缝两边的金属均匀加热,并正确形成熔池,从而保证焊缝质量。否则不管焊接操作技术多好,焊接质量也要受到影响。所以,当发现火焰不正常时,要及时使用专用的通针把焊嘴口处附着的杂质消除掉,待火焰形状正常后再进行焊接。

5.3.4 气焊工艺与焊接规范

气焊的接头型式和焊接空间位置等工艺问题的考虑与焊条电弧焊基本相同。气焊尽可能用对接接头,厚度大于 5mm 的焊件需要开坡口以便焊透。焊前接头处应清除铁锈、油污、水分等。

气焊的焊接规范主要是确定焊丝直径、焊嘴大小、焊接速度等。

焊丝直径由工件厚度、接头和坡口形式决定。焊开坡口时第一层应选较细的焊丝。焊丝直径的选用可参考表 5-2。

表 5-2 不同厚度工件配用焊丝的直径

工作厚度/mm	1.0~2.0	2.0~3.0	3.0~5.0	5.0~10.0	10.0~15.0
焊丝直径/mm	1.0~2.0	2.0~3.0	3.0~4.0	3.0~5.0	4.0~6.0

焊嘴大小会影响生产率。一般来说,焊嘴越大,生产率越高。为了提高生产率,对导热性好、熔点高的焊件,在保证质量前提下应选较大号焊嘴(较大孔径的焊嘴)。

在平焊时,焊件越厚,焊接速度应越慢。对熔点高、塑性差的工件,焊速应慢。在保证质量前提下,尽可能提高焊速,以提高生产效率。

5.3.5 气焊基本操作

1. 点火

点火之前,先把氧气瓶和乙炔瓶上的总阀打开,然后转动减压器上的调压手柄(顺时针旋转),将氧气和乙炔调到工作压力。再打开焊枪上的乙炔调节阀,此时可以通过氧气调节阀少开一点氧气来助燃点火(用明火点燃)。如果氧气开得大,点火时就会因为气流太大而出现"啪啪"的响声,而且还点不着。如果氧气开得太小,虽然也可以点着,但是黑烟较大。点火时,手应放在焊嘴的侧面,不能对着焊嘴,以免点着后喷出的火焰烧伤手臂。

2. 调节火焰

点火后刚开始的火焰是碳化焰,然后逐渐开大氧气阀门,改变氧气和乙炔的比例,根据被焊材料性质及厚薄要求,调到所需的中性焰、氧化焰或碳化焰。需要大火焰时,应先把乙炔调节阀开大,再调大氧气调节阀;需要小火焰时,应先把氧气调节阀调小,再调小乙炔调节阀。

3. 焊接方向

气焊操作是右手握焊炬,左手拿焊丝,可以向右焊(右焊法),也可向左焊(左焊法)。

右焊法是焊炬在前,焊丝在后。这种方法是焊接火焰指向已焊好的焊缝,加热集中,熔深较大,火焰对焊缝有保护作用,容易避免气孔和夹渣,但较难掌握。此种方法适用于较厚工件的焊接，而一般厚度较大的工件均采用电弧焊，因此右焊法很少使用。

左焊法是焊丝在前，焊炬在后。这种方法是焊接火焰指向未焊金属，有预热作用，焊接速度较快，可减少熔深和防止烧穿，操作方便，适宜焊接薄板。用左焊法还可以看清熔池，分清熔池中铁水与氧化铁的界线，因此左焊法在气焊中被普遍采用。

4. 施焊方法

施焊时，要使焊嘴轴线的投影与焊缝重合，同时要掌握好焊炬与工件的倾角α。工件越厚，倾角越大；金属的熔点越高，导热性越大，倾角就越大。在开始焊接时，工件温度尚低，为了较快地加热工件和迅速形成熔池，α应该大一些（80°～90°），喷嘴与工件近于垂直。这样可以使火焰的热量集中，尽快使接头表面熔化。正常焊接时，一般保持α为30°～50°。焊接将结束时，倾角可减至20°，并使焊炬做上下摆动，以便持续地对焊丝和熔池加热，这样能更好地填满焊缝和避免烧穿。焊嘴倾角与工件厚度的关系如图5-5所示。

焊接时，还应注意送进焊丝的方法。焊接开始时，焊丝端部放在焰心附近预热。待接头形成熔池后，才把焊丝端部浸入熔池。焊丝熔化一定数量之后，应退出熔池。焊炬随即向前移动，形成新的熔池。注意焊丝不能经常处在火焰前面，以免阻碍工件受热；也不能使焊丝在熔池上面熔化后滴入熔池；更不能在接头表面尚未熔化时就送入焊丝。焊接时，火焰内层焰心的尖端要距离熔池表面2～4 mm，形成的熔池要尽量保持瓜子形、扁圆形或椭圆形。

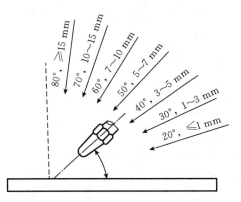

图5-5 焊嘴倾角与工件厚度的关系

5. 熄火

焊接结束时应熄火。熄火之前一般应先把氧气调节阀调小，再将乙炔调节阀关闭，最后再关闭氧气调节阀，火即熄灭。如果将氧气全部关闭后再关闭乙炔，就会有余火窝在焊嘴里，不容易熄火，这是很不安全的（特别是当乙炔关闭不严时，更应注意）。此外，这样的熄火黑烟也比较大。如果不调小氧气而直接关闭乙炔，熄火时就会产生很响的爆裂声。

6. 回火的处理

在焊接操作中有时焊嘴头会出现爆响声，随着火焰自动熄灭，焊枪中会有"吱吱"响声，这种现象称为回火。因氧气的工作压力比乙炔要高，可燃混合气体会在焊枪内发生燃烧，并很快扩散到导管里而产生回火。回火如果不及时消除，不仅会使焊枪和皮管烧坏，而且会使乙炔瓶发生爆炸。当遇到回火时，不要紧张，应迅速在焊炬上关闭乙炔调节阀，同时关闭氧气调节阀，等回火熄灭后，再打开氧气调节阀，吹除焊炬内的余焰和烟灰，并将焊炬的手柄前部放入水中冷却。

5.4 其他焊接方法简介

5.4.1 气体保护焊

气体保护焊是指利用氢、氩、二氧化碳等气体，把焊区与周围空气分隔开，避免空气对焊缝金属的侵蚀的一种焊接方法。工业上常用的气体保护焊有氩弧焊和二氧化碳气体保护焊。

1. 氩弧焊

氩弧焊是指以氩气为保护气体的电弧焊。按照电极结构不同，氩弧焊分为不熔化极氩弧焊和熔化极氩弧焊，如图 5-6 所示。前者采用钨棒作为一个电极，另加填充焊丝；后者采用连续进给的金属焊丝作为一个电极。

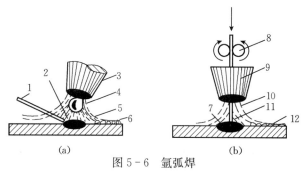

图 5-6 氩弧焊
(a) 不熔化极 (b) 熔化极
1、11. 焊丝 2. 熔池 3、9. 喷嘴 4. 钨极 5、10. 气体 6、12. 焊缝 7. 熔池 8. 送丝滚轮

（1）不熔化极氩弧焊的工作原理 电弧在不熔化极（通常是钨极）和工件之间燃烧。一种不和金属起化学反应的惰性气体（常用氩气）流过焊接电弧周围，形成一个保护气罩，使钨极端头、电弧和溶池及已处于高温的金属不与空气接触，防止氧化和吸收有害气体。这样能形成致密的焊接接头，且这种焊接接头力学性能非常好。

（2）熔化极氩弧焊的工作原理 焊接时，送丝滚轮传送焊丝，与此同时，导电嘴导电，使母材与焊丝之间产生电弧，熔化焊丝和母材，并用惰性气体氩气保护电弧和熔融金属。与钨极氩弧焊相比，熔化极氩弧焊电流及电流密度大为提高，因而母材熔深大，熔丝熔敷速度快，提高了生产效率，特别适用于中等厚度的铝及铝合金、铜及铜合金、不锈钢以及钛合金板材的焊接。

手工钨极氩弧焊机结构如图 5-7 所示，主要由焊接电源、焊炬、供气和冷却系统等部分组成。

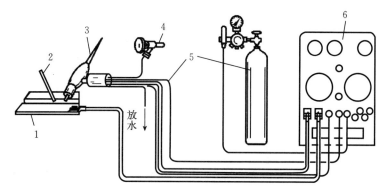

图 5-7 手工钨极氩弧焊机示意图
1. 焊件 2. 焊丝 3. 焊炬 4. 冷却系统 5. 供气系统 6. 焊接电源

2. 二氧化碳气体保护焊

二氧化碳气体保护焊是指以二氧化碳作为保护气体的一种电弧焊方法。它用可熔化的焊丝作为电极，以自动或半自动方式进行焊接。目前应用较多的是半自动二氧化碳气体保护焊。

（1）二氧化碳气体保护焊的原理　二氧化碳气体保护焊是利用从喷嘴中喷出的二氧化碳气体隔绝空气、保护熔池的一种先进的熔化方法。

（2）二氧化碳气体保护焊的特点　优点有

① 焊接变形小。二氧化碳气体保护焊电流密度高，电弧集中，再加上二氧化碳气体对工件有冷却作用，故焊接时工件受热面小，焊后变形小。

② 采用明弧。二氧化碳气体保护焊电弧可见性好，容易对准焊缝、观察并控制熔点。

③ 操作方便。二氧化碳气体保护焊采用自动送丝，不必如焊条一样用手工送丝，焊接平稳。

④ 生产效率高，成本低。

缺点有

① 飞溅大，二氧化碳气体保护焊焊后清理麻烦。

② 弧光强，焊接时要多加防护。

③ 抗风力弱。由于气体抗风能力不强，焊接时需采取必要的防风措施。

④ 不灵活。由于焊枪和送丝软管较重，在小范围内操作不灵活，特别是水冷焊枪。

二氧化碳气体保护焊的焊接设备主要由焊接电源、焊炬、送丝机、供气系统和控制系统等部分组成，如图 5-8 所示。

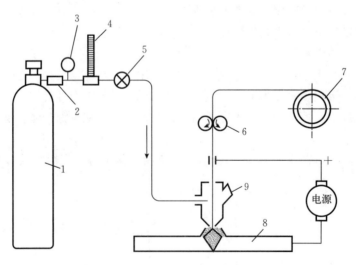

图 5-8　二氧化碳气体保护焊
1. 二氧化碳气瓶　2. 干燥器　3. 减压器　4. 流量计　5. 阀　6. 送丝机　7. 焊丝　8. 工件　9. 焊炬

5.4.2　埋弧自动焊

埋弧自动焊（简称埋弧焊）以连续送进的焊丝代替手弧焊的焊芯，以焊剂代替焊条药皮。采用埋弧自动焊焊接时，引燃电弧、送进焊丝和沿焊接方向移动电弧全部都是由埋弧焊机自动进行的。

1. 设备组成

埋弧自动焊机由焊接电源、控制箱和焊车三部分组成。焊接电源一般选用 BX21000 型弧焊变压器。采用直流电源时，可选用具有相应功率的直流弧焊机。焊接电源的两极分别连接工件和焊车上的导电嘴；控制箱内装有控制及调节焊接规范的各种电器元件；控制箱与焊接电源、焊车之间由控制线路连接；焊车由导电嘴、软管、送丝机构、焊剂漏斗和小车等几个部分组成，并通过立柱和横梁将各部分连接成整体。其结构如图 5-9 所示。小车上装有直流电动机和减速机构，控制其沿轨道移动。

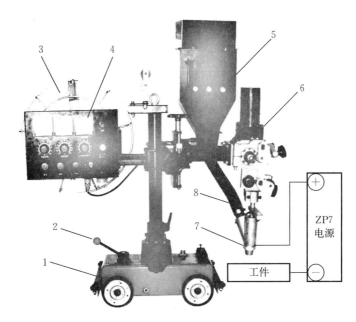

图 5-9 埋弧自动焊机的组成
1. 小车 2. 手动/自动转换柄 3. 焊丝 4. 控制箱 5. 焊剂漏斗 6. 送丝机构 7. 导电嘴 8. 软管

2. 埋弧自动焊的优点

（1）**生产率高** 埋弧自动焊的焊丝伸出长度（从导电嘴末端到电弧端部的焊丝长度）远比手工电弧焊的焊条短，一般在 50 mm 左右，而且是光焊丝，不会因提高电流而造成焊条药皮发红问题，可使用较大的电流（比手工电弧焊大 5～10 倍），因此，熔深大，生产率较高。对于 20 mm 以下的对接焊可以不开坡口，不留间隙，这就减少了填充金属的数量。

（2）**焊缝质量高** 对焊接熔池保护较完善，焊缝金属中杂质较少，只要焊接工艺选择恰当，较易获得稳定高质量的焊缝。

（3）**劳动条件好** 除了减轻手工操作的劳动强度外，电弧弧光埋在焊剂层下，没有弧光辐射，劳动条件较好。

埋弧自动焊至今仍然是工业生产中最常用的一种焊接方法。它适用于批量较大、较厚较长的直线焊缝及较大直径的环形焊缝的焊接，广泛应用于化工容器、锅炉、造船、桥梁等金属结构的制造。这种方法也有不足之处。如不及手工焊灵活，一般只适合焊接水平位置或倾斜度不大的焊缝；对焊件接头的加工和装配质量要求较高，费工时；由于是埋弧操作，看不到熔池和焊缝形成过程，因此，必须严格控制焊接规范。

5.4.3 电阻焊

电阻焊（又称接触焊）是指利用电流通过焊件的接触面时所产生的电阻热，将焊件加热到塑性状态或局部熔化状态，然后断电，同时施加机械压力进行焊接的一种加工方法。电阻焊的基本形式有点焊、对焊和缝焊 3 种，本教材仅介绍点焊和对焊。

1. 点焊

点焊常用于厚度小于 6 mm 的钢板的搭接。焊接时，工件紧夹在上、下两柱状电极之间，通以大的电流，使两工件接触处在极短的时间内被加热到熔化状态，然后断电。断电后，两工件接触处在压力下冷却、凝固，形成一个组织致密的焊点，如图 5-10 所示。

点焊机的结构，如图 5-11 所示。变压器的作用是获得低电压大电流。为了防止变压器、电极和电极臂发热，通常用循环水冷却。

点焊焊接过程如下：① 将工件表面清理干净并装配准确后，送入上、下电极之间，对之施加压力，使其接触良好；② 通电使两工件接触表面受热，局部熔化，形成熔核；③ 断电后保持压力，使熔核在压力作用下冷却凝固，形成焊点；④ 去除压力，取出工件。

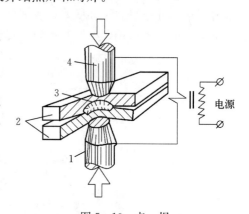

图 5-10 点 焊
1. 下电极 2. 工件 3. 焊点 4. 上电极

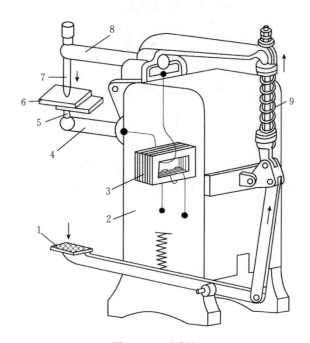

图 5-11 点焊机
1. 踏板 2. 机架 3. 变压器 4. 下电极臂 5. 下电极 6. 工件
7. 上电极 8. 上电极臂 9. 加压机构

2. 对焊

对焊机的结构如图 5-12 所示。根据焊接过程不同，对焊分为电阻对焊和闪光对焊两种方式。

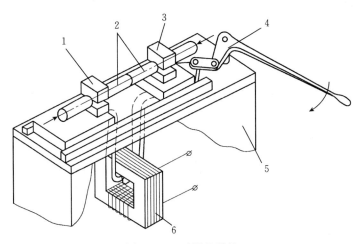

图 5-12　对焊机结构
1. 固定夹钳　2. 工件　3. 活动夹钳　4. 加压机构　5. 机架　6. 变压器

（1）电阻对焊　工件端面经修整光洁后，夹紧在焊机的夹钳内。先施加预压力，使两工件端面压紧，再通电加热到塑性状态，这时工件端面呈黄白色，然后断电，同时施加较大的压力，使工件端面产生塑性变形，形成牢固的接头。电阻对焊操作简便，接头质量较好，但焊接前对工件端面的清洁要求较高，否则工件端面的杂质和氧化物在焊接过程中很难排除，容易使焊接接头出现夹渣或未焊透等缺陷。电阻对焊一般用于焊接直径小于 20 mm 和强度要求不高的工件。

（2）闪光对焊　将工件装夹在夹钳内，先通电，然后逐渐移动工件使接头相互接触。由于端面不够平整，起先只有几个点接触。电流从少数接触点流过时，电流密度很大，接触点被迅速加热到熔化乃至汽化状态，并在电磁力的作用下，发生爆破，火花向四周溅射，产生闪光现象。继续移动工件，新接触点的闪光过程连续产生，这样逐步使工件整个端面被加热到熔化后，迅速加压、断电，再继续加压，就能焊接成功。闪光对焊对工件端面的加工与清理要求不高。在焊接过程中，工件端面的杂质和氧化物会随着火花被带出来或被液体金属挤出来。闪光对焊接头质量较好，应用比较普遍，缺点是金属损耗较多。

5.4.4　钎焊

1. 钎焊原理

钎焊是指利用熔点比母材低的填充金属（称为钎料），将之熔化后把两个工件在固态下（被加热但不熔化）连接起来的一种特殊的焊接方法。

钎焊时，焊件和钎料一起被加热到稍高于钎料的熔化温度，液态钎料借助毛细管的作用被吸入并流布于固态工件的接头间隙中，冷却凝固后即形成钎焊接头。为了去除被焊金属和钎料表面的氧化物，增加钎料的流动性，还需要添加钎焊熔剂（称为钎剂）。

钎焊的加热方法很多，用火焰加热（称为火焰钎焊）是其中的一种。用火焰钎焊的方法焊接刀具时，采用黄铜作为钎料，硼砂、硼酸等作为钎剂。

按照钎料的熔点不同，可将钎焊分为两类。当熔点（或液相线）低于 450 ℃时，称为软钎焊；而当其温度高于 450 ℃时，称为硬钎焊。

2. 钎焊的特点

（1）优点

① 钎焊时焊件不熔化。在大多数情况下，钎焊温度比焊件金属熔点低得多，因此，钎焊后工件组织和机械性能变化小、应力及变形小。

② 不仅可以钎焊任意组合的金属材料，而且可以钎焊金属与非金属。

③ 可以一次完成多个零件的钎焊或套叠式、多层式结构焊件的钎焊。

④ 可以钎焊极细极薄的零件，也可以钎焊厚薄及粗细差别很大的零件。

（2）缺点

① 钎焊接头的强度比较低，因此常用搭接接头型式来提高承载能力。

② 钎焊之前对工件表面的清理和装配质量要求比较高。

5.5 典型零件焊接训练

采用焊条电弧焊，将两块 100 mm×50 mm×5 mm 的 Q235 钢板焊接成一体，形成长度为 100 mm 的对接焊缝，从而掌握焊条电弧焊的焊接工艺及焊接方法。

具体操作如下：

1. 焊前准备

（1）准备材料　首先在型材钢板上进行划线，然后用剪板机剪切、等离子切割或气割等方法下料，对待焊接材料进行校直，修磨钝边使之无毛刺，清理待焊接部位，去除油污和锈蚀。

（2）选择焊接参数　根据具体的实习操作条件，选用 ZX7－400 型逆变式直流弧焊机。根据材料厚度、接头型式和焊接位置等综合因素，选择 E4303 焊条。焊条直径为 2.5 mm，焊接电流选择 100 A。

2. 焊接过程

（1）装配、点固　如图 5-13 所示，将两块待焊钢板平放、对齐，并使之留有 1~2 mm 间隙。在钢板旁边放置一块引弧板。在引弧板上采用敲击法引弧，引着电弧后，将电弧拉到离工件两端 20~30 mm 处焊两个固定点。焊接后，用清渣锤去除点焊表面的熔渣。

（2）焊接　如图 5-14 所示，首先在点固面背面的工件上采用划擦法引弧，然后正确运

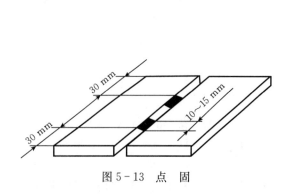

图 5-13　点　固

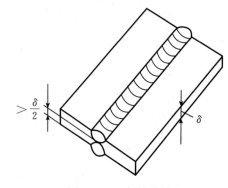

图 5-14　焊接成形

条,采用短弧慢速焊接。焊接时要保证焊缝的宽度一致,熔深要大于板厚的一半。熄弧时,可采用反复断弧法,在终点处多次熄弧、引弧,把弧坑填满。焊后用清渣锤将熔渣去除干净,再将钢板翻过来,按同样的操作,焊接另一面焊缝。

3. 清理检查

焊后用清渣锤及钢丝刷等工具将工件表面的熔渣和飞溅物去除干净,接着进行外观检查,如有缺陷,再进行补焊处理。

思考题

1. 什么是焊接?焊接有什么特点?
2. 焊接方法如何分类?常用的焊接方法有哪几种?
3. 什么是焊条电弧焊?焊条电弧焊机如何分类?
4. 焊接工具有哪些?使用各种焊接工具时应注意什么?
5. 电焊条由哪几部分组成?各部分有何作用?
6. 什么是酸性焊条?什么是碱性焊条?各有何特点?
7. 什么是气焊?气焊有什么特点?简述其工作原理。
8. 气焊需要哪些设备?回火防止器有何作用?
9. 气焊的氧乙炔火焰有哪几类?有何特征?
10. 气焊时点火、调节火焰、熄火应注意什么?

第6章 切削加工基础知识

6.1 概 述

切削加工是指用切削工具从毛坯上切除多余的材料，获得几何形状、尺寸和表面粗糙度等方面符合图纸要求的零件的加工过程。切削加工分为钳工加工和机械加工两部分。

钳工加工一般是指由工人手持工具进行的切削加工，主要内容有划线、钳削、锯削、锉削、刮研、钻孔和铰孔、攻丝和套扣等，机械装配和修理也属钳工范围。随着加工技术的逐步发展，钳工加工的一些工作已由机械加工所代替，机械装配也在一定范围内不同程度地实现了机械化、自动化。尽管如此，钳工依然是切削加工不可缺少的一部分，在机械制造中仍占有独特的地位。例如，各种机件上许多小螺孔的攻丝的中小批量生产，目前仍以钳工进行较为经济方便。又如，精密机床和设备导轨面的刮研常被磨削或宽刀细刨所代替，但质量还是刮研的较好。

机械加工是指通过工人操作机床进行的切削加工。其主要加工方法有车、铣、刨、钻、磨及齿轮加工等。

在现代机械制造中，除少数零件采用精密铸造、精密锻造以及粉末冶金和工程塑压成形等方法直接获得外，绝大多数零件的外形、精度和表面质量还须依靠切削加工方法来保证，因此，切削加工在机械制造业中占有重要的地位。

金属切削加工虽有各种不同的形式，但它们在切削运动、切削工具及切削过程的物理实质方面却有共同的现象和规律，这些现象和规律是研究各种切削加工方法的共同基础。

6.2 金属切削刀具

6.2.1 刀具的含义

切削刀具是指机械制造中用于切削加工的工具。绝大多数刀具是机用的，但也有手用的。由于机械制造中使用的刀具基本上都用于切削金属材料，所以"刀具"一词一般就理解为金属切削刀具。切削木材用的刀具则称为木工刀具。

6.2.2 刀具的分类

1. 按工件加工表面形式分类

（1）加工各种外表面的刀具　包括车刀、刨刀、铣刀、外表面拉刀和锉刀等。

(2) 孔加工刀具　包括钻头、扩孔钻、镗刀、铰刀和内表面拉刀等。
(3) 螺纹加工刀具　包括丝锥、板牙、自动开合螺纹切头、螺纹车刀和螺纹铣刀等。
(4) 齿轮加工刀具　包括滚刀、插齿刀、剃齿刀、锥齿轮加工刀具等。
(5) 切断刀具　包括镶齿圆锯片、带锯、弓锯、切断车刀和锯片铣刀等。

2. 按切削运动方式分类

(1) 通用刀具　通用刀具包括车刀、刨刀、铣刀（不包括成形的车刀、成形刨刀和成形铣刀）、镗刀、钻头、扩孔钻、铰刀和锯等。

(2) 成形刀具　成形刀具的刀刃具有与被加工工件断面相同或接近相同的形状，如成形车刀、成形刨刀、成形铣刀、拉刀、圆锥铰刀和各种螺纹加工刀具等。

(3) 展成刀具　展成刀具是指用展成法加工齿轮的齿面或类似的工件时所用的刀具，如滚刀、插齿刀、剃齿刀、锥齿轮刨刀和锥齿轮铣刀盘等。

6.2.3　刀具的结构

各种刀具的结构都由装夹部分和工作部分组成。整体结构刀具的装夹部分和工作部分都是以永久性连接方式固定在刀体上；镶齿结构刀具的工作部分（刀齿或刀片）则镶装在刀体上。

1. 装夹部分

刀具的装夹部分有带孔和带柄两类。带孔刀具依靠内孔套装在机床的主轴或心轴上，借助轴向键或端面键传递扭转力矩，如圆柱形铣刀、套式面铣刀等。带柄刀具的柄通常有矩形柄、圆柱柄和圆锥柄三种。车刀、刨刀等一般为矩形柄；圆锥柄靠锥度承受轴向推力，并借助摩擦力传递扭矩；圆柱柄一般适用于较小的麻花钻、立铣刀等刀具，切削时借助夹紧时所产生的摩擦力传递扭转力矩。很多带柄刀具的柄部用低合金钢制成，而工作部分和装夹部分用高速钢对焊连接起来。

2. 工作部分

刀具的工作部分就是指产生和处理切屑的部分，包括刀刃、使切屑断碎或卷拢的结构、排屑或容储切屑的空间、切削液的通道等结构要素。有的刀具的工作部分就是切削部分，如车刀、刨刀、镗刀和铣刀等；有的刀具的工作部分则包含切削部分和校准部分，如钻头、扩孔钻、铰刀、内表面拉刀和丝锥等。切削部分的作用是用刀刃切除切屑，校准部分的作用是修光已切削的加工表面和引导刀具。

刀具工作部分的结构有整体式、焊接式和机械夹固式三种。整体结构是在刀体上做出切削刃；焊接结构是把刀片钎焊到钢的刀体上；机械夹固结构又有两种，一种是把刀片夹固在刀体上，另一种是把钎焊好的刀头夹固在刀体上。硬质合金刀具一般制成焊接结构或机械夹固结构。陶瓷刀具都采用机械夹固结构。

刀具切削部分的几何参数对切削效率的高低和加工质量的好坏有很大影响。增大前角，可减小前刀面挤压切削层时的塑性变形，减小切屑流经前刀面的摩擦阻力，从而减小切削力和切削热。但增大前角，同时会降低切削刃的强度，减小刀头的散热体积。在选择刀具的角度时，需要考虑多种因素的影响，如工件材料、刀具材料、加工性质（粗、精加工）等，必须根据具体情况合理选择。通常讲的刀具角度，是指制造和测量用的标注角度。在实际工作时，由于刀具的安装位置不同和切削运动方向的改变，实际工作的角度和标注的角度有所不同，但通常相差很小。

6.2.4 刀具的材料

刀具材料一般是指刀具切削部分的材料。它的性能优劣是影响加工表面质量、切削效率、刀具寿命的重要因素。

1. 刀具材料的性能要求及类型

(1) *刀具材料的性能要求* 金属切削过程中，刀具切削部分在高温下承受着很大切削力与剧烈摩擦，在断续切削工作时，还伴随着冲击与振动，引起切削温度的波动。因此，刀具材料应具有的切削性能是高硬度、高耐磨性、足够的强度与韧性、高的耐热性。

一般刀具材料在室温下都应具有 60 HRC 以上的硬度。材料硬度越高，耐磨性越好，但抗冲击韧度相对就降低，所以要求刀具材料在保持有足够的强度与韧性条件下，尽可能地有高的硬度与耐磨性。高耐热性是指在高温下仍能维持刀具切削性能的一种特性，通常用高温硬度值来衡量，也可用刀具切削时允许的耐热温度值来衡量。它是影响刀具材料切削性能的重要指标。耐热性越好的材料允许的切削速度越高。

刀具材料还需有较好的工艺性与经济性。工具钢应有较好的热处理工艺性：淬火变形小、淬透层深、脱碳层浅。高硬度材料需有较好的可磨削加工性。需焊接的材料，宜有较好的导热性与焊接工艺性。此外，在满足以上性能要求时，宜尽可能地满足资源丰富、价格低廉的要求。

选择刀具材料时，很难找到各方面性能都是最佳的材料，因为材料性能之间有的是相互制约的。只能根据工艺需要保证需求的主要性能。如粗加工锻件毛坯，须保持有较高的强度与韧性，而加工硬材料须有较高的硬度等。

(2) *刀具材料类型* 当前使用的刀具材料分 4 大类：工具钢（包括碳素工具钢、合金工具钢、高速钢）、硬质合金、陶瓷和超硬刀具材料。机械加工使用最多的是高速钢与硬质合金。

工具钢耐热性差，但抗弯强度高，焊接与刃磨性能好，价格便宜，故广泛应用于制造中、低速切削的成形刀具，不宜用于制造高速切削刀具。硬质合金耐热性好，切削效率高，但刀片强度、韧性不及工具钢，焊接与刃磨性能也比工具钢差，故多用于制造车刀、铣刀及各种高效切削刀具。

(3) *刀体材料* 一般刀体均用普通碳钢或合金钢制造。如焊接车刀、镗刀的刀柄，钻头、铰刀的刀体常用 45 钢或 40Cr 制造。尺寸较小的刀具或切削负荷较大的刀具宜选用合金工具钢或整体高速钢制造，如螺纹刀具、成形铣刀、拉刀等。

机夹、可转位硬质合金刀具，镶硬质合金钻头，可转位铣刀等可用合金工具钢制造，如 9CrSi 或 GCr15 等。

对于一些尺寸较小的精密孔加工刀具，如小直径镗、铰刀等，为保证刀体有足够的刚度，宜选用整体硬质合金制造，以提高刀具的切削用量。

2. 高速钢

高速钢是指含有 W、Mo、Cr、V 等合金元素较多的合金工具钢。

高速钢是综合性能较好、应用范围最广的一种刀具材料。热处理后硬度达 62~66 HRC，抗弯强度约 3.3 GPa，耐热性为 600 ℃左右，此外还具有热处理变形小、能锻造、易磨出较锋利的刃口等优点。高速钢的使用约占刀具材料总量的 60%~70%，特别是用于制造结构复杂的成形刀具、孔加工刀具,例如各类铣刀、拉刀、螺纹刀具、切齿刀具等。

常用高速钢的牌号及其物理力学性能如表6-1所示。

(1) 通用型高速钢 这类高速钢应用最为广泛,约占高速钢总量的75%,碳的质量分数为0.7%~0.9%,按钨、钼所占质量分数的不同,分为钨系、钨钼系。主要牌号有W18Cr4V(18-4-1)钨系高速钢、W6Mo5Cr4V2(6-5-4-2)钨钼系高速钢、W9Mo3Cr4V(9-3-4-1)钨钼系高速钢3种。

W18Cr4V钨系高速钢具有较好的综合性能。因含钒量少,刃磨工艺性好。淬火时过热倾向小,热处理控制较容易。缺点是碳化物分布不均匀,不宜制作截面面积大的刀具;热塑性较差。又因钨价格高,国内使用逐渐减少,国外已很少采用。

表6-1 常用高速钢的牌号及其物理力学性能表

类型		牌号①	硬度/HRC			抗弯强度 σ_{bb}/GPa	冲击韧度 α_k/(MJ·m^{-2})
			室温	500 ℃	600 ℃		
通用型高速钢		W18Cr4V	63~66	56	48.5	2.94~3.33	0.176~0.314
		W6Mo5Cr4V2	63~66	55~56	47~48	3.43~3.92	0.294~0.392
		W9Mo3Cr4V	65~66.5	—	—	4~4.5	0.343~0.392
高性能高速钢	高钒	W12Cr4V4Mo	65~67	—	51.7	≈3.136	≈0.245
		W6Mo5Cr4V	65~67	—	51.7	≈3.136	≈0.245
	含钴	W6Mo5Cr4V2Co8	66~68	—	54	≈2.92	≈0.294
		W6Mo9Cr4VCo8	67~70	60	55	2.65~3.72	0.225~0.294
	含铝	W6Mo5Cr4V2Al	67~69	60	55	2.84~3.82	0.225~0.294
		W10Mo4Cr4V3Al	67~69	60	54	3.04~3.43	0.196~0.274
		W6Mo5Cr4V5SiNbAl	66~68	57.7	50.9	3.53~3.82	0.255~0.265

注:①牌号中化学元素后面数字表示含量大致百分比,未注者约在1%左右。

钨钼系高速钢在国内外普遍应用的牌号是W6Mo5Cr4V2。因一份Mo可代替两份W,这就能减少钢中的合金元素,降低钢中碳化物的数量及分布的不均匀性,有利于提高热塑性、抗弯强度与韧度。加入3%~5%的钼,可改善刃磨工艺性。因此W6Mo5Cr4V2的高温塑性及韧性胜过W18Mo4CrV,故可用于制造热轧刀具如扭槽麻花钻等。主要缺点是淬火温度范围窄,脱碳过热敏感性强。

W9Mo3Cr4V(钨钼系高速钢)是我国研制的高速钢牌号。其抗弯强度与韧性均比W6Mo5Cr4V2好。高温热塑性好,而且淬火过热、脱碳敏感性弱,有良好的切削性能。

(2) 高性能高速钢 高性能高速钢是指在通用型高速钢中增加碳、钒,添加钴或铝等合金元素的新钢种。其常温硬度可达67~70 HRC,耐磨性与耐热性有显著提高,能用于不锈钢、耐热钢和高强度钢的加工。

高碳高速钢的含碳量提高,使钢中的合金元素能全部形成碳化物,从而提高钢的硬度与耐磨性,但其强度与韧性略有下降,目前已很少使用。

高钒高速钢是将钢中的钒含量增加到了3%~5%。由于碳化钒的硬度较高,可达2 800 HV,比普通刚玉高,所以一方面增加了钢的耐磨性,另一方面也增加了此钢种的刃磨难度。

钴高速钢的典型牌号是 W6Mo9C4VCo8。在钢中加入了钴,可提高高速钢的高温硬度和抗氧化能力,因此能适用于较高的切削速度。钴能促进钢在回火时从马氏体中析出钨、钼的碳化物,提高回火硬度。钴的热导率较高,对提高刀具的切削性能是有利的。钢中加入钴还可降低摩擦系数,改善其磨削加工性。

铝高速钢是我国独创的超硬高速钢,典型的牌号是 W6Mo5Cr4V2Al。铝不是碳化物的形成元素,但能提高 W、Mo 等元素在钢中的溶解度,并可阻止晶粒长大,可提高高速钢的高温硬度、热塑性与韧性。在切削温度的作用下,铝高速钢刀具表面可形成氧化铝薄膜,减轻了与切屑的黏结。501 高速钢的力学性能与切削性能可与美国 M42 超硬高速钢相当,其价格较低廉,但铝高速钢的热处理工艺要求较高。

(3) 粉末冶金高速钢　粉末冶金高速钢是指通过高压惰性气体或高压水雾化高速钢水而得到细小的高速钢粉末,然后将之压制或热压成形,再经烧结而成的高速钢。粉末冶金高速钢在 20 世纪 60 年代由瑞典首先研制成功,70 年代中国国产的粉末冶金高速钢就开始应用。由于其使用性能好,应用日益增加。

粉末冶金高速钢与熔炼高速钢比较有如下优点:

① 由于可获得细小均匀的结晶组织(碳化物晶粒粒径为 $2\sim5~\mu m$),完全避免了碳化物的偏析,从而提高了粉末冶金高速钢的硬度与强度。其硬度能达到 $69.5\sim70$ HRC,抗弯强度 σ_{bb} 能达到 $2.73\sim3.43$ GPa。

② 粉末冶金高速钢的物理力学性能具有各向同性,可减少热处理变形与应力,因此可用于制造精密刀具。

③ 粉末冶金高速钢中的碳化物细小均匀,使磨削加工性得到显著改善。含钒量多者,改善程度更显著。这一独特的优点,使得粉末冶金高速钢能用于制造新型的、增加合金元素的、加入大量碳化物的超硬高速钢,而不降低其刃磨工艺性。这是熔炼高速钢无法比拟的。

④ 粉末冶金高速钢提高了材料的利用率。粉末冶金高速钢目前应用尚少的原因是成本较高,其价格相当于硬质合金。因此主要使用范围是制造成形复杂刀具,如精密螺纹车刀、拉刀、切齿刀具等,以及用于加工高强度钢、镍基合金、钛合金等难加工材料的刨刀、钻头、铣刀等刀具。

(4) 高速钢刀具的表面涂层　高速钢刀具的表面涂层是指采用物理气相沉积(PVD)方法,在刀具表面涂覆 TiN 等硬膜,以提高刀具性能的新工艺。这种工艺要求在高真空、500 ℃环境下进行,气化的钛离子与氮反应,在阳极刀具表面上生成 TiN 硬膜。这种硬膜一般厚度只有 $2~\mu m$,对刀具的尺寸精度影响不大。涂层的高速钢是一种复合材料,基体是强度、韧性较好的高速钢,而表层是高硬度、高耐磨的材料。TiN 有较高的热稳定性,与钢的摩擦系数较低,而且与高速钢涂层结合牢固,表面硬度可达 2 200 HV,呈金黄色。

涂层高速钢刀具的切削力、切削温度约下降 25%,切削速度、进给量可提高一倍左右,刀具寿命显著提高。即使刀具重磨后其性能仍优于普通高速钢。涂层高速钢刀目前已在钻头、丝锥、成形铣刀、切齿刀具上广泛应用。

3. 硬质合金

(1) 硬质合金的组成与性能　硬质合金是由硬度和熔点很高的碳化物(称硬质相)和金属(称黏结相)通过粉末冶金工艺制成的。硬质合金刀具中常用的碳化物有 WC、TiC、TaC、NbC 等,常用的黏结剂是 Co,碳化钛基的黏结剂是 Mo、Ni。

硬质合金的物理力学性能取决于合金的成分、粉末颗粒的粗细以及合金的烧结工艺。含高硬度、高熔点的硬质相越多，合金的硬度与高温硬度越高。含黏结剂越多，强度也就越高。合金中加入 TaC、NbC 有利于细化晶粒，提高合金的耐热性。常用的硬质合金中含有大量的 WC、TiC，因此硬度、耐磨性、耐热性均高于工具钢。常温硬度达 89～94 HRA，耐热性达 800～1 000 ℃。切削钢时，切削速度可达 220 m/min 左右。在合金中加入熔点更高的 TaC、NbC，可使耐热性提高到 1 000～1 100 ℃，切削钢时，切削速度可进一步提高到 202～300 m/min。

表 6-2 列出了常用硬质合金牌号及其性能。除标准牌号外，有的硬质合金厂还开发出了许多新牌号，使用性能也很好，可参阅各厂产品样本。

(2) 普通硬质合金分类、牌号与使用性能　硬质合金按其化学成分与使用性能分为四类：钨钴类（WC＋Co）、钨钛钴类（WC＋TiC＋Co）、添加稀有金属碳化物类［WC＋TiC＋TaC（NbC）＋Co］及碳化钛基类（TiC＋WC＋Ni＋Mo）。最常用的硬质合金的国产牌号、性能及对应的新国标牌号见表 6-2。

表 6-2　常用硬质合金牌号与其性能

类型	牌号	成分×100					物理力学性能				加工材料类别
		ω_{WC}	ω_{TiC}	ω_{TmC} (ω_{NbC})	ω_{Co}	其他	相对密度	热导率/ (W·m^{-1}·K^{-1})	硬度/HRA (HRC)	抗弯强度/ GPa	
钨钴类	YG3	97	—	—	3		14.9～15.3	87.0	91 (78)	1.08	短切屑的黑色金属；有色金属；非金属材料
	YG6X	93.5	—	0.5	6	—	14.6～15.0	75.55	91 (78)	1.37	
	YG6	94	—	—	6	—	14.6～15.0	75.55	89.5 (75)	1.42	
	YG8	92	—	—	8		14.5～14.9	75.36	89 (74)	1.47	
	YG8C	92	—	—	8		14.5～14.9	75.36	88 (72)	1.72	
钨钛钴类	YT30	66	30	—	4		9.3～9.7	20.93	92.5 (80.5)	0.88	长切屑的黑色金属
	YT15	79	15	—	6		11～11.7	33.49	91 (78)	1.13	
	YT14	78	14	—	8		11.2～12.0	33.49	90.5 (77)	1.17	
	YT5	85	5	—	10		12.5～13.2	62.8	89 (74)	1.37	
添加稀有金属碳化物类	YG6A (YA6)	91	—	5	6		14.6～15.0	—	91.5 (79)	1.37	长切屑或短切屑的黑色金属和有色金属
	YG8A	91	—	1	8		14.5～14.9	—	89.5 (75)	1.47	
	YW1	84	6	4	6		12.8～13.3	—	91.5 (79)	1.18	
	YW2	82	6	4	8		12.6～13.3	—	90.5 (77)	1.32	
碳化钛基类	YN05	—	79	—	—	Ni7Mo14	5.56		93.3 (82)	0.78～0.93	长切屑的黑色金属
	YN10	15	62	1	—	Ni12Mo10	6.3		92 (80)	1.08	

注：Y——硬质合金，G——钴，T——钛，X——细颗粒合金，C——粗颗粒合金，A——含 TaC(NbC) 的 YG 类合金，W——通用合金，N——不含钴，用镍作黏结剂的合金。

YG 类合金（GB/T2075—2007 标准中 K 类）抗弯强度与韧性比 YT 类高，可减少切削时的崩刃，但耐热性比 YT 类差，因此主要用于加工铸铁、有色金属与非金属材料。在加工脆性材料时切屑呈崩碎状，对刀具冲击减小。YG 类合金导热性较好，有利于降低切削温度。此外，YG 类合金磨削加工性好，可以刃磨出较锋利的刃口，故也适合加工有色金属及纤维层压材料。合金中含钴量越高，韧性越好，适合粗加工，钴量少的用于精加工。

YT 类合金（GB/T2075—2007 标准中 P 类）有较高的硬度，特别是有较高的耐热性，较好的抗黏结、抗氧化能力。它主要用于加工以钢为代表的塑性材料。加工钢时塑性变形大、摩擦剧烈，切削温度较高。YT 类合金磨损慢，刀具寿命高。合金中含 TiC 量较多者，含 Co 量就少，耐磨性、耐热性就更好，适合精加工。但 TiC 含量增多时，合金导热性变差，焊接与刃磨时容易产生裂纹。含 TiC 量较少者，则适合粗加工。

YW 类合金（GB/T2075—2007 标准中 M 类）加入了适量稀有难熔金属碳化物，以提高合金的性能。其中效果显著的是加入 TaC 或 NbC，一般质量分数在 4% 左右。TaC（或 NbC）在合金中的主要作用是提高合金的高温硬度与高温强度。在 YG 类合金中加入 TaC，可使 800 ℃时合金强度提高 0.15～0.20 GPa。在 YT 类合金中加入 TaC，可使高温硬度提高约 50～100 HV。TaC（或 NbC）与钢的黏结温度较高，从而减缓了合金成分向钢中扩散的速度，延长了刀具寿命。TaC（或 NbC）还可提高合金的常温硬度，提高 YT 类合金抗弯强度与冲击韧性，特别是提高合金的抗疲劳强度。能阻止 WC 晶粒在烧结过程中的长大，有助于细化晶粒，提高合金的耐磨性。

YN 类合金（GB/T2075—2007 标准中 P01 类）以 TiC 为主要成分，Ni、Mo 为黏结金属。适合高速精加工合金钢、淬硬钢等。碳化钛基合金的主要特点是硬度非常高，达 90～95 HRA，有较好的耐磨性。特别是 TiC 与钢的黏结温度高，抗月牙洼磨损能力较强。有较好的耐热性与抗氧化能力，在 1 000～1 300 ℃高温下仍能进行切削。切削速度可达 300～400 m/min。此外，该合金的化学稳定性好，与工件材料亲和力小，能减少与工件摩擦，不易产生积屑瘤。碳化钛基合金的主要缺点是抗塑性变形能力差，抗崩刃性差。

(3) 细晶粒、超细晶粒合金　普通硬质合金中 WC 粒度为几个微米，细晶粒合金平均粒度在 1.5 μm 左右。超细晶粒合金粒度在 0.2～1.0 μm 之间，其中绝大多数在 0.5 μm 以下。

由于细晶粒合金中硬质相和黏结相高度分散，增加了黏结面积，提高了黏结强度，因此，细晶粒合金硬度与强度都比同样成分的合金高，硬度约提高 1.5～2.0 HRA，抗弯强度提高 0.6～0.8 GPa，而且高温硬度也能提高一些，可减少中低速切削时产生的崩刃现象。

生产超细晶粒合金时，除了必须使用细的 WC 粉末外，还应添加微量抑制剂，以控制晶粒长大，并采用先进烧结工艺，故成本较高。

(4) 涂层硬质合金　涂层硬质合金是 20 世纪 60 年代出现的新型刀具材料，是通过采用化学气相沉积（CVD）工艺，在硬质合金表面涂覆一层或多层（5～13 μm）难熔金属碳化物而制成的。涂层硬质合金有较好的综合性能，基体强度、韧性较好，表面耐磨、耐高温。但涂层硬质合金刃口锋利程度与抗崩刃性不及普通合金，因此，多用于普通钢材的精加工或半精加工。涂层材料主要有 TiC、TiN、Al_2O_3 及其复合材料。它们的性能如表 6-3 所示。

TiC 涂层具有很高的硬度与耐磨性，抗氧化性也好，切削时能产生氧化钛薄膜，降低摩擦系数，减少刀具磨损。一般可将切削速度提高 40% 左右。TiC 与钢的黏结温度高，表面晶粒较细，切削时很少产生积屑瘤，适合精车。TiC 涂层的缺点是其线膨胀系数与基体差别较大，易与基体间形成脆弱的脱碳层，降低了刀具的抗弯强度。因此，在加工硬度高或带夹杂物的工件时，涂层易崩裂。

表 6-3 几种涂层材料的性能

	硬质合金	涂层材料		
		TiC	TiN	Al_2O_3
高温时与工件材料的反应	大	中等	轻微	不反应
在空气中的抗氧化能力	<1 000 ℃	1 100~1 200 ℃	1 000~1 400 ℃	好
硬度/HV	≈1 500	≈3 200	≈2 000	≈2 700
热导率/(W·m^{-1}·K^{-1})	83.7~125.6	31.82	20.1	33.91
线膨胀系数/10^{-5}K^{-1}	4.5~6.5	8.3	9.8	8.0

TiN 涂层在高温时能形成氧化膜，与铁基材料摩擦系数较小，抗黏结性能好，能有效地降低切削温度。TiN 涂层刀片抗月牙洼及后刀面磨损能力比 TiC 涂层刀片强，加工表面粗糙度较小，刀具寿命较高，适合用于切削钢与易黏刀的材料。此外 TiN 涂层抗热振性能也较好。缺点是与基体结合强度不及 TiC 涂层，而且涂层厚时易剥落。

(5) 钢结硬质合金　钢结硬质合金是由 WC、TiC 作为硬质相，高速钢作为黏结相，通过粉末冶金工艺制成。它可以锻造、切削加工、热处理与焊接。淬火后硬度高于高性能高速钢，强度、韧性胜过硬质合金。钢结硬质合金可用于制造模具、拉刀、铣刀等形状复杂的工具或刀具。

4. 陶瓷

(1) 陶瓷刀具的特点　陶瓷刀具是指以氧化铝（Al_2O_3）或以氮化硅（Si_3N_4）为基体，再添加少量金属，在高温下烧结而成的一种刀具材料。主要特点是：

① 有高的硬度与耐磨性，常温硬度达 91~95 HRA，超过硬质合金，因此可用于切削 60 HRC 以上的硬材料。

② 有高的耐热性，1 200 ℃ 下硬度为 80 HRA，强度、韧性降低较少。

③ 有高的化学稳定性。在高温下仍有较好的抗氧化、抗黏结性能，因此刀具的热磨损较少。

④ 有较低的摩擦系数，切屑不易粘刀，不易产生积屑瘤。

⑤ 强度与韧性低。强度只有硬质合金的 1/2。因此用陶瓷刀具切削时需要选择合适的几何参数与切削用量，避免承受冲击载荷，以防崩刃与破损。

⑥ 热导率低，仅为硬质合金的 1/2~1/5，热膨胀系数比硬质合金高 10%~30%，这就使陶瓷刀抗热冲击性能较差。故陶瓷刀切削时不宜有较大的温度波动，一般不加切削液。

陶瓷刀具一般适用于在高速下精细加工硬材料，如在 v_c = 200 m/min 条件下车淬火钢。但近年来发展的新型陶瓷刀也能半精或粗加工多种难加工材料，有的还可用于铣、刨等断续切削。

(2) 陶瓷刀具的种类与应用特点　20 世纪 50 年代使用的是纯氧化铝陶瓷，但由于其抗弯强度低于 45 MPa，使用范围很有限；60 年代使用了热压工艺，可使抗弯强度提高到 50~60 MPa；70 年代开始使用氧化铝添加碳化钛混合陶瓷；80 年代开始使用氮化硅基陶瓷，抗弯强度可达到 75~80 MPa。至此陶瓷刀具的应用有了较大的发展。近几年来陶瓷刀具在开发与性能改进方面取得很大成就，抗弯强度已可达 90~100 MPa。因此，新型陶瓷是很有前途的一种刀具材料。

氧化铝-碳化物系陶瓷是将一定量的碳化物（一般多用 TiC）添加到 Al_2O_3 中，并采用热压工艺制成，称为混合陶瓷或组合陶瓷。TiC 的质量分数达 30% 左右时即可有效地提高陶瓷的密度、强度与韧性，改善陶瓷的耐磨性及抗热振性，使刀片不易产生热裂纹和破损。混合陶瓷适合在中等切削速度下切削难加工材料，如冷硬铸铁、淬硬钢等。在切削 60~62 HRC 的淬火工具钢时，可选用的切削用量为：$a_p=0.5$ mm，$f=0.08$ mm/r，$v_c=150$~170 m/min。氧化铝-碳化物系陶瓷中添加 Ni、Co、W 等作为黏结金属，可提高氧化铝与碳化物的结合强度；可用于加工高强度的调质钢、镍基或钴基合金及非金属材料；由于抗热振性能提高，也可用于断续切削条件下的铣削或刨削。

氮化硅基陶瓷是将硅粉经氮化、球磨后添加助烧剂置于模腔内热压烧结而成。主要性能特点是：硬度高，达到 1 800~1 900 HV，耐磨性好；耐热性、抗氧化性好，达 1 200~1 300 ℃；氮化硅与碳和金属元素之间化学反应较小，摩擦系数也较低。实践证明，氮化硅基陶瓷用于切削钢、铜、铝时均不黏屑，不易产生积屑瘤，从而提高了加工表面质量。氮化硅基陶瓷最大特点是能进行高速切削。车削灰铸铁、球墨铸铁、可锻铸铁等材料效果更为明显，切削速度可提高到 500~600 m/min。只要机床条件许可，还可进一步提高速度。由于抗热冲击性能优于其他陶瓷刀具，在切削与刃磨时都不易发生崩刃现象。氮化硅基陶瓷适用于精车、半精车、精铣或半精铣，可用于精车铝合金，达到以车代磨的效果，还可用于车削硬度为 51~54 HRC 的镍基合金、高锰钢等难加工材料。

5. 超硬刀具材料

超硬刀具材料是指金刚石与立方氮化硼。

(1) 金刚石　金刚石是碳的同素异形体，是目前最硬的物质，显微硬度达 1 000 HV。金刚石刀具可分为天然单晶金刚石刀具、人造聚晶金刚石刀具和复合金刚石刀片三类。

天然单晶金刚石刀具主要用于有色金属及非金属的精密加工。单晶金刚石结晶界面有一定的方向，不同的晶面上硬度与耐磨性有较大的差异，刃磨时需选定某一平面，否则影响刃磨与使用质量。

人造聚晶金刚石是通过合金触媒的作用，在高温高压下由石墨转化而成。我国在 1993 年成功获得第一颗人造金刚石。聚晶金刚石是将人造金刚石微晶在高温高压下再烧结而成，可制成所需的形状尺寸，镶嵌在刀杆上使用。由于抗冲击强度提高，可选用较大切削用量。聚晶金刚石结晶界面无固定方向，可自由刃磨。

复合金刚石刀片是在硬质合金基体上烧结一层约 0.5 mm 厚的聚晶金刚石。复合金刚石刀片强度较高，允许切削断面较大，也能间断切削，可多次重磨使用。

金刚石刀具的主要优点是：有极高的硬度与耐磨性，可加工硬度为 65~70 HRC 的材料；有很好的导热性，较低的热膨胀系数，切削加工时不会产生很大的热变形，有利于精密加工；刃面的表面粗糙度较小，刃口非常锋利，能胜任薄层切削，用于超精密加工。金刚石刀具主要用于有色金属如铝硅合金等的精加工、超精加工，高硬度的非金属材料如陶瓷、刚玉、玻璃等的精加工，难加工的复合材料的加工。

(2) 立方氮化硼（CBN）　立方氮化硼是由六方氮化硼（白石墨）在高温高压下转化而成的，是 20 世纪 70 年代发展起来的新型刀具材料。

立方氮化硼刀具的主要优点是：有很高的硬度与耐磨性，硬度可达到 3 500~4 500 HV，仅次于金刚石；有很高的热稳定性，1 300 ℃时不发生氧化，与大多数金属、铁系材料都不起化学作用,能高速切削高硬度的钢铁材料及耐热合金,刀具的黏结与扩散磨损较小;有较好的导热性,与钢铁的摩擦系数较小;抗弯强度与断裂韧性介于陶瓷与硬质合金之间。

由于CBN材料的一系列优点,使它能对淬硬钢、冷硬铸铁进行粗加工与半精加工,同时还能高速切削高温合金、热喷涂材料等难加工材料。CBN也可与硬质合金热压成复合刀片,复合刀片的抗弯强度可达1.47 GPa,能经多次重磨使用。

6.3 常用量具

6.3.1 量具的分类

量具按其用途可分为标准量具、通用量具和专用量具三大类。

1. 标准量具

标准量具指用作测量或检定标准的量具,如量块、多面棱体、表面粗糙度比较样块等。

2. 通用量具

通用量具也称万能量具,一般指由量具厂统一制造的通用性量具,如直尺、平板、角度块、卡尺等。

3. 专用量具

专用量具也称非标量具,指专门为检测工件某一技术参数而设计制造的量具,如内外沟槽卡尺、钢丝绳卡尺、步距规等。

6.3.2 量具的选择原则和方法

1. 从工艺方面进行选择(工艺性)

在单件、小批量生产中应选通用量具,如各种规格的游标卡尺、千分尺及百分表等。对于大批量生产的零件则应采用专用量具,如卡板、塞规和一些专用检具。

2. 从测量精度方面进行选择(科学性)

每种量具都有测量不确定度(测量的极限误差),不可避免地会将一部分量具的误差带入测量结果中去。为了避免"误收"或"误废"的发生,GB/T 3177—2009《光滑工件尺寸的检验》对部分量具的选择做了具体的规定,同时还规定在车间条件下检测工件时应将验收极限尺寸向公差带内移。

3. 从经济价值方面进行选择(经济性)

在保证测量精度和测量效率的前提下,能用专用量具的,不用万能量具;能用万能量具的,不用精密仪器。量块使用分"等""级"。

量具的使用方法:生产过程中,要使用不同精度的量具对加工的工件进行检测,而这些量具和仪器又要经常使用更精密的标准量具——量块来校验和调整。量块除了作为标准量具外,还可以直接或间接测量极精密的工件。因此,量块是机械工厂中最精密、最高级别的量具,也是长度尺寸传递的标准。由于量块有极高的精度,为方便制造,按偏差分为00、0、k、1、2、3等共六个级;为了提高使用精度,又按测量不确定度分为1、2、3、4、5、6等共六个等。按"级"使用就是指按量块的公称尺寸使用;按"等"使用就是指按量块检定后的实际尺寸使用。但许多生产工人甚至部分工艺技术人员并不清楚,认为量块精度那么高,使用时往往只看公称尺寸(也就是按级使用)。

6.3.3 常用量具使用注意事项

常用量具主要有游标卡尺、万能角度尺、千分尺等。不同量具在使用过程中有不同的注意事项。图 6-1 为机械制造行业中常用的量具。

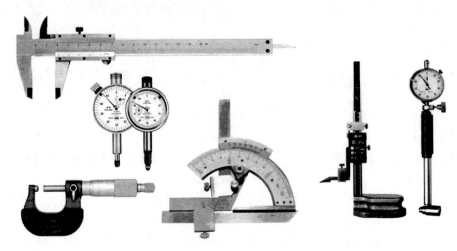

图 6-1 常用量具

1. 游标卡尺

（1）游标卡尺的结构和用途　游标卡尺的测量范围一般有 0～125 mm、0～150 mm、0～300 mm、0～500 mm、0～1 000 mm、0～1 500 mm、0～2 000 mm 等。其结构主要包括尺身、尺框、深度尺、游标、内外量爪、紧固螺钉等，如图 6-2 所示。游标卡尺的用途是测量工件内、外尺寸，宽度，厚度，深度和孔距等。

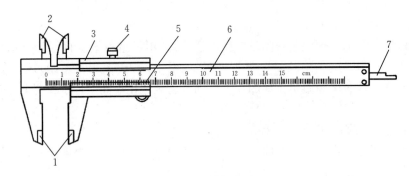

图 6-2 游标卡尺
1. 外量爪　2. 内量爪　3. 尺框　4. 紧固螺钉　5. 游标　6. 尺身　7. 深度尺

（2）游标卡尺的使用注意事项

① 使用前，应先把量爪和被测工件表面的灰尘和油污等擦干净，以免碰伤游标卡尺量爪和影响测量精度，同时检查各部件的相互作用，如尺框移动是否灵活、紧固螺钉是否起作用等。

② 检查游标卡尺零位，使游标卡尺两量爪紧密贴合，用眼睛观察时应无明显的光隙。

③ 使用时，要掌握好量爪面同工件表面接触时的压力，既不能太大，也不能太小，刚

好使测量面与工件接触，同时量爪还能沿着工件表面自由滑动。

④ 对游标卡尺读数时，应把游标卡尺朝亮光的方向水平地拿着，使视线尽可能地和尺上所读的刻线垂直，以免由于视线的歪斜而引起读数误差。

⑤ 测量外尺寸时，读数后，切不可从被测工件上猛力抽下游标卡尺，否则会使量爪的测量面磨损。

⑥ 不能用游标卡尺测量运动着的工件。

⑦ 不准以游标卡尺代替卡钳在工件上来回拖拉。

⑧ 不要把游标卡尺放在强磁场附近（如磨床的磁性工作台上），以免使游标卡尺产生磁性，影响使用。

⑨ 使用后，应当注意使游标卡尺平放，尤其是大尺寸的游标卡尺，避免其产生弯曲变形。

⑩ 使用完毕后，应把游标卡尺安放在专用盒内，注意不要使它生锈或弄脏。

2. 高度游标卡尺

(1) 高度游标卡尺的结构和用途　高度游标卡尺的测量范围一般有 0～300 mm、0～500 mm 等。其结构主要有尺身、微动装置、尺框、游标、紧固螺钉、划线量爪、底座等，如图 6-3 所示。高度游标卡尺的测量工作是通过尺框上的划线量爪沿着尺身相对于底座的位移来进行测量或划线，主要用于测量工件的高度尺寸、确定相对位置和精密划线。

(2) 高度游标卡尺的使用注意事项

① 测量高度尺寸时，先将高度游标卡尺的底座贴合在平板上，移动尺框的划线量爪，使其端部与平板接触，检查高度尺的零位是否正确。

② 搬动高度游标卡尺时，应握持底座，不允许抓住尺身，否则容易使高度游标卡尺跌落或尺身变形。

3. 万能角度尺

(1) 万能角度尺的结构和用途　万能角度尺的测量范围一般为 0°～320°、0°～360° 等。其结构主要有主尺、基尺、制动头、扇形板、游标、直角尺、直尺、卡块等，如图 6-4 所示。万能角度尺是用来以接触法按游标读数测量工件角度和进行角度划线的。

(2) 万能角度尺的使用注意事项

① 使用前，将万能角度尺用干净纱布擦拭干净，检查各部件之间的相互移动是否平稳可靠、止动后的读数是否保持不动，然后对"0"位。

② 测量时，放松制动头上的螺帽，移动主尺做粗调整，再转动游标背后的手把做精细调整，直到使万能角度尺的两测量面与被测工件的工作面密切接触为止，然后拧紧制动头上的螺帽加以固定，即可进行读数。

③ 测量被测工件内角时，应以 360° 减去万能角度尺上的读数值。例如在万能角度尺上的读数为 306°24′，则内角的测量值就是 360°−306°24′=53°36′。

④ 测量完毕后，将万能角度尺用干净纱布仔细擦拭干净，涂上防锈油。

4. 外径千分尺

(1) 外径千分尺的结构和用途　外径千分尺的测量范围如下：

① 测量上限不大于 300 mm 的千分尺，按 25 mm 分段，如 0～25 mm、25～50 mm、275～300 mm 等。

② 测量上限为 300 mm 至 1 000 mm 的千分尺，按 100 mm 分段，如 300～400 mm、400～500 mm 等。

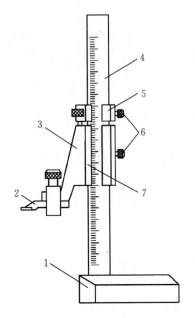
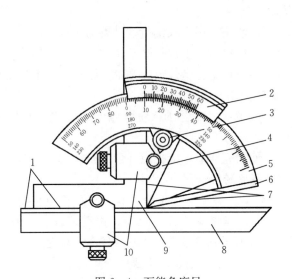

图 6-3 高度游标卡尺
1. 底座 2. 划线量爪 3. 尺框 4. 尺身
5. 微动装置 6. 紧固螺钉 7. 游标

图 6-4 万能角度尺
1. 测量面 2. 游标 3. 制动头 4. 扇形板 5. 主尺
6. 基尺 7. 测量面 8. 直尺 9. 直角尺 10. 卡块

外径千分尺主要由尺架、测砧、测微螺杆、固定套管、微分筒、测力装置、锁紧装置、隔热装置等几部分组成，如图 6-5 所示。外径千分尺可测量 IT12～IT8 级工件的各种外形尺寸，如长度、外径、厚度等。

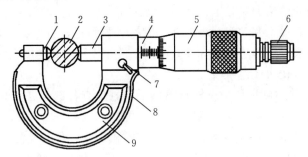

图 6-5 外径千分尺
1. 测砧 2. 工件 3. 测微螺杆 4. 固定套管 5. 微分筒 6. 测力装置 7. 锁紧装置 8. 尺架 9. 隔热装置

(2) 外径千分尺的使用注意事项

① 使用外径千分尺时，一般用手握住隔热装置。如果手直接握住尺架，就会使千分尺和工件温度不一致而增加测量误差。在一般情况下，应注意外径千分尺和被测工件具有相同的温度。

② 千分尺两测量面将要与工件接触时，要转动测力装置，使测量面与被测量面接触，注意不要转动微分筒。千分尺测量轴的中心线要与工件被测长度方向相一致，不要歪斜。

③ 千分尺测量面与被测工件相接触时，要考虑工件表面几何形状，以减少测量误差。

④ 在测量被加工的工件时，要在工件静态下测量，不要在工件转动或加工时测量，否则易使测量面磨损，测杆扭弯，甚至折断。

⑤ 按被测尺寸调节外径千分尺时，要慢慢地转动微分筒或测力装置，不要握住微分筒挥动或摇转尺架，否则会使精密测微螺杆变形。

⑥ 测量时，应使测砧测量面与被测表面接触，然后摆动测微螺杆头端找到正确位置后，使测微螺杆测量面与被测表面接触，在千分尺上读取被测值。当需要千分尺离开被测表面再读数时，应先用锁紧装置将测微螺杆锁紧。

⑦ 千分尺不能当卡规或卡钳使用，以防划坏千分尺的测量面。

5. 百分表

（1）百分表的结构和用途　百分表，如图6-6所示，主要由表体、表圈、刻度盘、转数指针、指针、装夹套、测杆、测头等几部分组成。其工作原理是将测杆的直线位移，经过齿条—齿轮传动，转变为指针的角位移。百分表的测量范围一般为0～3 mm、0～5 mm和0～10 mm，主要用于直接测量或比较测量工件的长度尺寸、几何形状偏差，也可用于检验机床几何精度或调整加工工件装夹位置偏差。

（2）百分表的使用注意事项

① 百分表应固定在可靠的表架上。根据测量需要，可选带平台的表架或万能表架。

② 百分表装夹在表架夹具上时，夹紧力不宜过大，以免使装夹套筒变形，卡住测杆。夹紧后应检查测杆移动是否灵活。

③ 百分表测杆与被测工件表面必须垂直，否则将产生较大的测量误差。

④ 测量圆柱形工件时，测杆轴线应与圆柱形工件直径方向一致。

⑤ 在测量时，应轻轻提起测杆，把工件移至测头下面，缓慢下降测头，使之与工件接触。不准强行把工件推入至测头下，也不准急剧下降测头，以免产生瞬时冲击力，给测量带来误差。在测头与工件表面接触时，测杆应有0.3～1 mm的压缩量，以保持一定的起始测量力。

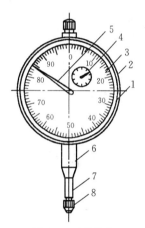

图6-6　百分表
1. 表圈　2. 表体　3. 刻度盘
4. 转数指针　5. 指针
6. 装夹套　7. 测杆　8. 测头

⑥ 根据工件的不同形状，可自制各种形状测头进行测量。如可用平测头测量球形的工件；可用球面测头测量圆柱形或平表面的工件；可用尖测头或曲率半径很小的球面测头测量凹面或形状复杂的表面。测量薄形工件厚度时须在正、反方向上各测量一次，取最小值，以免由于工件弯曲，不能正确反映其尺寸。

⑦ 不要在测量杆上加油，免得油污进入表内，影响表的传动机构和测杆移动的灵活性。

6. 内径百分表

（1）内径百分表的结构和用途　内径百分表主要由百分表（读数机构）、推杆、表体、定位护桥、等臂直角杠杆、活动测头、固定测头等组成，如图6-7所示。测量范围一般有6～10 mm、10～18 mm、18～35 mm、35～50 mm、50～100 mm、100～160 mm等。主要用于以比较法测量孔径或槽宽、孔或槽的几何形状误差。根据被测工件的公差选择相应精度的标准环规或用量块及量块附件的组合体来调整内径百分表。

（2）内径百分表的使用注意事项　由于内径百分表是一件用于比较测量的量具，因此它测量时的基本尺寸是由其他量具提供的。按测量时的精度要求，为其提供尺寸的量具为外径千分尺、环规、量块及量块附件的组合体。在机械加工车间通常使用外径千分尺确定基本尺寸。

内径百分表是一套的，百分表和测量杆不可分开使用。在测量前必须根据被测工件的尺寸，选用相应尺寸的测头。在调整及测量工作中，内径百分表的测杆应与环规及被测孔径垂直，即在径向找其最大值，在轴向找其最小值。在测量槽宽时，在径向及轴向找其最小值。具有定心器的内径百分表，在测量内孔时，只要将仪器按孔的轴线方向来回摆动，找到其最小值，即为孔的直径。

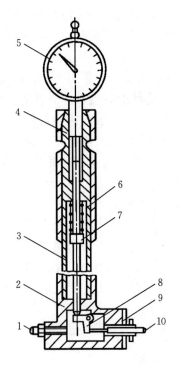

图6-7　内径百分表
1. 固定测头　2. 表体　3. 直管　4. 紧固螺母　5. 百分表　6. 弹簧　7. 推杆　8. 等臂直角杠杆　9. 定位护桥　10. 活动测头

思考题

1. 金属切削刀具如何分类？
2. 刀具材料应具备哪些性能？
3. 制作刀具的材料有哪些？
4. 结合实物了解多种机床刀具的结构。
5. 在实习中，你所接触到的刀具都由哪些材质制作？说明这些材质的基本物理性能。
6. 量具可以分为哪些种类？

第7章 车削加工

7.1 概述

车削加工是指在车床上利用刀具与工件的相对运动,从工件毛坯上切除多余材料的一种加工方法。车削时,主运动是工件的旋转,进给运动是刀具相对于工件的移动。刀具除了车刀以外,还有钻头、铰刀、镗刀、丝锥和滚花刀等。车削加工尺寸精度一般为IT8~IT7,表面粗糙度 Ra 可达 1.6~0.8 μm,能加工的表面有外圆、内圆、端面、锥面、成形面、螺纹等,如图 7-1 所示。

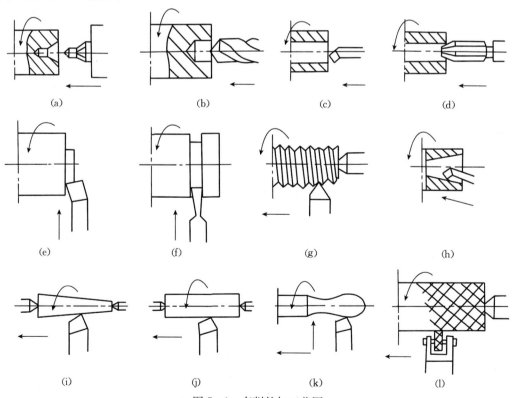

图 7-1 车削的加工范围
(a) 钻中心孔 (b) 钻孔 (c) 镗孔 (d) 铰孔 (e) 车端面 (f) 切槽或切断
(g) 车螺纹 (h) 车内锥孔 (i) 车外锥面 (j) 车外圆 (k) 车成形面 (l) 滚花

7.2 卧式车床

7.2.1 车床的型号

车床种类很多，按结构与用途不同，有卧式车床、立式车床、六角车床、转塔车床、仪表车床、仿形及多刀车床等，其中普通卧式车床应用最为广泛。车床型号由汉语拼音字母和阿拉伯数字组成，主要表示车床的类别、特性、组别、型别、主要参数和重大改进顺序代号。

例如 CQ6136A：

C——类别代号（车床类）；

Q——特性代号（轻型）；

6——组别代号（普通车床组）；

1——型别代号（普通车床型）；

36——主参数（床身上最大工件回转直径的 1/10，单位为 mm）；

A——重大改进顺序代号（第一次重大改进）。

有的机床型号编制方法与上述规定顺序不一定完全一致，例如 CA6140 把"A"放在第二位不是表明机床的特性，而是指重大改进顺序。

7.2.2 卧式车床的基本结构

现以常用的 CA6140 卧式车床为例，介绍其基本结构，外形如图 7-2 所示。

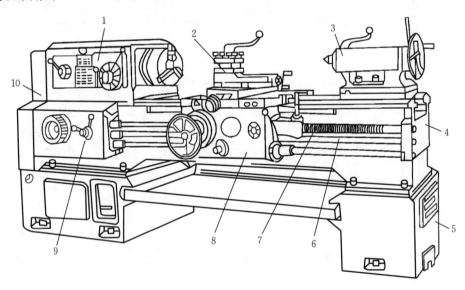

图 7-2 CA6140 卧式车床外形图

1. 主轴箱 2. 刀架 3. 尾座 4. 床身 5. 床腿 6. 光杠 7. 丝杠 8. 溜板箱 9. 进给箱 10. 挂轮箱

（1）主轴箱 主轴箱固定在床身左上部，内装主轴及主轴变速传动机构，用来支撑主轴并带动工件做旋转主运动。主轴为空心轴，以便于长棒料从中穿过。前端可安装卡盘、拨盘和顶尖等，以便夹持工件。通过箱体外的主轴变速手柄，可使主轴获得多种转速，以便用合理的切削速度进行车削加工。同时，主轴的运动可经过传动齿轮传送到进给箱。

（2）挂轮箱　挂轮箱把主轴的转动传给进给箱，通过与进给箱的配合，可以车削各种螺距的螺纹。

（3）进给箱　进给箱内装有变速齿轮，用来把主轴的运动传给光杠或丝杠。通过箱体外的进给变速手柄，可使光杠或丝杠得到不同的转速，以改变进给量或螺距。

（4）光杠和丝杠　光杠和丝杠是两根细长的传动轴，用来将进给箱的运动传给溜板箱。光杠用于自动进给，丝杠用来车削螺纹。

（5）溜板箱　溜板箱安装在床鞍下面，用来将光杠和丝杠的转动改变为刀架的纵向或横向进给运动。同时，溜板箱上面还安装有一些手柄和按钮，用来控制主轴的启动、停车、反转和刀架的自动进给、手动进给等。

（6）刀架　刀架安装在溜板箱上部，用来夹持刀具并做纵向、横向和斜向进给运动。刀架由床鞍、横刀架（中滑板）、转盘、小刀架（小滑板）和方刀架等组成，如图7-3所示。刀架是多层结构。床鞍位于最下面，与溜板箱连接，可沿床身导轨做纵向移动。床鞍上面是横刀架，可沿床鞍上面的横向导轨做横向移动。横刀架上面是转盘，用螺栓固定在横刀架上。松开螺母，转盘可在水平面内回转任意角度，以便车刀斜向进给。转盘上面装有小刀架，可沿转盘上的导轨做短距离移动。小刀架上面装有方刀架，可同时装夹四

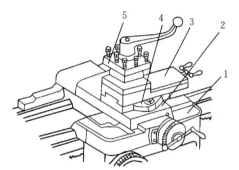

图7-3　刀架的组成结构
1. 床鞍　2. 中滑板　3. 小滑板
4. 转盘　5. 方刀架

把不同用途的车刀。松开顶部的锁紧手柄，方刀架即可转位，可快速选用所需的车刀进行加工。

（7）尾座　尾座安装在床身导轨上，可沿床身导轨做纵向移动，并可用锁紧螺栓固定在所需位置，以根据工作需要调整床头与尾座之间的距离。尾座可用来安装顶尖，以支承较长的工件，也可安装钻头、铰刀等刀具来加工孔。

（8）床身　床身是车床的基础部件，用来安装和支承车床的各个部件，并保证各个部件之间具有满足精度要求的相对位置。床身上的导轨精度要求很高，是床鞍和尾座纵向移动的轨道。床身由床腿支撑，用地脚螺栓固定在地基上。

7.3　车刀及其安装

7.3.1　车刀的组成及类型

车刀由刀头和刀杆两部分组成，如图7-4所示。刀头用来切削工件，刀杆用来将车刀夹持在刀架上。

按用途不同，车刀可分为外圆车刀、端面车刀、切槽刀、螺纹车刀、内孔车刀、成形车刀、滚花刀等。

按结构不同，车刀可分为整体式车刀、焊接式车刀、机夹式车刀。整体式车刀的刀头和刀杆为同一种材料，一般用高速钢材料制成，如图7-5（a）所示。焊接式车刀是在普通中

碳钢刀体上铣出刀槽，然后把硬质合金刀片焊接在刀槽中，如图 7-5（b）所示。这种车刀的制造和刃磨都很方便，在生产中应用最广。机夹式车刀是用机械夹固的方法把硬质合金刀片固定在铣有刀槽的刀杆上，可分为机夹重磨式和机夹不重磨式两种，如图 7-5（c）所示。机夹重磨式刀片只有一条刀刃，用钝后必须进行刃磨；而机夹不重磨式刀片各边都带有刀刃，当刀片一边的刀刃变钝后，通过转位换上另一边的刀刃可继续切削，直到各边刀刃都磨损后，再换新的刀片，因此也称为可转位式车刀。这种车刀不需要刃磨刀具，而且刀杆也可重复利用。

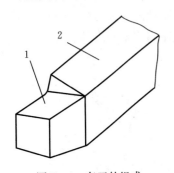

图 7-4 车刀的组成
1. 刀头 2. 刀杆

 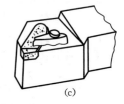

图 7-5 车刀的结构形式
(a) 整体式 (b) 焊接式 (c) 机夹式

7.3.2 车刀的几何形状与角度

1. 车刀切削部分的结构要素

车刀切削部分由前刀面、主后刀面、副后刀面、主切削刃、副切削刃和刀尖组成，如图 7-6 所示。

前刀面是刀具上切屑流过的表面。主后刀面是切削时与工件上新形成的过渡表面相对的刀具表面。副后刀面是切削时与工件已加工表面相对的刀具表面。主切削刃是前刀面和主后刀面的交线，承担主要切削工作。副切削刃是前刀面与副后刀面的交线，主要对已加工表面进行修光。刀尖是主切削刃与副切削刃的相交部分，为了增加刀尖强度，通常磨成一小段圆弧或直线。

2. 确定刀具角度的辅助平面

为了便于确定车刀的几何角度，定义三个基准坐标平面作为辅助平面，如图 7-7 所示。

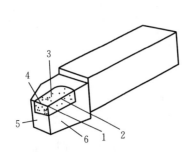 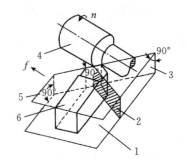

图 7-6 车刀切削部分的结构要素
1. 刀尖 2. 主切削刃 3. 前刀面
4. 副切削刃 5. 副后刀面 6. 主后刀面

图 7-7 车刀的辅助平面
1. 底平面 2. 正交平面 3. 切削平面
4. 工件 5. 基面 6. 车刀

(1) 基面 P_r　过主切削刃上某一点，垂直于主运动方向的平面。
(2) 切削平面 P_s　过主切削刃上某一点，与主切削刃相切并垂直于基面的平面。
(3) 正交平面 P_o　过主切削刃上某一点，同时垂直于基面和切削平面的平面。

3. 车刀的几何角度

车刀的几何角度包括前角 γ_o、后角 α_o、主偏角 κ_r、副偏角 κ_r' 和刃倾角 λ_s 等，如图 7-8 所示。

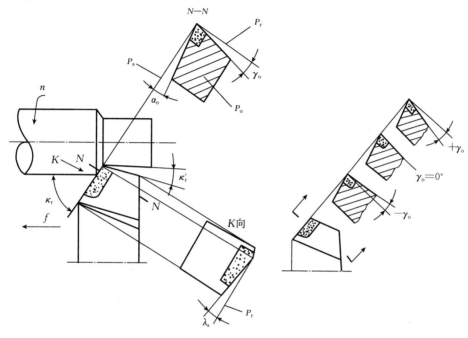

图 7-8　车刀的几何角度

(1) 前角 γ_o　前刀面与基面的夹角，在正交平面内测量。前刀面向基面下方倾斜时为正值，反之为负值。

前角主要影响刀刃的锋利程度和强度。前角增大时，刀刃更锋利，切屑变形减小，切削省力，加工表面质量提高。但随着前角的增大，刀刃的强度降低，容易崩刃或磨损。前角数值应根据工件材质情况合理选取。用硬质合金车刀切削钢材时，一般取 10°～20°；加工灰铸铁时一般取 5°～15°。

(2) 后角 α_o　主后刀面与切削平面的夹角，在正交平面内测量。

后角主要影响刀具主后刀面与工件过渡表面之间的摩擦。当前角一定时，后角也影响刀刃强度。后角增大，可减小刀具与工件之间的摩擦，但刀刃强度和耐用度也随之降低。粗车时一般取 6°～10°，精车时一般取 8°～12°。

(3) 主偏角 κ_r　主切削刃在基面上的投影与进给运动方向之间的夹角，在基面内测量。

主偏角直接影响主切削刃的工作长度。主偏角减小时，主切削刃参加工作的长度增加，单位长度上的切削负荷减小，散热条件得到改善，刀具耐用度提高。但主偏角减小，工件受到的径向力增大，容易产生弯曲变形和振动，影响加工精度。主偏角的数值应根据工件的刚性来选择。工件刚性好时，可选较小的主偏角；车削细长轴时，主偏角应取 90°～93°。

(4) **副偏角 κ_r'** 副切削刃在基面上的投影与进给运动反方向之间的夹角,在基面内测量。

副偏角主要影响副后刀面与已加工表面之间的摩擦。适当减小副偏角,可降低已加工表面的粗糙度。但副偏角过小会增加车刀与已加工表面的摩擦,反而降低加工质量。副偏角一般为 $5°\sim15°$,精加工时应取小值。

(5) **刃倾角 λ_s** 主切削刃与基面之间的夹角,在切削平面内测量。当刀尖为主切削刃最高点时,λ_s 为正值,反之则为负值。

刃倾角主要影响切屑流出的方向和刀尖强度,如图 7-9 所示。刃倾角为正时,带状切屑流向待加工表面,不会影响工件表面的质量,但刀尖强度低,切削力较大时容易崩刀。刃倾角为负值时,带状切屑流向已加工表面,刀尖能承受较大的切削力,不容易崩刀。当粗加工带硬皮的表面时,可采用负值的刃倾角;在精加工时,为防止切屑刮伤已加工表面,要采用零度或正值的刃倾角。

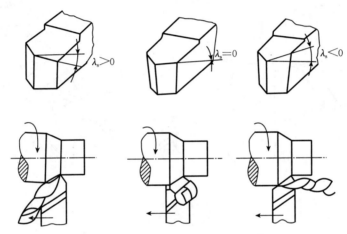

图 7-9 刃倾角对切屑流向的影响

7.3.3 车刀的安装

安装车刀时,应注意以下问题:

① 车刀伸出方刀架不宜太长,否则会减弱刀杆刚度,车削时容易产生振动,影响加工质量,甚至使刀杆弯曲或折断。一般车刀伸出长度不超过刀杆厚度的 2 倍。

② 车刀刀杆应与车床轴线垂直,以保证正确的主偏角。

③ 车刀刀尖应与车床主轴轴线等高,否则会使车刀的工作角度改变,影响切削性能。可用垫片根据尾座顶尖高度来调整,使刀尖对准顶尖。

④ 刀杆下的垫片数不宜过多,一般不超过 3 片。垫片要放置整齐。

⑤ 车刀位置调整好后,将方刀架上的压刀螺钉交替拧紧。

7.3.4 车刀的刃磨

车刀用钝后,需要利用砂轮机进行手工刃磨,以恢复刃口的几何形状和角度。刃磨高速钢刀具用白色氧化铝砂轮,刃磨硬质合金刀具用绿色碳化硅砂轮。

在刃磨车刀时,首先刃磨前刀面,以获得前角和刃倾角;然后刃磨主后刀面,以获得主后角和主偏角；再刃磨副后刀面，以获得副后角和副偏角；最后刃磨刀尖圆弧，以提高刀尖强度和散热条件。车刀刃磨后，还需要用油石研磨各表面，以提高刀具使用寿命，降低工件加工表面的粗糙度。

刃磨高速钢车刀时，为防止刀刃因温度过高而软化，应将刀头频繁放入水中冷却。刃磨硬质合金车刀时，刀头磨热后不能将车刀整体放入水中，以免刀头直接遇水冷却速度过快导致产生裂纹，而应将刀杆部分放入水中，使刀头缓慢冷却。

7.4 工件的安装及所用附件

车削时，为了便于安装工件，满足各种车削加工的要求，车床上必须备有一些常用的附件。工件的形状、大小和加工数量不同，安装方式和所用附件也各不相同。

7.4.1 卡盘装夹

1. 三爪卡盘

三爪卡盘的外形及构造如图7-10所示。卡盘内有三个均匀分布的小锥齿轮，用卡盘扳手转动其中任何一个，都可使与它相啮合的大锥齿轮转动。大锥齿轮背面的平面螺纹与三个卡爪背面的平面螺纹啮合，当大锥齿轮旋转时，就会使三个卡爪同时向心或离心移动，从而夹紧或放松工件。

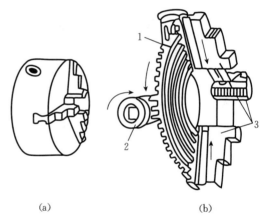

图7-10 三爪卡盘的外形及构造
(a) 外形 (b) 内部结构
1. 大锥齿轮 2. 小锥齿轮 3. 卡爪

卡盘有正爪和反爪，应根据工件的尺寸选用。当工件直径较小时，可用正爪夹紧外圆，如图7-11（a）所示；对于内孔较大的盘套类工件，可用正爪反撑，将三个卡爪伸入工件内孔中，利用卡爪的径向张力装夹工件，如图7-11（b）所示；当外圆直径较大时，可用反爪夹紧，如图7-11（c）所示。卡盘工作时，卡爪超出卡盘体外缘的长度不得超过卡爪长度的三分之一。

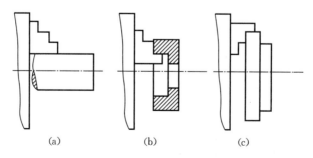

图7-11 三爪卡盘夹紧方式
(a) 正爪装夹外圆面 (b) 正爪反撑内孔 (c) 反爪装夹外圆面

三爪卡盘装夹方便，可自动定心，但定心精度不高（一般为 0.05～0.15 mm）、夹紧力较小，主要用来装夹圆形截面的工件，也可装夹截面为正三角形、正六边形的工件。

2. 四爪卡盘

四爪卡盘外形如图 7-12 所示。四个卡爪分别由四条螺杆独立带动，因此可以装夹方形、椭圆形或其他不规则截面的工件，应用范围广，夹紧力比三爪卡盘大。但装夹工件时不能自动定心，必须用划针盘或百分表按工件外形或事先划好的加工界线进行找正，即校正工件回转轴线与主轴轴线重合或工件端面与主轴轴线垂直。因此，四爪卡盘装夹效率比三爪卡盘低，但安装精度比三爪卡盘高，可达 0.01 mm。

按划线找正工件的方法如图 7-13 所示。先使划针靠近工件上划出的加工界线，找正端面时，用手慢慢转动卡盘，观察工件端面与划针之间的间隙大小，在离针尖最近的工件端面上用小锤轻轻敲击，使各处距离相等；找正外圆时，转动卡盘，将离开针尖最远处的一个卡爪松开，拧紧其对面的一个卡爪，反复多次，直到找正为止。

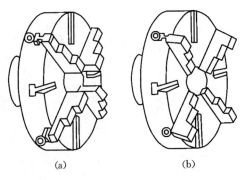

图 7-12 四爪卡盘外形
(a) 正爪　(b) 反爪

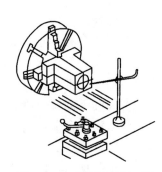

图 7-13 按划线找正工件

7.4.2 顶尖装夹

1. 双顶尖装夹

对于较长或需要掉头车削的轴类工件，为了保证同轴度，一般用双顶尖装夹。如图 7-14 所示，在车床主轴孔中装上前顶尖与拨盘，在尾座的套筒内装上后顶尖，在轴的一端装上卡箍，把轴放在前、后顶尖之间，卡箍的尾部放在拨盘槽中。当车床主轴旋转时，拨盘通过卡箍带动工件旋转。有时也可用三爪卡盘代替拨盘带动工件旋转（图 7-15）。工作前，应把前、后顶尖调整到和车床导轨平行的同一条直线上。

用双顶尖装夹轴类工件，既可以减小工件弯曲变形，又可以保证工件各段表面的同轴度，是加工高精度轴类工件的典型装夹方法。

2. 一夹一顶装夹

当粗车轴类零件时，由于切削力较大，常采用一头夹、一头顶的方法，即工件一端用卡盘装夹，另一端用后顶尖支承，以增加工件的装夹刚性，如图 7-16（a）所示。但要注意工件在卡盘内的夹持部分不能太长（一般为 10～20 mm）。为防止车削时工件向卡盘内缩进，可利用工件的台阶限位或在卡盘内安装限位支承，如图 7-16（b）(c) 所示。

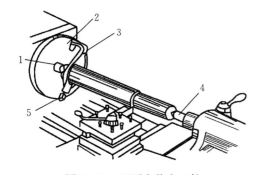

图 7-14 双顶尖装夹工件
1. 前顶尖 2. 拨盘 3. 卡箍 4. 后顶尖 5. 夹紧螺钉

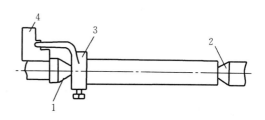

图 7-15 用卡盘代替拨盘
1. 前顶尖 2. 后顶尖 3. 卡箍 4. 卡爪

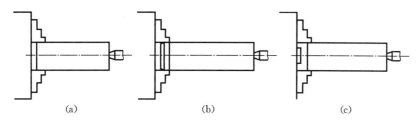

图 7-16 一夹一顶装夹工件
(a) 无限位 (b) 工件台阶限位 (c) 支承限位

常用的顶尖有死顶尖与活顶尖两种,如图 7-17 所示。死顶尖刚性好,定位精度高,但与工件中心孔易摩擦发热,适用于低速加工及精加工。活顶尖由于和工件一起旋转,不易磨损,可用于高速切削,但定位精度不如死顶尖,适用于粗加工及半精加工。

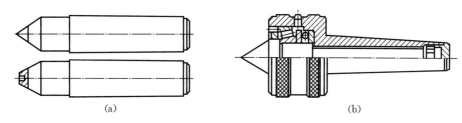

图 7-17 顶 尖
(a) 死顶尖 (b) 活顶尖

7.4.3 花盘装夹

对于形状复杂而且三爪和四爪卡盘无法装夹的工件,可用花盘装夹。事先需要将零件的定位基面加工完毕,然后再以花盘装夹进行其他加工。

花盘压板装夹如图 7-18 所示。将工件底面直接安放在花盘的端面上,找正后用螺栓、压板夹紧,即可加工工件的孔和端面。为了防止转动时因重心偏向一边而产生振动,需要安装平衡铁。花盘压板装夹适用于加工轴线与工件定位基面相垂直的回转表面。

花盘弯板装夹如图 7-19 所示。为了加工轴承座的孔和端面,先在花盘上安装 90°的弯板,再把底面已加工完毕的轴承座装在弯板上。花盘弯板装夹适用于加工轴线与工件定位基面相平行的回转表面。

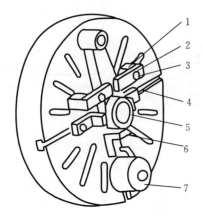 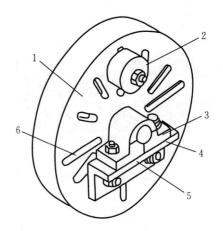

图 7-18 花盘压板装夹
1. 垫铁 2. 压板 3. 螺栓 4. 螺钉槽
5. 工件 6. 角铁 7. 平衡铁

图 7-19 花盘弯板装夹
1. 花盘 2. 平衡铁 3. 工件 4. 安装基面
5. 弯板 6. 螺栓孔槽

7.4.4 心轴装夹

加工盘类零件时，为满足外圆与孔之间的同轴度、端面与孔轴线之间的垂直度要求，需要用已经加工好的内孔表面定位，将工件套在特制的心轴上，然后把工件和心轴一起用双顶尖装夹在车床上，再精车外圆或端面。根据工件的形状、尺寸和精度要求，可采用不同结构的心轴。

锥度心轴如图 7-20 所示。其锥度一般为 1∶1 000～1∶5 000。工件套在心轴上，依靠摩擦力来固定。锥度心轴对中准确，装卸方便，加工精度高，但不能承受过大的力矩。

圆柱心轴如图 7-21 所示。工件套入心轴后依靠螺母锁紧，可承受较大的力矩。但由于心轴与工件内孔存在配合间隙，因此对中精度较低，适用于粗加工。

可胀心轴如图 7-22 所示。工件安装在可胀锥套上，旋转右边的螺母，使可胀锥套向左移动并胀大，从而压紧工件。可胀心轴装卸方便，对中性好，承受力矩大，应用广泛。

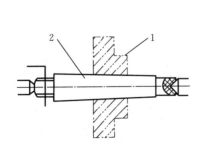 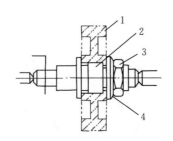 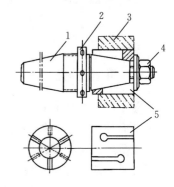

图 7-20 锥度心轴
1. 工件 2. 锥度心轴

图 7-21 圆柱心轴
1. 工件 2. 心轴 3. 螺母 4. 垫圈

图 7-22 可胀心轴
1. 锥度心轴 2、4. 螺母
3. 工件 5. 可胀锥套

7.4.5 中心架与跟刀架的应用

当工件长度与直径的比值超过 20 时，由于刚性很差，工件在切削力作用下极易产生弯曲变形。为提高加工精度，除了用双顶尖装夹外，还需采用中心架或跟刀架作为辅助支承，以提高工件的刚度。

如图 7-23 所示，中心架安装在床身导轨上，三个可调节支承爪支承在预先加工好的工件外圆表面上。加工时，中心架与工件之间无相对轴向移动。中心架常用于加工阶梯轴、长轴的端面和内孔。

如图 7-24 所示，跟刀架安装在床鞍上，用两个支承爪支承在已加工表面上。加工时，跟刀架沿工件轴向移动。跟刀架常用于加工不带台阶的细长光轴或丝杠。

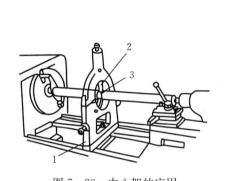

图 7-23 中心架的应用
1. 中心架 2. 可调节支承爪 3. 预先车出的外圆面

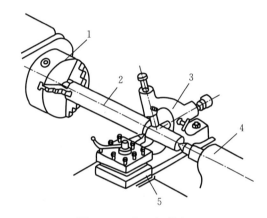

图 7-24 跟刀架的应用
1. 三爪卡盘 2. 工件 3. 跟刀架 4. 尾座 5. 刀架

7.5 车床操作

7.5.1 刻度盘及其手柄的使用

为了车削时能准确迅速地移动车刀，控制背吃刀量，中滑板和小滑板上均有刻度盘。中滑板的刻度盘与横向进给手柄安装在横向丝杠的端部，中滑板和螺母紧固在一起。当手柄带着刻度盘转一周时，丝杠也转一周，螺母带动中滑板移动一个螺距。所以刻度盘每转 1 格，车刀横向移动的距离等于丝杠螺距除以刻度盘格数。

例如，C6132 车床横向丝杠螺距为 4 mm，中滑板刻度盘等分为 200 格，则每转 1 格车刀横向移动的距离为 4 mm/200＝0.02 mm，即刻度盘转 1 格，刀架带着车刀移动 0.02 mm，工件直径则改变了 0.04 mm。由于圆形截面工件加工时都是控制直径的变化，为方便起见，用中滑板刻度盘进刀时，通常将每格读作 0.04 mm。

加工外圆时，车刀向工件中心移动为进刀，远离中心为退刀。加工内孔时，则刚好相反。

如果刻度盘手柄转过了头，或试切后发现尺寸不对需要将车刀退回时，由于丝杠与螺母间有间隙，不能直接退回到所需要的刻度位置，而应将手柄反转约 1 圈后，再正转到所需刻度位置,以消除丝杠螺母间隙的影响,如图 7-25 所示。

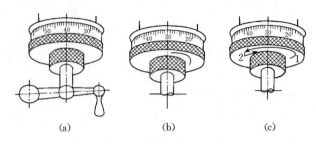

图 7-25 刻度盘的使用

(a) 要求手柄转至 30,但摇过头到了 40 (b) 错误:直接退到 30 (c) 反转约 1 圈后再正转至 30

小滑板刻度盘的原理与使用方法与中滑板相同,主要用于控制工件长度方向的尺寸。

7.5.2 试切的方法与步骤

工件装夹好以后,要根据工件的加工余量决定走刀次数和每次的背吃刀量。为了准确地确定背吃刀量,必须进行试切。其方法与步骤如图 7-26 所示。

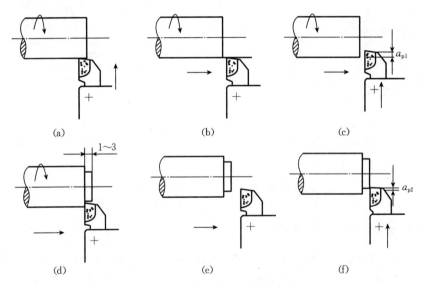

图 7-26 试切的方法与步骤

(a) 开车对刀,使车刀与工件轻微接触 (b) 向右退出车刀 (c) 横向进刀 a_{p1}
(d) 试切 1~3 mm (e) 退出车刀,停车,测量 (f) 如果尺寸不到,再进刀 a_{p2}

其中步骤(a)~(e)是试切的一个循环,如果尺寸合格,就可按这个背吃刀量将整个表面加工完毕。如果尺寸没有达到要求,就从步骤(f)开始重新试切,直到尺寸合格为止。

7.5.3 粗车与精车

1. 粗车

粗车的目的是尽快从工件毛坯上去除大部分加工余量,使工件的形状和尺寸接近图纸要求,并留有精车的加工余量。

粗车时对尺寸精度和表面质量要求不高，为了提高工作效率，可以选择较大的背吃刀量和进给量，尽可能地将粗车加工余量在1~2次走刀中切去。当加工余量太大或工艺系统刚性较差时，可经更多次走刀切除。

车削时，切削速度的选择与背吃刀量、进给量、刀具强度和工件材料的切削加工性等因素有关。通常情况下，高速钢车刀比硬质合金车刀选用的切削速度低，高硬度材料比低硬度材料选用的切削速度低，铸铁比钢选用的切削速度低。

粗车铸、锻件时，由于表面有硬皮，为防止刀尖被硬皮磨损，可先车削端面或先倒角，然后再选用大于硬皮厚度的背吃刀量。

2. 精车

精车的目的是保证零件的加工精度和表面质量达到图纸要求。

精车时，切削速度尽量不用中速，因为中速车削容易产生积屑瘤而划伤已加工表面。对于硬质合金车刀，一般采用较高的切削速度（$v_c \geqslant 100$ m/s）；对于高速钢车刀，一般采用很低的切削速度（$v_c \leqslant 6$ m/s）。选定切削速度后，再根据加工精度选择较小的背吃刀量和进给量。一般精车的背吃刀量可选用0.1~0.3 mm，进给量可选用0.05~0.2 mm/r。

精车的尺寸精度一般为IT8~IT6，必须采用试切的方法才能保证。由于热变形的影响，粗车后一般不能立即进行精车，应待工件冷却后再精车。精车过程中测量工件尺寸时，也要考虑热变形对实际尺寸的影响，尤其是精度较高和尺寸较大的零件。

精车的表面粗糙度Ra可达3.2~0.8 μm。为了保证精车的表面质量，可以采取以下措施：

① 适当减小副偏角或将刀尖磨出小圆弧，以减少残留面积。适当增大前角，以使刀刃更锋利。

② 用油石对车刀的前刀面和后刀面进行打磨，以使刀面光滑。

③ 选用合适的切削用量。选用较小的背吃刀量和进给量；车削钢件时选用较高的切削速度；精车铸铁件时，切削速度较粗车时稍高即可，防止由于铸铁导热性差而使车刀磨损加剧。

④ 合理使用切削液来进行冷却和润滑。精车钢件时一般使用机油或乳化液，而精车铸件时一般不使用切削液。

7.6 车削工艺

7.6.1 车外圆、端面和台阶

1. 车外圆

常用的外圆车削方法如图7-27所示。直头刀用来加工外圆面；弯头刀可车外圆、端面和倒角；90°偏刀车外圆时径向力小，适用于车削细长轴，也可以车端面和台阶。

2. 车端面

常用的端面车削方法如图7-28所示。弯头刀由外圆向工件中心进给时，主切削刃担负切削工作，切削条件较好，加工质量较高，如图7-28（a）所示。当用90°偏刀由外向中心进给车端面时，副切削刃担负主要切削工作，切削不顺利，加工出的表面粗糙度大，容易扎刀形成凹面，如图7-28（b）所示。因此，精车时常采用由中心向外进给的方法，主切削

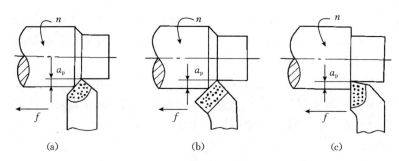

图 7-27 外圆车削方法
(a) 直头刀车外圆 (b) 弯头刀车外圆 (c) 90°偏刀车外圆

刃切削，加工出的表面质量较好，如图 7-28（c）所示。

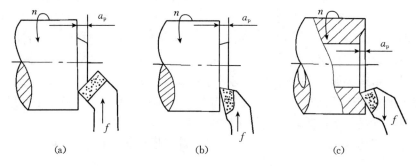

图 7-28 端面车削方法
(a) 弯头刀车端面 (b) 90°偏刀车端面（由外向中心进给） (c) 90°偏刀车端面（由中心向外进给）

车端面时，工件伸出卡盘不宜太长；车刀的刀尖应和工件中心对准，以免在端面中心留下凸台。车削较大的端面时，应将纵向溜板锁紧，以免车刀发生纵向摆动而影响加工质量，此时可用小刀架调整背吃刀量。

3. 车台阶

车台阶相当于车外圆和端面的组合。除了要控制外圆直径，还要控制台阶的长度。为了确定台阶的位置，可先用钢尺或卡钳量出台阶长度，再用车刀刀尖在台阶位置处刻出线痕，如图 7-29 所示。注意线痕位置要适当留出精加工余量。

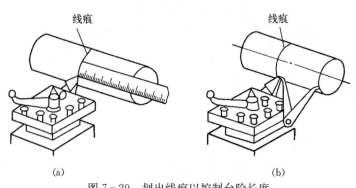

图 7-29 划出线痕以控制台阶长度
(a) 用钢尺测量 (b) 用卡钳测量

台阶高度小于 5 mm 时可用 90°偏刀一次走刀车出。台阶高度大于 5 mm 时应分层切削，偏刀主切削刃与工件轴线约成 95°角，多次纵向进给，最后一次纵向进给后车刀横向退出，车平台阶端面，如图 7-30 所示。在车刀自动进给将要到达预定位置之前，一定要改用手动进给继续车到指定的尺寸，以免车刀越过线痕而使工件报废。

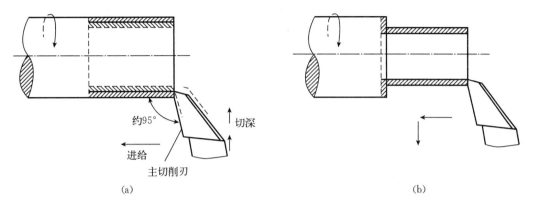

图 7-30　高台阶车削方法
(a) 多次纵向进给车削　(b) 末次纵向进给后车平台阶

7.6.2　切槽和切断

1. 切槽

切槽是指用切槽刀横向进给，在工件上切出环形沟槽。

切槽刀有一个主切削刃和两个副切削刃，因此刀尖、主偏角、副偏角和副后角都成对存在。由于槽宽限制，主切削刃不能太宽，刀头强度较弱。

装刀时，主切削刃应平行于工件轴线，两副偏角相等，刀尖与工件中心等高。槽宽小于 5 mm 时，主切削刃宽度要等于槽宽，可一次进给切出；槽宽大于 5 mm 时，应采取分段多次进刀的方法，最后一次进刀切到槽底时，再通过纵向进给精车槽底，如图 7-31 所示。

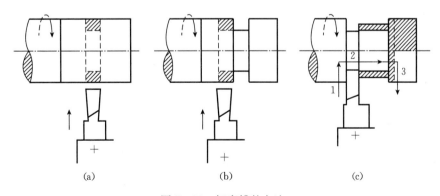

图 7-31　切宽槽的方法
(a) 第一次横向进给　(b) 第二次横向进给　(c) 末次横向进给后再纵向进给精车槽底

2. 切断

切断与切槽方法相似，只是切断刀的刀刃更窄，刀头更长，工作条件差，容易被打断。切断过程如图 7-32 所示。

切断时，工件要用卡盘夹紧，切断处距卡盘的距离应尽可能短，以免切削时产生振动。切断刀伸出方刀架不应太长，比工件半径长 2~3 mm 即可。刀尖必须与工件中心等高，否则主切削刃不能通过工件中心而在端面形成小凸台。如图 7-33 所示，切断刀安装过低，刀头容易被压断；切断刀安装过高，刀具后面顶住工件，不易切削。

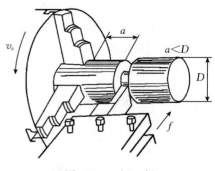

图 7-32 切　断

常用的切断方法是正车切断，即工件正转，切断刀手动或自动横向进给。这时刀头伸进工件内部，排屑困难，散热条件差，容易被打断。所以手动进给时，应保证进给均匀，中途不要停止。如果需要停止进给或停车，应先将车刀退出。切削钢料时要使用切削液。工件即将切断时，应减慢进给速度。

对于直径较大的工件，可采用反车切断，即工件反转，切断刀横向进给，但刀具的前刀面向下安装，如图 7-34 所示。这种方法排屑方便，工件不易振动，切削条件好，但要求刀架有足够的刚性。卡盘有防松装置，防止卡盘与主轴脱开。

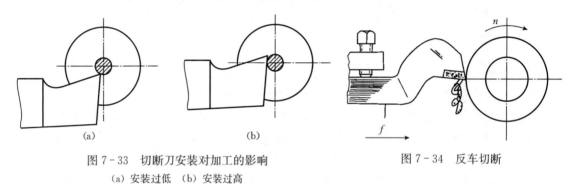

图 7-33　切断刀安装对加工的影响　　　图 7-34　反车切断
(a) 安装过低　(b) 安装过高

切断时不能用双顶尖装夹工件。采用一夹一顶装夹时，不要完全切断，待卸下工件后再敲断。

7.6.3　孔的加工

1. 钻孔

在车床上钻孔如图 7-35 所示。工件装夹在卡盘上，麻花钻头安装在尾座套筒内。先根据钻孔深度把尾座紧固在导轨的合适位置上，开车后工件转动，手摇尾座手轮使钻头纵向进给。

安装钻头时，锥柄钻头可直接安装在尾座套筒的锥孔内；如果钻头的锥柄太小，可加相应的过渡锥套；直柄钻头先用钻夹头夹持，再把钻夹头的锥柄装进尾座套筒中。

钻孔前，必须先将端面车平，再使钻头与工件端面轻轻接触。如果钻头不晃动、能准确对中，即可缓慢进给。如果钻头晃动、不易对中，可先在端面中心用车刀划出一个小坑或用中心钻钻出中心孔，以引导钻头。钻头引进和钻出时，应缓慢进给，以免钻头折断。钻削过程中需要经常退出钻头，清除铁屑后再继续钻孔。在钢件上钻较深的孔时，应充分注入切削液，防止钻头发热退火。

钻孔的尺寸精度一般为 IT13～IT11，表面粗糙度 Ra 为 12.5～6.3 μm，对于精度要求不高的孔，可以用钻头直接钻出，不再进行其他加工。

2. 扩孔和铰孔

在车床上扩孔和铰孔的方法与钻孔相似，使用的刀具分别为扩孔钻和铰刀。

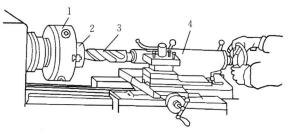

图 7-35 车床上钻孔
1. 卡盘 2. 工件 3. 钻头 4. 尾座

扩孔是一种半精加工方法，尺寸精度为 IT10～IT9，表面粗糙度 Ra 为 6.3～3.2 μm。对于质量要求较高或批量较大的扩孔，可用扩孔钻进行。扩孔钻的刀刃不必自外缘一直到中心，避免了横刃的不良影响；钻心粗，刚性好，可以提高切削用量和生产率；由于切屑少，容屑槽可以做得比较小，因而导向性好。

铰孔是指用铰刀从孔壁上切除微量金属层的精加工方法，尺寸精度可达 IT7～IT6，表面粗糙度 Ra 可达 1.6～0.8 μm。铰刀的工作部分包括切削和修光两部分，前面锥形担负着主要的切削工作，后面圆柱起导向、校正孔径和修光孔壁的作用。

对于轴、套、盘等回转体类零件上精度要求高、表面粗糙度要求低的孔，通常在车床上用钻—扩—铰的方法完成。

3. 镗孔

镗孔也称为车内孔，是指对回转体零件上已钻出的孔或铸、锻件毛坯上已有的孔进行加工（粗加工、半精加工和精加工）。镗孔不但能提高孔的尺寸精度和表面质量，而且能纠正原孔的轴线偏斜（扩孔、铰孔不能）。镗孔方法和所用镗刀如图 7-36 所示。

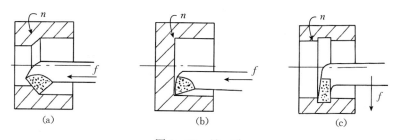

图 7-36 镗 孔
(a) 镗通孔 (b) 镗不通孔 (c) 镗槽

由于受被加工孔直径和深度的限制，镗刀一般刀头尺寸较小，刀杆细长，因而强度和刚性较差，容易产生变形和振动，这就要求镗孔切削用量要比车外圆选得小一些，使得生产率较低。但镗刀结构简单，可根据加工要求把刀头刃磨成各种形状，通用性强，因而广泛应用于毛孔、大孔、非标准孔以及有色金属件高精度孔的加工。

7.6.4 车锥面

1. 宽刀法

宽刀法是直接用偏斜的主切削刃切出工件上的锥面。车削时，刀刃必须位于工件轴线的水平面内，且与轴线的夹角为所切锥面的半锥角。车刀刃口要稍长于锥体母线，采用横向进给，一次车出锥面，如图 7-37 所示。

宽刀法车锥面效率高，能加工任意角度的锥面，但锥面长度一般不超过 20 mm。由于切削力较大，要求工件和机床有较好的刚性，否则会引起振动而影响加工质量。

2. 小滑板转位法

用小滑板转位法车锥面时，先转动小滑板，使其偏转角度等于锥面的半锥角，然后用手转动小滑板手柄做手动进给，使车刀沿圆锥母线方向移动，从而实现锥面的加工，如图 7-38 所示。

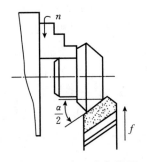

图 7-37 宽刀法车锥面

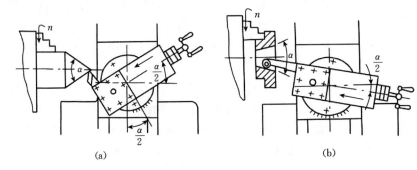

图 7-38 小滑板转位法车锥面
(a) 车外锥面　(b) 车内锥面

这种方法简单易行，可加工任意大小锥角的锥面，既可车外锥面又可车内锥面，因而应用广泛。但锥面长度受小滑板行程的限制而不能太长，而且只能手工进给，劳动强度大，加工表面粗糙度较大（$Ra=12.5 \sim 3.2 \mu m$）。

3. 尾座偏移法

用尾座偏移法车锥面如图 7-39 所示。工件安装在前后顶尖之间，旋转尾座底部的调节螺钉，将尾座轴线相对于主轴轴线横向偏移一定的距离，使工件回转轴线与主轴轴线的夹角等于所加工锥面的半锥角。当刀架纵向进给时，即可车出所需的锥面。

尾座偏移的距离 s 值可根据下式计算：

$$s = \frac{L(D-d)}{2l}$$

式中　L——工件长度，mm；
　　　l——锥体长度，mm；
　　　D——锥体大端直径，mm；
　　　d——锥体小端直径，mm；
　　　s——尾座偏移距离，mm。

这种方法可加工锥体长度较长的锥面，车刀可以自动进给，加工表面粗糙度小（$Ra=6.3 \sim 1.6 \mu m$），但不能加工内锥面和带锥尖的完整锥面。受尾座偏移量的限制，只能车削圆锥角较小的锥面。由于尾座偏移量不易调整，因此适用于

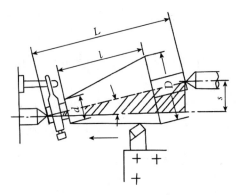

图 7-39 尾座偏移法车锥面

成批生产,而且同一批工件中,长度和中心孔的深度应一致,否则车出的锥度一致性差。

4. 靠模法

如图 7-40 所示,靠模板装置的底座安装在床身的后面,底座上面装有靠模板。靠模板的偏转角度可以调节,使其等于所加工锥面的半锥角。滑块可沿着靠模板自由滑动。使用靠模板时,将中滑板上的螺母与横向丝杆脱开,用丝杠将中滑板与滑块连接在一起。当溜板箱纵向进给时,中滑板与滑块一起沿靠模板做横向移动,使车刀的运动平行于靠模板,即可车出所需的锥面。

这种方法可加工较长的内外锥面,但圆锥角不能太大,否则中滑板由于受到靠模板的约束而使纵向进给产生困难;能采用自动进给,锥面加工质量较高,表面粗糙度 Ra 可达 $6.3\sim1.6~\mu m$。

7.6.5 车螺纹

车螺纹是螺纹加工最基本、最常用的方法。决定螺纹的参数有牙型、导程(螺距)、中径、头数、旋向等。车螺纹时,牙型、螺距和中径是必须保证的三要素。

1. 保证牙型正确的方法

牙型是指在通过螺纹轴线的截面上,螺纹的轮廓形状。车螺纹时,牙型由螺纹车刀切削形成,因此,刀具在工件轴向截面上的刃形必须与标准牙型相吻合。这要由车刀正确的刃磨和安装来保证。

刃磨车刀时,刀尖角应等于螺纹的牙型角。粗车时可磨出一定的径向前角,以使切削轻快,精车时螺纹车刀的前角必须为 0°。刃磨时要用对刀样板来检验。

安装螺纹车刀时,刀尖必须与工件回转轴线等高,而且刀尖角的平分线应与工件回转轴线垂直。为此,要用对刀样板安装车刀(图 7-41)。

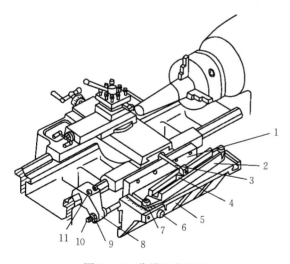

图 7-40 靠模法车锥面
1. 底座 2. 靠模板 3. 丝杆 4. 滑块 5. 靠模体
6、7、11. 螺钉 8. 挂脚 9. 螺母 10. 拉杆

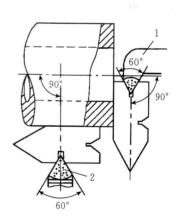

图 7-41 螺纹车刀的对刀方法
1. 内螺纹车刀 2. 外螺纹车刀

2. 保证螺距准确的方法

(1) 调整机床 车螺纹时,为了获得准确的螺距,必须用丝杠带动刀架进给,以实现工

件每转一周，刀具纵向移动的距离恰好等于工件的螺距。根据图 7-42 中的主轴至丝杠的传动路线，便可得到车螺纹时的传动方程式：

$$\frac{P}{T} = i_{三} \times i_{交} \times i_{进}$$

式中　P——工件螺距，mm；

　　　T——丝杠螺距，mm；

　　　$i_{三}$——三星轮的传动比，$i_{三}=1$；

　　　$i_{进}$——进给箱的传动比，由进给箱手柄位置确定；

　　　$i_{交}$——交换齿轮的传动比，且

$$i_{交} = \frac{z_1}{z_2} \times \frac{z_3}{z_4}$$

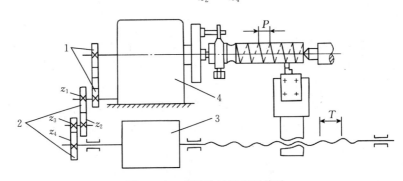

图 7-42　车螺纹时机床的传动
1. 三星轮　2. 交换齿轮　3. 进给箱　4. 床头箱

当已知工件的螺距后，便可根据机床的标牌查出进给箱手柄的位置和四个交换齿轮的齿数，进行机床的调整。

(2) 操作方法　一般情况下，车螺纹时需要经过多次走刀才能切出规定的槽深。第一次进给完毕后，提起开合螺母，摇回刀具和溜板，调整切深后，再进行下一次进给。若采用这种方法切削螺纹，如果丝杠螺距不是工件螺距的整数倍，当丝杠转过一周后，工件没有转过整数周，这时再次压下开合螺母切削下一刀时，刀尖就会偏离前次进给已切出的螺旋槽而把螺纹车乱，称为乱扣。为避免这种现象，常采用开反车退刀法。第一次进给结束后，不提起开合螺母，而采取开反车(将主轴反转)的方法使车刀返回原位，调整切削深度后再开车切削下一刀，直到螺纹尺寸符合要求为止。具体操作步骤如图 7-43 所示。

车削螺纹时的进刀方法有直进法、左右切削法和斜进法，如图 7-44 所示。

采用直进法时，用中滑板横向进刀，车刀刀尖和左右两侧切削刃都参加切削工作。经几次行程后，车到螺纹所需要的尺寸和表面粗糙度。这种方法操作简单，但刀具受力大，散热差，排屑困难，适用于螺距小于 3 mm 的三角形螺纹的粗、精车。

采用左右切削法时，除了用中滑板控制车刀的径向进刀外，同时使用小滑板控制车刀左、右微量进给，分别切削螺纹的两侧面，经几次行程后完成螺纹的加工。这种方法中的车刀是单面切削，不容易产生扎刀现象。但车刀左右进给量不能过大，否则会使牙底过宽或凹凸不平。

采用斜进法时，用中滑板横向进刀和小滑板纵向进刀相配合，使车刀沿倾斜方向切入工

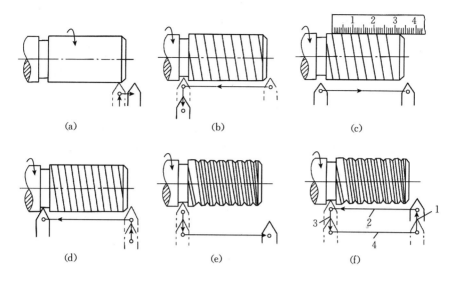

图 7-43 螺纹车削方法

(a) 开车,使车刀与工件轻微接触,记下刻度盘读数,向右退出车刀
(b) 合上对开螺母,在工件表面车出一条螺旋线,横向退出车刀,停车
(c) 开反车使车刀退回工件右端,停车,用钢尺检查螺距是否正确
(d) 利用刻度盘调整切深,开车切削　(e) 车刀将至行程结束时,应做好退刀停车准备。
先快速退出车刀,然后停车,开反车退回刀架　(f) 再次横向切入,继续切削
1. 进刀　2. 开车切削　3. 快速退出　4. 开反车退回

件。这种方法中,车刀基本上只有一个刀刃参加切削,刀具受力较小,散热、排屑较好,生产率较高,但螺纹牙型的一面表面较粗糙,适用于粗车。

3. 保证中径精度的方法

中径是靠多次进刀的总深度来保证的。刻度盘只能大致控制进刀总深度使其等于螺纹牙型的工作高度,准确控制一般还要借助螺纹量规(图 7-45)。螺纹量规除检验中径外,还同时检验牙型和螺距。当不具备螺纹量规时,也可用与其相应的配合件旋合来检验。

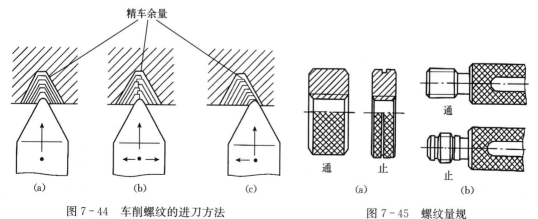

图 7-44　车削螺纹的进刀方法
(a) 直进法　(b) 左右切削法　(c) 斜进法

图 7-45　螺纹量规
(a) 螺纹环规(测外螺纹)　(b) 螺纹塞规(测内螺纹)

7.6.6 车成形面和滚花

1. 车成形面

有些回转体零件表面轮廓的母线不是直线，而是圆弧或曲线，这类零件的表面称为成形面。

（1）双手控制法 如图7-46所示，用双手分别控制中滑板和小滑板的手柄，协调动作，使刀尖移动轨迹与所需成形面轮廓相符，车出所需的表面。这种方法简单易行，但生产率低、劳动强度大，需要工人有熟练的操作技能，一般适用于精度要求不高的零件的单件或小批生产。

（2）成形刀法 如图7-47所示，用刀刃形状与成形面轮廓相对应的成形车刀来加工成形面。成形车刀是一种专用刀具。加工时，车刀只做横向进给。由于车刀和工件接触线较长，容易引起振动，因此切削用量要小，还要有良好的润滑条件。这种方法生产率高、操作方便，加工表面廓形比较精确，但是受到工件表面形状和尺寸的限制，而且刀具制造、刃磨较困难，一般用于成批或大量生产中加工较短的成形面。

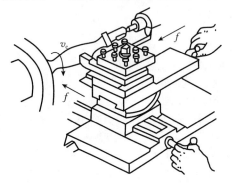

图7-46 双手控制法车成形面

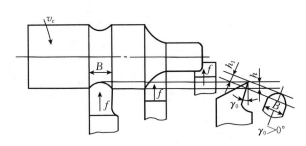

图7-47 用成形刀车成形面

（3）靠模法 如图7-48所示，靠模法车成形面与靠模法车圆锥面相似。加工时，只要把滑块换成滚柱，把直线轮廓的锥度模板换成曲线轮廓的靠模板即可。这种方法加工精度高，生产率也高，广泛应用于成批或大量生产中。

2. 滚花

滚花如图7-49所示，是指用特制的滚花刀挤压工件表面，使其表面产生塑性变形而形

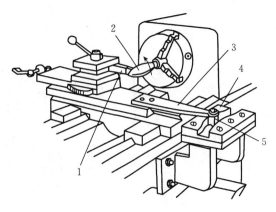

图7-48 用靠模装置车成形面
1.尖头车刀 2.工件 3.连接板 4.靠模板 5.滚柱

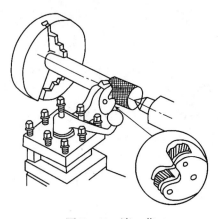

图7-49 滚 花

成花纹，常用于工具、调节螺钉和手柄等手握表面的装饰加工。

滚花时，滚花刀表面要与工件表面均匀接触，并且滚花刀的中心应与工件轴线等高。滚花刀横向吃刀挤压工件，然后纵向缓慢进给。滚花时转速要低，还要充分供给切削液。

花纹有直纹和网纹两种，滚花刀也有直纹和网纹的区别，如图 7-50 所示。

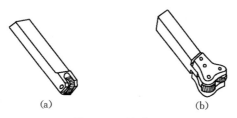

图 7-50 滚花刀

(a) 直纹滚花刀 (b) 网纹滚花刀

7.7 典型零件车削训练

项目一 车削销轴

销轴的零件图如图 7-51 所示。毛坯为 $\phi 45$ mm、长 100 mm 的棒料。销轴加工工艺如表 7-1 所示。

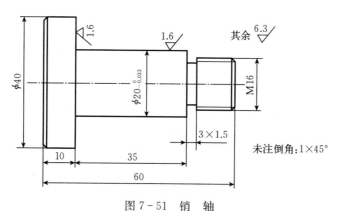

图 7-51 销 轴

表 7-1 销轴加工工艺

序号	装夹方法	加工简图	加工内容	刀具	量具
1	三爪卡盘		夹持 $\phi 45$ mm 的圆钢外圆，伸出长度 70 mm。车端面见平，粗车外圆至 $\phi 40$ mm，长 65 mm	45°弯头刀，90°偏刀	0~150 mm 钢尺，0~125 mm 游标卡尺，25~50 mm 外径千分尺

(续)

序号	装夹方法	加工简图	加工内容	刀具	量具
2	三爪卡盘		粗车外圆至 $\phi21\ mm\times49\ mm$，车螺纹部位外圆至 $\phi15.8\ mm\times15\ mm$	90°偏刀	0～150 mm 钢尺，0～125 mm 游标卡尺，25～50 mm 外径千分尺
3	三爪卡盘		切退刀槽 $3\times1.5\ mm$。螺纹部位端面倒角 $1\times45°$	切槽刀，45°弯头刀	
4	三爪卡盘		车 M16 螺纹	螺纹车刀	
5	三爪卡盘		精车 $\phi21\ mm$ 的外圆至 $\phi20_{-0.033}^{\ 0}\ mm$，并精车台阶端面，保证尺寸为 35 mm	90°偏刀	
6	三爪卡盘		在左端切断，保证 $\phi40\ mm$ 外圆长度为 11 mm	切断刀	
7	三爪卡盘		调头，夹持 $\phi20_{-0.033}^{\ 0}\ mm$ 外圆柱面（垫铜皮），车端面，保证尺寸为 10 mm。倒角 $1\times45°$	45°弯头刀	

项目二 车削阶梯轴

阶梯轴零件图如图 7-52 所示。毛坯为 $\phi 45$ mm、长 110 mm 的棒料。加工步骤如表 7-2 所示。

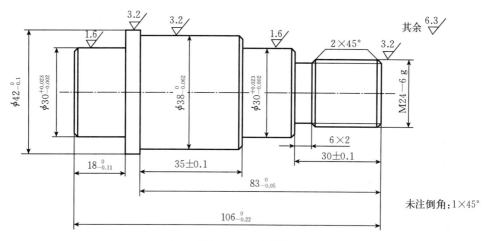

图 7-52 阶梯轴

表 7-2 阶梯轴加工工艺

序号	装夹方法	加工简图	加工内容	刀具	量具
1	三爪卡盘		夹持 $\phi 45$ mm 圆钢外圆,伸出长度 30 mm 左右。车端面见平,钻中心孔	45°弯头刀,A3.5 中心钻	0~150 mm 钢尺,0~125 mm 游标卡尺,25~50 mm 外径千分尺
2	三爪卡盘		粗车左端 $\phi 30$ mm×18 mm 外圆至 $\phi 31$,长度为 17.5 mm	90°偏刀	
3	三爪卡盘		工件调头,夹持坯料外圆,车平端面,精车总长至 $106_{-0.22}^{0}$ mm,钻中心孔	45°弯头刀,A3.5 中心钻	

(续)

序号	装夹方法	加工简图	加工内容	刀具	量具
4	一夹一顶	(图：阶梯轴 $\phi43$、$\phi39$、$\phi31$、$\phi25$，长度 29.5、46.5、82.5)	夹持左端 $\phi31$ mm 台阶，右端用顶尖支承。通车外圆至 $\phi43$ mm；粗车 $\phi38$ mm 处外圆至 $\phi39$ mm，长度为 82.5 mm；粗车 $\phi30$ mm 处外圆至 $\phi31$ mm，长度为 46.5 mm；粗车 M24 处外圆至 $\phi25$ mm，长度为 29.5 mm	90°偏刀	0～150 mm 钢尺，0～125 mm 游标卡尺，25～50 mm 外径千分尺
5	一夹一顶	(图：$\phi42_{-0.1}^{0}$、$\phi38_{-0.062}^{0}$、$\phi30_{-0.002}^{+0.023}$、$\phi23.8\pm0.05$，长度 35±0.1、30±0.1、$83_{-0.05}^{0}$)	精车 $\phi43$ mm 处外圆至 $\phi42_{-0.1}^{0}$ mm；精车 $\phi39$ 处外圆至 $\phi38_{-0.062}^{0}$ mm；保证尺寸为 $83_{-0.05}^{0}$；精车 $\phi31$ mm 处外圆至 $\phi30_{-0.002}^{+0.023}$ mm，保证尺寸为 (35±0.1) mm；精车 $\phi25$ mm 处外圆至 $\phi(23.8\pm0.05)$ mm，保证尺寸为 (30±0.1) mm	90°偏刀	
6	一夹一顶	(图：1×45°, 1×45°, 2×45°，切槽 6×2)	切槽 6 mm×2 mm；倒角 2 mm×45° 和 1 mm×45° 各两处	切槽刀，45°弯头刀	
7	一夹一顶	(图：M24—6g)	分别粗车和精车 M24—6g 螺纹直至达到技术要求	螺纹车刀	
8	一夹一顶	(图：1×45°，$\phi30_{-0.002}^{+0.023}$，$18_{-0.11}^{0}$)	调头，夹持右侧处 $\phi30_{-0.002}^{+0.023}$ 外圆（垫铜皮），精车左端外圆至 $\phi30_{-0.002}^{+0.023}$ mm，保证尺寸为 $18_{-0.11}^{0}$ mm；倒角 1 mm×45° 一处	90°偏刀，45°弯头刀	

思考题

1. 卧式车床主要组成部分有哪些？各有何作用？
2. 刀架为什么要做成多层结构？转盘的作用是什么？
3. 尾座顶尖的纵、横两个方向的位置如何调整？
4. 用双顶尖装夹车削外圆面时，产生锥度误差的原因是什么？
5. 外圆车刀五个主要标注角度是如何定义的？各有何作用？
6. 安装车刀时有哪些要求？
7. 卧式车床上工件的装夹方式有哪些？
8. 三爪卡盘与四爪卡盘的结构和用途有何不同？
9. 粗车和精车的目的是什么？切削用量的选择有何不同？
10. 车外圆面时常用哪些车刀？车削长轴外圆面为什么常用90°偏刀？
11. 车床上加工圆锥面的方法有哪些？各有何特点？分别适用于何种生产类型？
12. 车螺纹时产生乱扣的原因是什么？如何防止乱扣？

第 8 章　铣削加工

8.1　概　　述

铣削是指在铣床上利用旋转多刃刀具对工件进行切削的一种加工方法。铣削加工主要是针对非回转体表面的切削加工。其加工范围广，生产效率高，是金属切削加工中最常用的方法之一。

8.1.1　铣削的加工范围和特点

1. 铣削加工的范围

铣削加工应用范围非常广泛。根据铣削的运动特点，使用不同类型的铣刀，可以加工各种平面、斜面、台阶、沟槽（包括直角沟槽、键槽、V形槽、T形槽、燕尾槽等）、成形面、钻孔和镗孔，采用分度头还可以进行多种分度加工，如铣花键、齿轮等。其加工范围如图 8-1 所示。

铣削的加工精度一般为 IT9～IT7，表面粗糙度 Ra 为 $3.2～1.6\,\mu m$。由于在铣削加工中，铣刀的刀齿不断地切入切出工件，切削力不断变化，会对加工工件产生冲击和振动，影响加工精度，故铣削一般属于粗加工或半精加工。但高精度铣削的加工精度可达 IT6～IT5，表面粗糙度 Ra 可达 $0.2\,\mu m$。

2. 铣削加工的特点

铣削加工是应用较为广泛的加工工艺，与其他金属切削加工方法相比具有以下的特点：

（1）生产率较高　由于铣刀是多齿刀具，加工时参加铣削的切削刃较多，且铣削速度较高，所以铣削加工的生产效率较高。

（2）刀齿散热条件较好　铣刀刀齿在切离工件的一段时间内，可以得到一定冷却，散热条件较好。但是刀齿切入、切离时热和力的冲击，将加速刀具的磨损，降低刀具的寿命。

（3）容易产生振动　铣削过程中每个刀齿切削厚度的不断变化，会引起切削力和切削面积的变化，因此，铣削过程不平稳，容易产生振动。

8.1.2　铣削运动和铣削用量

1. 铣削运动

铣削与其他切削加工方法一样，是通过装夹在机床（铣床）上的工件和刀具（铣刀）做

第8章 铣削加工

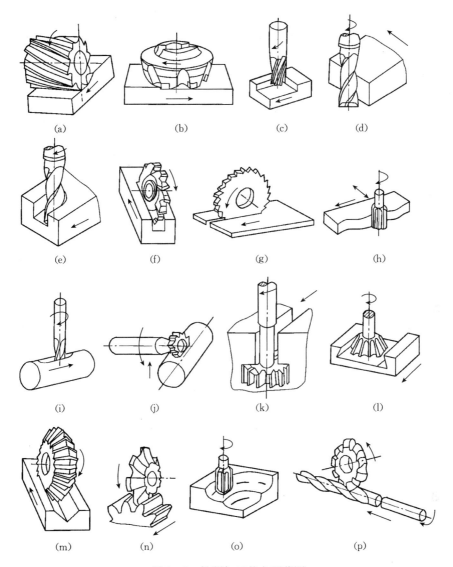

图 8-1 铣削加工的主要范围

(a)(b)(d) 铣平面 (c) 铣台阶面 (e)(f) 铣沟槽 (g) 切断 (h) 铣曲面 (i)(j) 铣键槽 (k) 铣T形槽 (l) 铣燕尾槽 (m) 铣V形槽 (n) 铣齿槽 (o) 铣立体曲面 (p) 铣螺旋槽

相对运动来实现的。工件与铣刀的相对运动称为铣削运动。它包括主运动和进给运动。

(1) **主运动** 主运动是指切除工件表面多余材料所需的最基本的运动。主运动是消耗机床功率最多的运动。在铣削加工中，铣刀的高速旋转运动是主运动。

(2) **进给运动** 进给运动是指使新的切削层不断投入切削，逐渐加工出整个工件表面的运动。在铣削运动中，工件的移动是进给运动。

2. 铣削用量

铣削用量是衡量铣削运动大小、调整机床的参数。铣削用量的选择对零件的加工精度、表面质量，铣刀的使用寿命有很大的影响。铣削用量包括4个要素：铣削速度、进给量、背吃刀量（铣削深度）和侧吃刀量（铣削宽度）。

(1) 铣削速度 v_c　铣削速度是指主运动的线速度，大小等于铣刀切削刃上最高点或选定点在单位时间内在被加工表面上所走过的长度，单位为 m/min，其计算公式为

$$v_c = \frac{\pi d_0 n}{1\,000} \tag{8-1}$$

式中　d_0——铣刀外径，mm；
　　　n——铣刀转速，r/min。

在实际加工时，都是先根据毛坯材料、铣刀切削部分的材料、加工阶段的性质等因素来确定铣削速度，然后再根据铣刀的直径，确定铣刀所需的转速。若在铣床主轴转速牌上找不到所计算出的转速时，应选择高一级的转速。

(2) 进给量　进给量是指在铣削中，刀具在进给方向上相对于工件的位移量。它有3种表示形式——每齿进给量、每转进给量和每分钟进给速度。

① 每齿进给量 f_z：铣刀每转过一个刀齿时，工件相对铣刀在进给运动方向上所移动的距离，单位为 mm/刀齿。铣削时进给量一般用此进给量表示。

② 每转进给量 f_r：铣刀每转过一周时，工件相对铣刀在进给运动方向上所移动的距离，单位为 mm/r。很明显有 $f_r = f_z \times z$（z 表示铣刀刀齿数）。

③ 每分钟进给速度 v_f：每分钟内，工件相对于铣刀在进给运动方向上移动的距离，单位为 mm/min。它们之间的计算关系如下：

$$v_f = f_r \times n = f_z \times z \times n \tag{8-2}$$

式中　n——铣刀转速，r/min；
　　　z——铣刀刀齿数。

(3) 背吃刀量 a_p　背吃刀量是指一次铣削进给过程中待加工表面与已加工表面之间的垂直距离，即铣削深度。

(4) 侧吃刀量 a_e　侧吃刀量是指一次铣削进给过程中测得的已加工表面的宽度，即铣削宽度。

8.1.3　铣削方式

铣削方式是指铣削时铣刀相对于工件的运动和位置关系。它对铣刀寿命、工件表面粗糙度、铣削过程平稳性及生产率都有较大的影响。铣平面时，铣削方式有周铣和端铣两种方式。周铣是指用圆柱铣刀的圆周刀齿加工平面的铣削方法，如图 8-2（a）所示；端铣是指用面铣刀的端面刀齿加工平面的铣削方法，如图 8-2（b）所示。

1. 周铣

周铣又分为逆铣和顺铣。在切削部位，铣刀刀齿的旋转方向和工件进给方向相反时称为逆铣，如图 8-3（a）所示；刀齿的旋转方向和工件进给方向相同时称为顺铣，如图 8-3（b）所示。

逆铣时，切削厚度从零逐渐增大。铣刀刃口处有圆弧，使刀齿在刚刚接触工件时，不能切入工件，而是在工件过渡表面上挤压、滑行，使工件表面产生冷硬层，并加剧了刀齿磨损，同时降低了工件的表面质量。此外，铣削分力向上引起工件产生周期性振动。顺铣时，刀齿的切削厚度从最大开始，避免了挤压、滑行现象，且铣削分力始终压向工作台，有利于工件加紧，减少了工件振动的可能性，提高了铣刀寿命和加工表面质量。

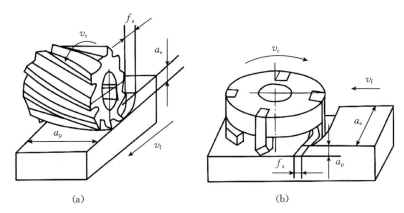

图 8-2 铣削运动及铣削要素
(a) 圆柱铣刀铣削 (b) 端铣刀铣削

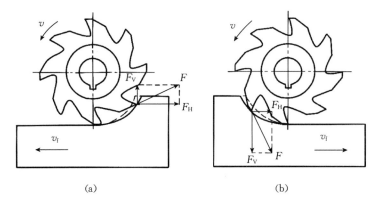

图 8-3 顺铣与逆铣
(a) 逆铣 (b) 顺铣

在丝杠与螺母副中存在间隙的情况下采用顺铣,这时铣刀对工件的水平分力 F_H 与工件的进给方向一致。由于工作台丝杠和螺母之间存在间隙,使工作台带动丝杠向左窜动,造成进给不均,严重时会使铣刀崩刃。逆铣时,由于水平分力 F_H 的作用,使丝杠与螺母窜动面始终贴紧,故铣削过程较平稳。

2. 端铣

端铣时,可以通过调整铣刀和工件的相对位置来调节刀齿切入和切出时切削层的厚度,从而达到改善铣削过程的目的。根据铣刀与工件相对位置的不同,端铣分为对称端铣和不对称端铣。不对称端铣又分为不对称逆铣和不对称顺铣。

(1) 对称端铣 铣刀位于工件铣削层宽度中间位置的铣削方式称为对称端铣。此时切入、切出时切削厚度相同,如图 8-4 (a) 所示。这种铣削方式具有较大的平均切削厚度,可避免铣刀切入工件时对其表面的挤压、滑行,提高了刀具的寿命和工件的表面质量。一般端铣多采用此种铣削方式,且特别适用于铣削淬硬钢。

(2) 不对称逆铣 铣刀切入时切削厚度小于切出时切削厚度的铣削方式称为不对称逆铣。此时切入时切削厚度较小,切出时切削厚度较大,如图 8-4 (b) 所示。采用这种铣削方式，可减小切入时的冲击，切削平稳，刀具寿命和加工表面质量得到提高。不对称逆铣适用于切削普通碳钢和高强度低合金钢。

（3）不对称顺铣　铣刀切入时切削厚度大于切出时切削厚度的铣削方式称为不对称顺铣。此时切入时切削厚度较大，切出时切削厚度较小，如图8-4（c）所示。实践证明，不对称顺铣用于加工不锈钢和耐热钢等加工硬化严重的材料时，可减少硬质合金的剥落磨损，可提高切削速度40%～60%。

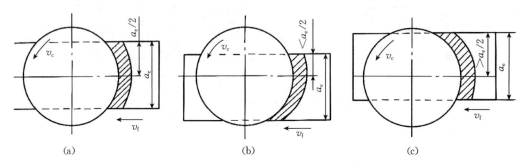

图8-4　端铣的方式
(a) 对称铣削　(b) 不对称逆铣　(c) 不对称顺铣

8.2　铣床及其附件

8.2.1　铣床

铣床是一种应用非常广泛的机床。其主运动是铣刀的旋转运动，进给运动一般是工作台带动工件的运动。铣床的类型很多，主要有卧式铣床、立式铣床、龙门铣床、工具铣床、各种专用铣床及数控铣床等。

1. 卧式铣床

卧式铣床的主轴与工作台面平行，呈水平状态。铣削时，工作台可沿纵、横、垂直三个方向移动，并可以在水平面内回转±45°。铣刀和刀轴安装在铣床的主轴上，并可绕主轴中心线做旋转运动；工件和夹具装夹在工作台台面上做进给运动。图8-5所示为X6132铣床。它是国产的比较典型的卧式铣床之一。其主要组成部分及作用如下：

（1）底座　用来支承床身，承受铣床的全部重量。其内部贮存有切削液。

（2）主轴变速机构　主轴变速机构安装在床身内。其作用是将主电动机的旋转运动通过齿轮传给主轴，并利用外面的手柄和转盘等操纵机构，得到18

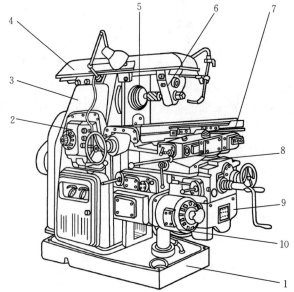

图8-5　X6132卧式万能升降台铣床的外形结构
1. 底座　2. 主轴变速机构　3. 床身　4. 横梁　5. 主轴　6. 挂架
7. 纵向工作台　8. 横向工作台　9. 升降台　10. 进给变速机构

种不同的转速,以适应各种铣削加工的需要。铣床主轴转速为 30~1 500 r/min。

(3) 床身　床身是铣床的主体,用来固定和支承铣床其他部件。床身材料一般为优质灰铸铁,呈箱体形结构,内壁有肋条,以增加刚度和强度。床身的顶部有水平的燕尾形导轨,横梁可在其上水平移动。床身的后面装有主传动电动机,内部是主轴变速机构,底部以螺栓固定连接于底座上。

(4) 横梁　横梁可沿床身顶部的燕尾形导轨移动,调整其伸长量,其上可安装挂架,支承铣刀刀杆。

(5) 主轴　铣床的主轴是一根空心轴。其轴孔的前端为圆锥孔,锥度一般为 7∶24,锥孔用来安装铣刀刀轴,并带动铣刀做旋转运动。

(6) 挂架　支承刀杆,增加刀杆刚度。

(7) 纵向工作台　其台面有三条T形槽,可与T形槽螺栓相配,用来安装夹具(如平口钳、回转工作台、分度装置等)、工件等,并带动它们做进给运动。

(8) 横向工作台　通过回转盘与纵向工作台连接。转动回转盘,横向工作台可在水平面内做±45°的转动,并带动工作台实现横向进给。

(9) 升降台　升降台用于支承工作台,并带动工作台做上下移动。机床的进给传动系统中的电动机、变速机构和操纵机构等都安装在升降台内。

(10) 进给变速机构　进给变速机构安装在升降台下部,用来调整和变换工作台的进给速度,以适应不同铣削加工的需要。

2. 立式铣床

立式铣床与卧式铣床的主要区别是立式铣床的主轴与工作台面垂直,主轴是垂直安装的,如图 8-6 所示。立式铣床安装主轴的部分称为立铣头。立铣头按其结构不同,也可分为如下两种:

① 立铣头与床身成为一体。这类铣床刚性比较好,但加工范围比较小。

② 立铣头与床身结合处有一回转盘,盘上有刻度线。立铣头可根据加工的需要,在垂直方向上扳转一定角度,以适应铣削各种角度面、椭圆孔等,加工范围较广。

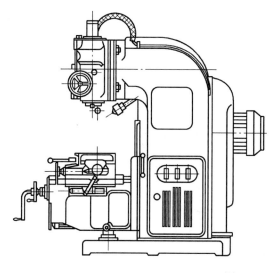
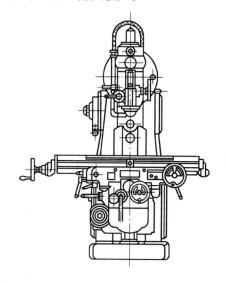

图 8-6　立式铣床

3. 万能工具铣床

万能工具铣床如图8-7所示,可完成多种铣削工作。不仅工作台可以做两个方向的平移运动;立铣头可以做一个方向的平移运动,还可以在垂直平面上左右扳转一个角度。卸掉立铣头,摇出横梁后还可以当卧铣使用,且特别适合用于加工样板、刀具和量具类较复杂的小型零件。

4. 龙门铣床

龙门铣床属于大型铣床,如图8-8所示。铣削动力安装在龙门导轨上,可做横向和升降运动。工作台安装在固定床身上,只能做纵向移动,适合加工大型工件。

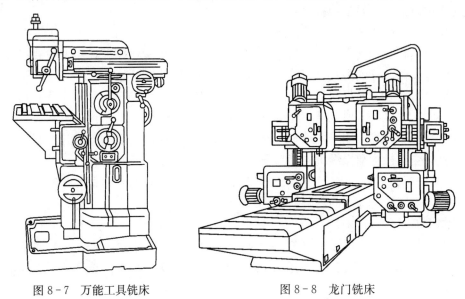

图8-7 万能工具铣床　　　　图8-8 龙门铣床

5. 数控铣床

数控铣床是在一般铣床的基础上发展起来的一种自动加工设备。两者的加工工艺基本相同,结构也有些相似。数控铣床又分为不带刀库和带刀库两大类。其中带刀库的数控铣床又称为加工中心,如图8-9所示。

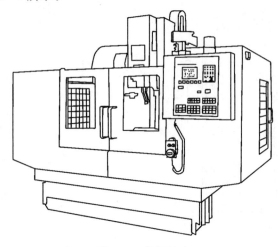

图8-9 数控铣床

数控铣床是一种自动化程度较高的机床,可在计算机的控制之下,按预先编好的加工程序自动完成零件加工,还具有自动控制补偿等功能。这种铣床具有加工精度高、加工质量稳定、生产率高、劳动强度低、对产品加工的适应性强等特点,适用于新产品开发和多品种、小批量生产以及复杂零件的加工。

8.2.2 铣床附件

铣床常用的附件有平口钳、回转工作台、分度头和万能铣头。其中平口钳、回转工作台和分度头用于装夹工件,万能铣头用于安装刀具。

1. 平口钳

平口钳是一种通用夹具,主要用于装夹中小型工件,一般有回转式和非回转式两种。图8-10所示为回转式平口钳,主要是由下钳座、活动钳口、固定钳口、上钳座、螺母等组成。下钳座底面装有定位键可与铣床工作台的T形槽配合,并通过螺栓把平口钳固定在工作台上。平口钳的下钳座带有刻度盘,松开螺母2,可以使上钳座相对下钳座转动。上钳座由活动钳口和固定钳口组成,用来夹紧工件。使用时,先校正平口钳在工作台上的位置,保证固定钳口与工作台台面的平行度和垂直度,然后再夹紧工件。

2. 回转工作台

回转工作台(图8-11)一般用于有分度要求的孔、槽、斜面和非整圆弧面的加工。工作台面与底座之间设有一副蜗轮蜗杆。转动手轮即可通过蜗轮蜗杆驱动工作台转动,并由工作台外圆周上的刻度盘确定转台位置。工作台面的中心孔和T形槽可以分别用来定位和夹紧工件。工作台底座处设有的U形槽,可以通过螺栓把回转工作台固定在铣床的工作台上。

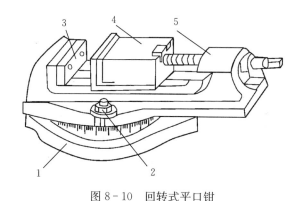

图8-10 回转式平口钳
1.下钳座 2.螺母 3.上钳座 4.活动钳口 5.固定钳口

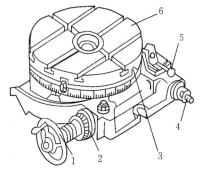

图8-11 回转工作台
1.手轮 2.偏心环 3.挡铁 4.传动轴
5.离合器手柄 6.工作台

铣圆弧槽(图8-12)时,工件装夹在工作台上。首先找正工件的圆弧槽的回转中心,使其与工作台的回转中心重合,然后夹紧工件。铣刀旋转的同时,缓慢摇动手轮,使工作台带动工件进行圆周进给,铣削圆弧槽。

3. 分度头

在铣削加工中,经常遇到铣六方、齿轮、花键槽等工作。此时,工件每铣过一个面或槽后，需要转过一个角度继续铣第二个面或第二个槽，这种工作称为分度。在铣床上用来分度的附件就是分度头。分度头可以根据加工的需要，对工件在水平、垂直和倾斜位置进行分度。分度头还可以配合工作台的移动使工件连续旋转，这样就可以铣出螺旋槽。分度头按是否具有差动挂轮装置可分为万能分度头和半万能分度头。铣床上较为常见的是万能分度头。

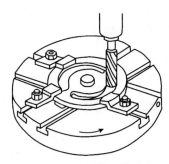

图 8-12 在回转工作台上铣圆弧槽

(1) 万能分度头的结构　万能分度头的结构如图 8-13 所示。分度头的基座底面槽内装有定位键，可与铣床工作台的 T 形槽相配合，使主轴的轴线平行于工作台的纵向进给方向。分度头的基座装有回转体，主轴可随回转体在垂直平面内转动。主轴的前端通常装有装夹工件用的卡盘或顶尖。分度时，转动手柄，通过齿数比为 1∶1 的直齿圆柱齿轮副传动，又经蜗轮蜗杆副传动，带动主轴旋转分度。由于采用的是单头蜗杆和 40 齿的蜗轮传动，即分度头手柄转动一转时，蜗轮只能带动主轴转过 1/40 转。其传动系统如图 8-14 所示。若工件在整个圆周上的分度数目为 z，这时分度手柄所需转过的转数 n 为

$$\frac{1}{40} = \frac{\frac{1}{z}}{n}$$

$$n = \frac{40}{z} \qquad (8-3)$$

式中　n——手柄转数；

　　　z——工件等分数；

　　　40——分度头定数。

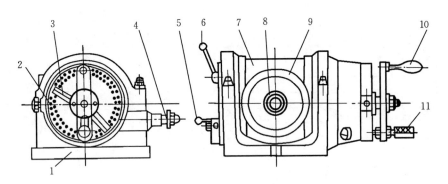

图 8-13　万能分度头

1. 基座　2. 分度盘　3. 分度叉　4. 侧轴　5. 蜗杆脱落手柄　6. 主轴锁紧手柄　7. 回转体
8. 主轴　9. 刻度盘　10. 分度手柄　11. 定位插销

(2) 分度方法　使用分度头分度的方法有简单分度法、直接分度法、角度分度法和差动分度法等。

简单分度法的计算公式为

$$n = \frac{40}{z}$$

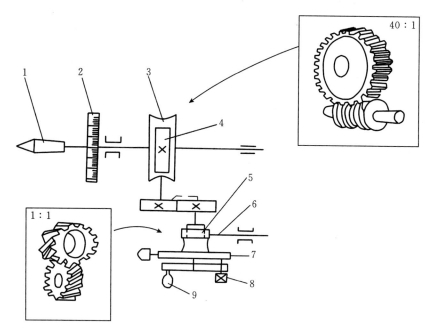

图 8-14 分度头的传动系统

1. 主轴 2. 刻度盘 3. 蜗轮 4. 蜗杆 5. 螺旋齿轮 6. 挂轮轴 7. 分度盘 8. 定位销 9. 手柄

例如要铣削一个正八边形的工件,每一次分度时,手柄转数为

$$n=\frac{40}{z}=\frac{40}{8}=5 \text{ (r)}$$

即每铣完一边后,分度手柄应转过 5 转。

当计算得到的转数 n 不是整数而是分数时,可以利用分度盘上相应的孔圈进行分度。具体的方法是选择分度盘上某孔圈,其孔数为分母的整倍数,然后将该真分数的分子、分母同时增大该整数倍,利用分度叉实现非整数部分的分度。一般分度头有两块分度盘,盘上(正、反面)有若干圈在圆周上均匀分布的定位孔。如 FW250 型万能分度头有两块分度盘。第一块分度盘正面各圈孔数依次为 24、25、28、30、34、37,反面为 38、39、41、42、43;第二块分度盘正面各圈孔数依次为 46、47、49、51、53、54,反面为 57、58、59、62、66。

例如在 FW250 型万能分度头上铣削一六角形螺栓,每一次分度时手柄转过

$$n=\frac{40}{z}=\frac{40}{6}=6\frac{2}{3}=6\frac{44}{66} \text{ (r)}$$

即分度时,分度手柄应转 6 转,又在分度盘孔数为 66 的孔圈上转过 44 个孔距。

为了防止分度差错和方便分度,可利用分度叉。调整分度盘上的分度叉之间的夹角,使之与分度盘的孔间距数相当,这样依次分度,既省时又可准确无误。

4. 万能铣头

为了扩大卧式铣床的加工范围,可以装上万能铣头。安上铣头后,铣床主轴的旋转运动

便通过铣头内两对伞齿轮传动到铣头主轴和铣刀上。这样,无需改变机床结构就可以增大其加工范围和适应性,使一些用传统方法难以完成的加工得以实现,并能减少工件重复装夹,提高加工精度和效率。万能铣头(图8-15)通过底座用螺栓将铣头紧固在卧式铣床的垂直导轨上,此时卧式铣床上部的横梁应后移。

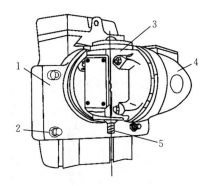

图8-15 万能铣头
1. 底座 2. 螺栓 3. 主轴壳体
4. 铣头壳体 5. 铣刀

8.2.3 工件的安装

铣床上工件的安装方法有平口钳安装[图8-16(a)]、压板螺栓安装[图8-16(b)]、V形铁安装[图8-16(c)]和分度头顶尖安装[图8-16(d)(e)(f)]等。用平口钳安装工件时,先用百分表、划针和直尺等找正平口钳与工作台的位置(找正的目的是保证固定钳口与工作台台面的垂直度和平行度),然后再夹紧工件。用压板螺栓安装工件时,压板的位置要安排适当,夹紧力的大小要合适。压板夹紧已加工表面时,应在压板和工件之间垫铜皮,避免压伤工件表面。轴、套筒和圆盘等圆形工件主要用V形铁装夹,然后用压板夹紧。分度头多用于安装有分度要求的工件。它既可将分度头卡盘(或顶尖)与尾座顶尖一起使用安装轴类零件,也可只使用分度头卡盘安装工件。

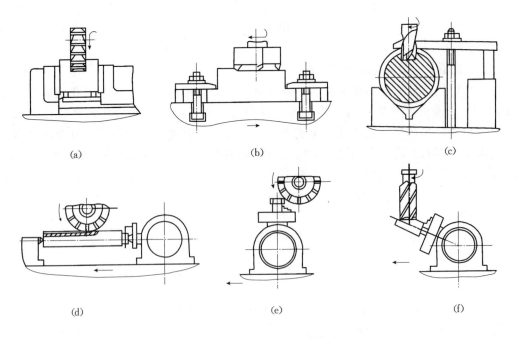

图8-16 铣床工件的安装方法
(a) 平口钳 (b) 压板螺栓 (c) V形铁 (d) 分度头顶尖
(e) 分度头卡盘(直立) (f) 分度头卡盘(倾斜)

8.3 铣刀及其安装

8.3.1 铣刀

铣刀是指用于铣削加工的、具有一个或多个刀齿的旋转刀具。工作时各刀齿依次间歇地切除工件上的余量。铣刀广泛用于平面、斜面、台阶、沟槽和成形表面的加工。

铣刀的种类很多,按照装夹的方式可分为带孔铣刀和带柄铣刀两类;按照铣刀的结构形式可分为整体式铣刀、镶齿式铣刀和可转位式铣刀;按铣刀刀齿的构造分为尖齿铣刀和铲齿铣刀;按铣刀的形状和用途分为圆柱铣刀、圆盘铣刀、角度铣刀、成形铣刀、镶齿面铣刀、立铣刀、键槽铣刀和T形槽铣刀等。

(1) 圆柱铣刀 圆柱铣刀如图8-17(a)所示。铣刀的刀齿分布在圆柱表面上,主要用于卧式铣床加工平面。按照刀齿的形状不同可分为直齿和螺旋齿。

(2) 圆盘铣刀 圆盘铣刀主要有三面刃铣刀和锯片铣刀,如图8-17(b)(c)所示。三面刃铣刀主要用于加工各种不同宽度的直角沟槽、台阶面和一些小平面。

(3) 角度铣刀 角度铣刀主要有单角铣刀和双角铣刀,如图8-17(e)(f)所示。角度铣刀是为了铣出一定成形角度的平面,或加工相应角度的槽的铣刀。

(4) 成形铣刀 成形铣刀主要有模数铣刀、凸圆弧铣刀和凹圆弧铣刀,如图8-17(d)(g)(h)所示。成形铣刀平常都是为特定的工件或加工内容特意制造的,主要用于加工各种成形面,如工件的凸、凹圆弧面、齿轮齿槽等。

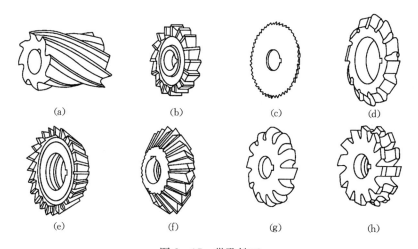

图8-17 带孔铣刀
(a) 圆柱铣刀 (b) 三面刃铣刀 (c) 锯片铣刀 (d) 模数铣刀
(e) 单角铣刀 (f) 双角铣刀 (g) 凸圆弧铣刀 (h) 凹圆弧铣刀

(5) 镶齿面铣刀 镶齿面铣刀如图8-18(a)所示。通常铣刀的刀齿镶嵌在圆盘刀体的端面上,主要用于较大平面工件的高速铣削。

(6) 立铣刀 立铣刀的刀柄有直柄和锥柄两种结构形式,如图8-18(b)(c)所示。一般直径较小时采用直柄,直径较大时采用锥柄。铣刀的刀齿分布在刀体的圆柱面和端面上,主要用于立式铣床铣削端面、沟槽、斜面和台阶面等。

(7) T形槽铣刀和燕尾槽铣刀　T形槽铣刀和燕尾槽铣刀分别如图8-18（d）(e) 所示，分别是用于加工T形槽和燕尾槽的专用铣刀。

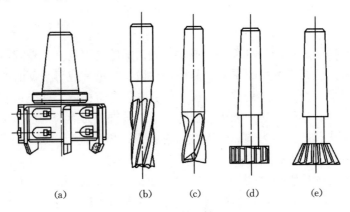

图 8-18　带柄铣刀

(a) 镶齿面铣刀　(b) 直柄立铣刀　(c) 锥柄立铣刀　(d) T形槽铣刀　(e) 燕尾槽铣刀

8.3.2　铣刀的安装

1. 带孔铣刀的安装

带孔铣刀（如圆柱铣刀、三面刃铣刀）常通过刀杆安装在铣床上。刀杆的一端设有锥度。刀杆由铣床主轴锥孔和端面定位，并用拉杆将刀杆拉紧。铣削加工时，机床通过主轴前端的端面键带动刀杆做旋转运动；刀具则套在刀杆上，由刀杆上的键来带动旋转。为了提高刀杆的刚度，刀杆的另一端由机床横梁上的吊架支承，如图8-19所示。

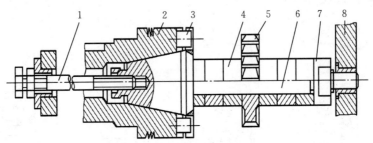

图 8-19　带孔铣刀的装夹

1. 拉杆　2. 主轴　3. 端面键　4. 套筒　5. 铣刀　6. 刀杆　7. 螺母　8. 吊架

带孔的端铣刀通常用短刀轴安装。先将铣刀装在短刀轴上，再将刀轴装入机床的主轴上。这类端铣刀通常有两种形式：一种是内孔带键槽的套式端铣刀，如图8-20所示；另一种是端面带槽的套式端铣刀，如图8-21所示。

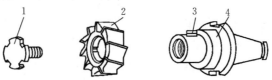

图 8-20　内孔带键槽的套式端铣刀的装夹

1. 紧刀螺钉　2. 铣刀　3. 键　4. 刀轴

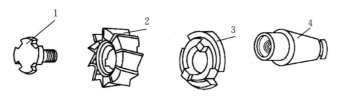

图 8-21 端面带槽的套式端铣刀的装夹
1. 紧刀螺钉 2. 铣刀 3. 凸缘 4. 刀轴

2. 带柄铣刀的安装

带柄铣刀有两种：锥柄铣刀和直柄铣刀。带柄铣刀多用于立式铣床。

（1）锥柄铣刀 当铣刀锥柄尺寸与主轴端部锥孔相同时，可直接装入锥孔，并用拉杆拉紧；对于直径较小的锥柄铣刀，可根据铣刀锥柄尺寸选择合适的过渡套筒，将各配合面擦净，装入机床主轴孔中，再用拉杆拉紧，如图 8-22 所示。

（2）直柄铣刀 直柄铣刀常用弹簧夹头来安装，如图 8-23 所示。铣刀的刀柄插入弹簧套的圆孔中，用螺母压紧弹簧套的端面，弹簧套的外锥面受压而缩小内孔径，从而夹紧铣刀刀柄。

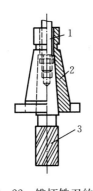
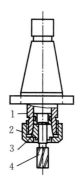

图 8-22 锥柄铣刀的装夹
1. 拉杆 2. 变锥套 3. 铣刀

图 8-23 直柄铣刀的装夹
1. 夹头体 2. 螺母 3. 弹簧套 4. 铣刀

8.4 铣削工艺

铣削的加工范围很广，常见的有铣平面、铣斜面、铣沟槽和铣齿轮齿形等。

8.4.1 铣平面

铣平面既可以在卧式铣床上加工也可以在立式铣床上加工。采用的刀具有圆柱铣刀、端铣刀或三面刃铣刀。用端铣刀和立铣刀还可进行垂直平面的加工。

在立式铣床上铣平面通常使用端铣刀，如图 8-24 所示。用端铣刀加工平面时，由分布在圆柱或圆锥面上的主切削刃担任切削作用，而端部切削刃为副切削刃，起辅助切削作用，切削效率高，刀具耐用，工件表面粗糙度较低，并且端铣刀刀杆刚性好，同时参加切削的刀齿较多，切削厚度变化小，切削较平稳，所以端铣平面是平面加工的较常用的加工方法。

在卧式铣床上铣平面通常使用圆柱铣刀，如图 8-25 所示。铣平面用的圆柱铣刀，一般为螺旋齿圆柱铣刀。由于螺旋齿圆柱铣刀的每个刀齿是逐渐切入和分离工件的，故工作较平稳，加工表面粗糙度小。但螺旋线的方向应使铣削时所产生的轴向力将铣刀推向主轴轴承方向。

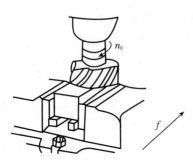
图 8-24 使用端铣刀加工水平面

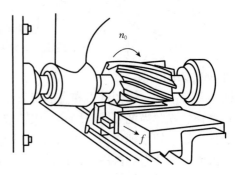
图 8-25 使用圆柱铣刀加工水平面

8.4.2 铣斜面

斜面是指工件上与基准面成一定角度的平面。铣削斜面实际上也是铣削平面，只不过需要把工件或者铣刀倾斜一个角度进行铣削，当然也可以采用角度铣刀铣出斜面。

1. 倾斜工件铣削斜面

这种方法是将工件上的待加工斜面划好线，再按照划线在万能虎钳或工作台上校平工件，最后夹紧工件后即可铣削斜面。可以利用斜垫铁使工件倾斜铣削斜面，如图 8-26（a）所示；也可以利用分度头将工件转过所需要铣削的平面位置，然后铣削斜面，如图 8-26（b）所示；还可以将工件装夹在万能转台上，利用万能转台能绕水平轴转动的特点，使工件旋转适当角度，以便铣削斜面，如图 8-26（c）所示。

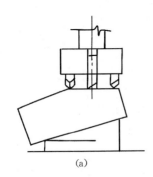
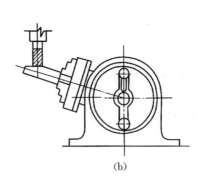
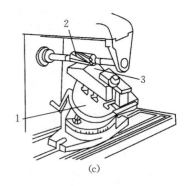

(a)　　　　　　　　　　(b)　　　　　　　　　　(c)

图 8-26 倾斜工件铣削斜面
(a) 利用斜垫铁铣削斜面　(b) 利用分度头铣削斜面　(c) 在万能转台上铣削斜面
1. 万能转台　2. 铣刀　3. 工件

2. 倾斜刀具铣削斜面

这种方法通常在装有万能铣头的卧式铣床或铣头可转动的立式铣床上进行。将刀轴倾斜一定角度，工作台采用横向进给进行铣削，如图 8-27 所示。

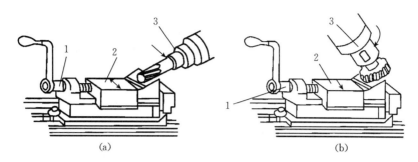

图 8-27 倾斜刀具铣削斜面
(a) 倾斜立铣刀铣斜面 (b) 倾斜端铣刀铣斜面
1. 平口钳 2. 工件 3. 倾斜的铣刀

3. 角度铣刀铣削斜面

用角度铣刀铣削斜面（图 8-28）时，角度铣刀的切削刃与刀轴的中心线成一定的角度。对于批量生产、窄长的斜面，比较适合采用角度铣刀铣削。

8.4.3 铣沟槽

在机械加工中，一些零件的沟槽如直角沟槽，传动轴的键槽、V 形槽，刨床和铣床工作台的 T 形槽和燕尾槽等都可以在铣床上加工出来。

1. 直角沟槽

直角沟槽有敞开式的、半封闭式的、封闭式的，如图 8-29 所示。敞开式直角沟槽通常用三面刃铣刀加工；封闭式直角沟槽一般采用立铣刀或键槽铣刀加工；半封闭式直角沟槽则根据封闭端的形式，采用不同的铣刀进行加工。若槽端底面成圆弧形，则用盘形铣刀铣削；若槽端侧面成圆弧形，应选用立铣刀铣削。

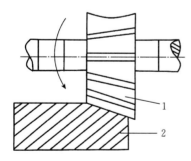

图 8-28 角度铣刀铣削斜面
1. 铣刀 2. 工件

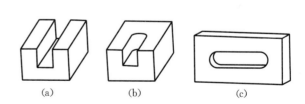

图 8-29 直角沟槽的种类
(a) 敞开式 (b) 半封闭式 (c) 封闭式

（1）三面刃铣刀铣敞开式直角沟槽 用三面刃铣刀铣敞开式直角沟槽时，三面刃铣刀的宽度应不大于所加工的沟槽的宽度，如图 8-30 所示。工件一般采用平口虎钳装夹。装夹时应保证工件底面与钳体导轨或垫铁贴合。为了使直角沟槽的两侧面与工件基准平面平行，平口钳的固定钳口应与卧式铣床的主轴轴线垂直。

（2）立铣刀铣半封闭式直角沟槽和封闭式直角沟槽 铣削半封闭式直角沟槽时，立铣刀的直径应不大于槽的宽度，如图 8-31 所示。由于立铣刀强度、刚性较小，容易折断或让刀,所以在加工较深的槽时,应分几次铣削,铣至要求深度后,再将槽扩铣到要求尺寸。用立铣刀铣封闭式直角沟槽时,由于立铣刀的端面中心没有切削面,不能垂直进给铣削工作,因此铣削前应先钻一个直径稍小于沟槽宽度的落刀孔,再由此孔落刀开始铣削加工,如图8-32所示。

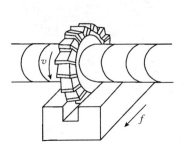
图8-30 三面刃铣刀铣敞开式直角沟槽

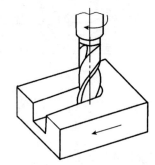
图8-31 立铣刀铣半封闭式直角沟槽

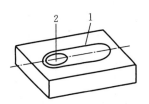

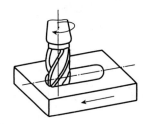

图8-32 立铣刀铣封闭式直角沟槽
1. 沟槽加工线 2. 落刀孔

(3) 键槽铣刀铣半封闭式直角沟槽和封闭式直角沟槽 精度较高、深度较浅的半封闭式直角沟槽和封闭式直角沟槽,可用键槽铣刀铣削。键槽铣刀的端面刀刃通过刀具中心,因此铣削时不必预钻落刀孔。

2. 键槽

轴上的敞开式键槽和一端是圆弧形的半封闭式键槽一般选用三面刃铣刀进行加工。轴上的敞开式键槽的宽度由铣刀宽度保证,如图8-33所示。半封闭式键槽一端的圆弧半径由铣刀半径自然得到。轴上的封闭式键槽和一端是直角的半封闭式键槽用键槽铣刀铣削,键槽铣刀的直径按键槽宽度尺寸来确定。加工大批量封闭式键槽时,用抱钳夹紧工件,如图8-34(a)所示。加工时应注意键槽铣刀一次轴向进给不能太大,要逐层切削,如图8-34(b)所示。

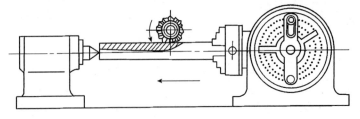
图8-33 铣敞开式键槽

3. V形槽

(1) 角度铣刀加工V形槽 采用双角度铣刀铣削V形槽,如图8-35所示。V形槽底

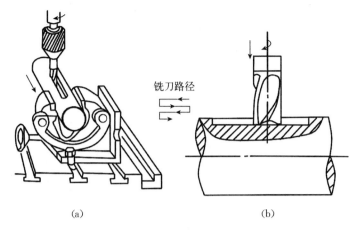

图 8-34 铣封闭式键槽示意图
(a) 抱钳装夹 (b) 铣封闭式键槽

部的窄槽一般在铣 V 形槽之前先加工,然后以窄槽为基准调整铣刀位置,将双角度铣刀的刀尖对准窄槽的中间,开动机床,使铣刀两侧同时切到窄槽口的两边;固定工作台横向位置,推出工件后,调整吃刀量,切削 V 形槽至规定尺寸。采用单角度铣刀铣削 V 形槽时,如图 8-36 所示,也先加工窄槽,然后用单角度铣刀先铣好 V 形槽的一面,再将工件翻转 180°装夹,再铣削另一面。

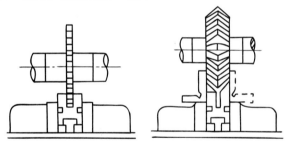 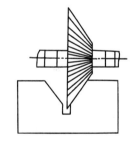

图 8-35 用双角度铣刀铣削 V 形槽　　　图 8-36 用单角度铣刀铣削 V 形槽

(2) **立铣刀加工 V 形槽**　用立铣刀在立式铣床上加工 V 形槽时,首先将立铣头转过 V 形槽半角并固定,然后把工件装夹好,横向移动工作台进行铣削,如图 8-37 所示。

(3) **转动工件加工 V 形槽**　工件装夹时,将 V 形槽的 V 形面与工作台找正至平行或垂直位置,并采用三面刃铣刀、立铣刀等来加工 V 形槽,如图 8-38 所示。

 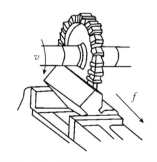

图 8-37 用立铣刀铣削 V 形槽　　　　图 8-38 转动工件加工 V 形槽

4. T形槽与燕尾槽

加工T形槽及燕尾槽时必须首先用立铣刀或三面刃铣刀铣出直角槽,然后在此基础上用T形槽铣刀铣削T形槽和用燕尾槽铣刀铣削燕尾槽。但由于T形槽铣刀工作时排屑困难,因此,切削用量应选得小些,同时应多加冷却液,最后再用角度铣刀铣出倒角,如图8-39所示。

8.4.4 铣齿轮齿形

齿轮齿形的切削加工,按原理分为成形法和展成法两大类。

1. 成形法

成形法是指用与被切齿轮槽形状相符的成形铣刀铣出齿形的方法。

铣削时,工件在卧式铣床上通过心轴安装在分度头和尾座顶尖之间,用一定模数和压力角的盘状铣刀铣削,如图8-40(a)所示。在立式铣床上则用指状铣刀铣削。当铣完一个齿槽后,将工件退出,进行分度,再铣下一个齿槽,直到铣完所有的齿槽为止,如图8-40(b)所示。

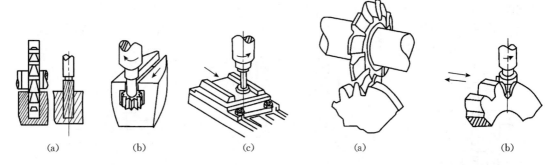

图8-39 铣T形槽及燕尾槽
(a) 先铣出直槽 (b) 铣T形槽 (c) 铣燕尾槽

图8-40 成形法铣齿轮齿形
(a) 用盘状铣刀铣齿轮齿形
(b) 用指状铣刀铣齿轮齿形

铣齿轮的齿形属于铣成形面,因此要用专门的齿轮铣刀——模数齿刀,可根据齿轮的模数和齿数选择模数铣刀。一般有8把一套或15把一套的铣刀。8把一套的模数铣刀的刀号与铣削齿数的范围见表8-1。加工齿形时,每次只能加工一个齿槽。完成一个齿槽,必须对工件进行一次分度,再接着铣下一个齿槽,直到完成整个齿轮。所以铣齿轮时,齿坯要套在心轴上,用分度头卡盘和尾架顶尖装夹。在卧式铣床上铣齿轮如图8-41所示。

表8-1 模数铣刀的刀号与铣削齿数的范围

刀号	1	2	3	4	5	6	7	8
加工齿数范围	12~13	14~16	17~20	21~25	26~34	35~54	55~134	≥135

使用成形法加工齿轮的特点是:

① 不需要专用设备,刀具成本低。

② 铣刀每铣一次,都要重复一次分度、切入、退刀的过程,因此生产效率较低。

③ 加工精度低，一般加工精度为 IT14～IT9。精度不高的原因是同一模数的铣刀只有 8 把，每号铣刀的刀齿轮廓只与该号铣刀规定的铣齿范围内最少齿数齿轮的理论轮廓相一致，其他齿数的齿轮只能获得近似的齿形。

④ 分度的误差也较大。

因此，成形法加工齿轮一般多用于修配和加工单件的某些转速不高且精度要求较低的齿轮。

2. 展成法

展成法加工齿形是根据一对齿轮啮合传动原理实现的，即将其中一个齿轮制成具有切削功能的刀具，另一个则为被加工齿轮，通过专用机床使二者在啮合过程中由各刀齿的切削痕迹逐渐包络出零件齿形。滚齿加工（图 8-42）和插齿加工（图 8-43）均属展成法加工齿形。

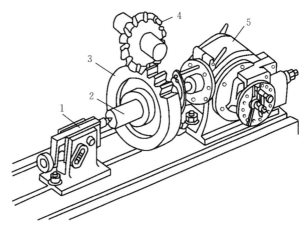

图 8-41　在卧式铣床上铣齿轮
1. 尾座　2. 心轴　3. 零件　4. 盘状模数铣刀　5. 分度头

随着科学技术的发展，齿轮传动的速度和载荷不断提高，因此传动平稳与噪声、冲击之间的矛盾日益尖锐。为解决这一矛盾，就须相应提高齿形精度和降低齿表面粗糙度，这时插齿和滚齿已不能满足要求，常用剃齿、珩齿和磨齿来解决。

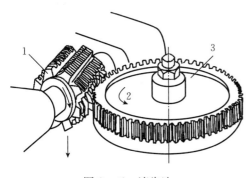

图 8-42　滚齿法
1. 滚刀　2. 分齿运动　3. 工件

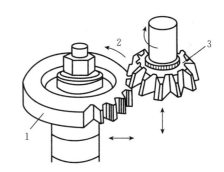

图 8-43　插齿法
1. 工件　2. 分齿运动　3. 插齿刀

8.5　典型零件铣削训练

项目一　铣 V 形块零件

铣削如图 8-44 所示的 V 形块零件。毛坯为 95 mm×74 mm×54 mm 的长方体 45 钢锻件。单件小批量生产。V 形块的铣削过程如表 8-2 所示。

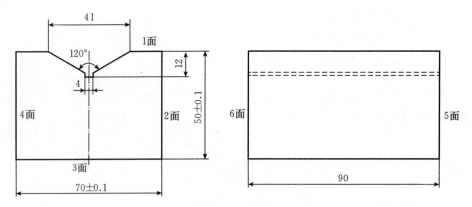

图 8-44 V形块

表 8-2 V形块的铣削过程

名称	加工简图	加工内容	刀具	设备	装夹方法
1		将3面紧靠在虎钳导轨面上的平行垫铁上，即以3面为基准，工件在两钳口间被夹紧，铣平面1，使1、3面间尺寸至52 mm	φ110 mm 硬质合金镶齿端铣刀	立式铣床	机床用平口虎钳
2		以1面为基准，紧贴固定钳口，在工件与活动钳口间垫圆棒，夹紧后铣平面2，使2、4面间尺寸至72 mm			
3		以1面为基准，紧贴固定钳口，翻转180°，使面2朝下，紧贴平行垫铁，铣平面4，使2、4面间尺寸至70 mm			
4		以1面为基准，铣平面3，使1、3面间尺寸至50 mm			

(续)

名称	加工简图	加工内容	刀具	设备	装夹方法
5		铣5、6面,使5、6面间尺寸至90 mm	φ110 mm 硬质合金镶齿端铣刀	卧式铣床	机床用平口虎钳
6		按划线找正,铣直槽,槽宽4 mm,深12 mm	切槽刀		
7		铣V形槽至尺寸41 mm,角度120°	角度铣刀		

项目二 铣削滑块零件

铣削如图8-45所示的滑块零件。毛坯为74 mm×64 mm×54 mm的长方体45钢锻件。单件小批量生产。滑块的铣削过程如表8-3所示。

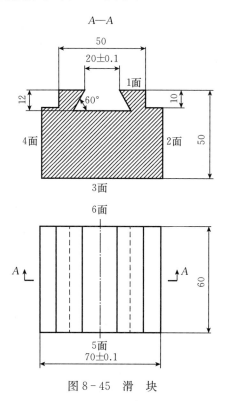

图8-45 滑 块

表 8-3 滑块的铣削过程

名称	加工简图	加工内容	刀具	设备	装夹方法
1		以 3 面为基准，工件在两钳口间被夹紧，铣平面 1，使 1、3 面间尺寸至 52 mm	ϕ110 mm 硬质合金镶齿端铣刀	立式铣床	机床用平口虎钳
2		以 1 面为基准，紧靠固定钳口，在工件与活动钳口间垫圆棒，夹紧后铣平面 2，使 2、4 面间尺寸至 72 mm			
3		以 1 面为基准，紧贴固定钳口，翻转 180°，使面 2 朝下，紧贴平行垫铁，铣平面 4，使 2、4 面间尺寸至 70 mm			
4		以 1 面为基准，铣平面 3，使 1、3 面间尺寸至 50 mm			
5		铣 5、6 面，使 5、6 面间尺寸至 60 mm	三面刃铣刀	卧式铣床	
6		铣两端面 10 mm 深台阶			

(续)

名称	加工简图	加工内容	刀具	设备	装夹方法
7		铣直角槽至尺寸为 20 mm	切槽刀	立式铣床	机床用平口虎钳
8		铣燕尾槽	ϕ 30 mm、角度为 60°的燕尾槽铣刀		

思考题

1. 铣削加工的主要加工范围是什么？
2. X6132 万能卧式铣床主要由哪几个部分组成？各部分的主要作用是什么？
3. 什么是铣削的主运动和进给运动？
4. 铣刀可以分为哪些种类？各有什么主要用途？
5. 铣床上的铣刀是怎样安装的？
6. 铣一齿数 $z=28$ 的齿轮，试用简单分度法计算出每铣一齿，分度头手柄应转过多少圈（已知分度盘各孔数为 37、38、39、41、42、43）。
7. 工件如图 8-46 所示，小批量生产，试确定其铣削加工工艺。

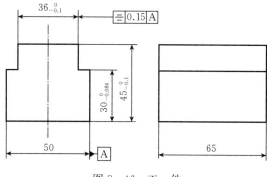

图 8-46 工 件

第 9 章

刨 削 加 工

9.1 概 述

刀具相对于工件做直线往复运动进行切削加工的方法，称为刨削。刨削是金属切削加工中常用的方法之一，在机床床身导轨、机床镶条等较长且较窄的零件的表面加工中，刨削仍然占据着十分重要的地位。

刨床结构简单、操作方便、通用性强，适合在多品种单件小批量生产中，加工各种平面、导轨面、直沟槽、T形槽、燕尾槽等。如果配上辅助装置，还可以加工曲面、齿轮、齿条等。

9.2 刨床及其结构

刨床主要分为两大类：牛头刨床和龙门刨床。牛头刨床用于加工长度不超过 1 000 mm 的中小型工件，龙门刨床主要加工较大型的箱体、支架、床身等零件。立式牛头刨床又称插床，主要用来加工工件的内表面，如键槽、花键槽等，也可用于加工多边形孔，如四方孔、六方孔等。

9.2.1 牛头刨床

1. 牛头刨床的组成

牛头刨床主要由床身、滑枕、刀架、工作台、横梁等部分组成。B6065 牛头刨床结构如图 9-1 所示。

（1）床身　床身用来支承和连接刨床的各部件，其顶面的水平导轨供滑枕做往复运动，前端面两侧的垂直导轨供横梁升降，床身内部中空，装有主运动变速机构和摆杆机构。

（2）刀架　刀架见图 9-2，用来夹持刨刀。转动刀架进给手柄，滑板可沿转盘上的导轨上下移动，以此调整刨削深度，或在加工垂直面时实现进给运动。

松开转盘上的螺母、将转盘扳转一定角度后，可使刀架做斜向进给，完成斜面刨削加工。滑板上还装有可偏转的刀座，合理调整刀座的偏转方向和角度，可以使刨刀在返回行程中绕抬刀板刀座上的 A 轴向上抬起的同时，自动少许离开工件的已加工表面，以减少返程时刀具与工件之间的摩擦。

(3) 滑枕　滑枕的前端装有刀架，用来带动刀架和刨刀沿床身水平导轨做直线往复运动。滑枕往复运动的快慢以及滑枕行程的长度和位置，均可根据加工需要进行调整。

(4) 横梁与工作台　牛头刨床的横梁上装有工作台及工作台进给丝杠。丝杠可带动工作台沿床身导轨做升降运动。工作台用于装夹工件，可带动工件沿横梁导轨做水平方向的连续移动或做间断进给运动，并可随横梁做上下调整。

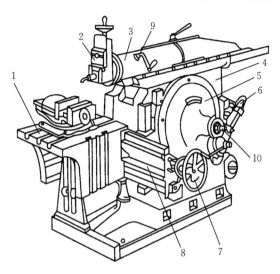

图 9-1　B6065 牛头刨床
1. 工作台　2. 刀架　3. 滑枕　4. 床身　5. 摆杆机构　6. 变速机构
7. 进刀机构　8. 横梁　9. 行程位置调整手柄　10. 行程长度调整方榫

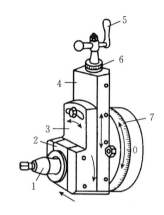

图 9-2　刀　架
1. 刀夹　2. 抬刀板　3. 刀座　4. 滑板
5. 刀架进给手柄　6. 刻度盘　7. 转盘

2. 牛头刨床的型号

根据 GB/T 15375—2008《金属切削机床　型号编制方法》，牛头刨床的型号采用规定的字母和数字表示，如 B6065 中字母和数字的含义如下：

B——类别（刨床类）；

6——组别（牛头刨床组）；

0——系别（普通牛头刨床型）；

65——主参数（最大刨削长度的 1/10，即最大刨削长度为 650 mm）。

3. 牛头刨床的调整方法

B6065 牛头刨床的传动系统如图 9-3 所示。其调整方法如下：

(1) 滑枕行程长度的调整　牛头刨床工作时滑枕的行程长度，应该比被加工工件的长度大 30~40 mm。调整时，先松开图 9-1 中的行程长度调整方榫 10，然后用摇手柄转动方榫 10 来改变曲柄滑块在摆杆上的位置，使摆杆的摆动幅度随之变化，从而改变滑枕的行程长度。摇手柄顺时针方向转动时，滑枕的行程增大；摇手柄逆时针方向转动时，滑枕的行程缩短。

(2) 滑枕行程位置的调整　调整时，松开图 9-3 中的滑枕锁紧手柄 7，用摇手柄转动行程位置调整方榫 6，通过一对伞齿轮传动，即可使丝杠旋转，将滑枕移动调整到所需的位置。摇手柄顺时针转动时，滑枕从起始位置向后方移动；反之，滑枕向前方移动。反复几次执行上述两步调整动作，即可将刨刀调整到加工所需的正确位置。需要注意的是滑枕的行程位置、行程长度在调整中不能超过极限位置,工作台的横向移动也不能超过极限位置,以防滑枕和工作台在导轨上脱落。

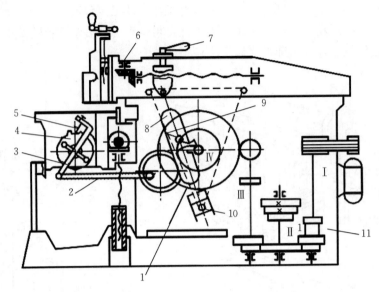

图 9-3　B6065 牛头刨床的传动系统图
1. 摆杆机构　2. 连杆　3. 摇杆　4. 棘轮　5. 棘爪　6. 行程位置调整方榫
7. 滑枕锁紧手柄　8. 摆杆　9. 滑块　10. 卡支点　11. 变速机构

(3) 滑枕起始位置的调整　调整时如图 9-4 所示,先停车,再松开滑枕上部的紧固手柄,将曲柄摇手插入调节滑枕起始位置方头。顺时针转动摇手时,滑枕位置向后;反之,滑枕位置向前。位置调整好后,再将紧固手柄扳紧。

(4) 滑枕行程次数的调整　滑枕的行程次数与滑枕的行程长度相结合,决定了滑枕的运动速度,这就是牛头刨床的主运动速度。调整时,可以根据刨床上变速铭牌所示的位置,兼顾滑枕的行程长度来扳动变速手柄,使滑枕获得不同的主运动速度。

(5) 横向进给运动的调整　牛头刨床工作台的横向进给运动为间歇运动,是通过棘轮机构来实现的。棘轮机构的工作原理如图 9-5 所示:当牛头刨床的滑枕做往复运动时,连杆 3 带动棘爪 4 相应地往复摆动;棘爪 4 的下端是一面为直边、另一面为斜面的拨爪,拨爪每摆

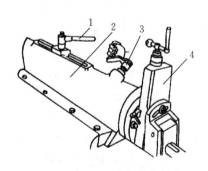

图 9-4　滑枕起始位置的调整
1. 紧固手柄　2. 滑枕　3. 摇手　4. 刀架

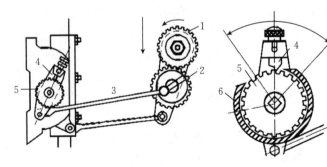

图 9-5　棘轮机构
1、2. 齿轮　3. 连杆　4. 棘爪　5. 棘轮　6. 护罩

动一次，便拨动棘轮5带动丝杠转过一定角度，使工作台实现一次横向进给。由于拨爪的背面是斜面，当它朝反方向摆动时，爪内弹簧被压缩，拨爪从棘轮齿顶滑过，不会带动棘轮转动，所以工作台的横向进给是间歇的。调整棘轮护罩6的缺口位置，使棘轮5所露出的齿数改变，便可调整每次行程的进给量；提起棘爪转动180°后放下，棘爪可以拨动棘轮5反转，带动工作台反向进给；提起棘爪转动90°后放下，棘爪被卡住并空转，与棘轮5脱离接触，进给动作自动停止。

9.2.2 龙门刨床

龙门刨床因有一个龙门式的框架而得名，按其结构特点可分为单柱式和双柱式两种。B2010A双柱龙门刨床如图9-6所示。龙门刨床的主运动是工作台（工件）的往复运动，进给运动是刀架（刀具）的横向或垂直间歇移动。

刨削时，横梁上的刀架可在横梁导轨上做横向进给运动，以刨削工件的水平面；立柱上的左、右侧刀架可沿立柱导轨做垂直进给运动，以刨削工件的垂直面；各个刀架均可偏转一定的角度，以刨削工件的各种斜面。龙门刨床的横梁可沿立柱导轨升降，以调整工件和刀具的相对位置，适应不同高度工件的刨削加工。

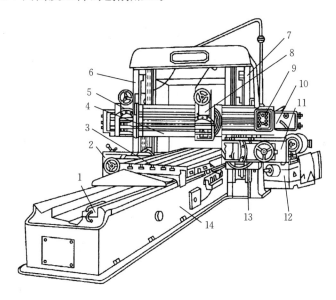

图9-6 B2010A双柱龙门刨床

1.液托安全器 2.左侧刀架进给箱 3.工作台 4.横梁 5.左垂直刀架 6.左立柱
7.右立柱 8.右垂直架 9.悬挂按钮 10.垂直架进给箱 11.右侧刀架进给箱
12.工作台减速箱 13.右侧刀架 14.床身

龙门刨床的结构刚性好，切削功率大，适用于加工大型零件上的平面或沟槽，并可同时加工多个中型零件。龙门刨床上加工的工件一般采用压板螺钉直接压紧在往复运动的工作台面上。

9.2.3 插床

在插床上用插刀加工工件的方法称为插削。插床实际上是一种立式刨床，结构原理与牛头刨床属于同一类型，只是结构上略有区别。插床的外形和组成部分如图9-7所示。

插削加工时，滑枕带动插刀在垂直方向做上、下直线往复运动，这就是插削的主运动。插床工作台由下滑板、上滑板及圆形工作台等三部分组成。下滑板做横向进给运动；上滑板做纵向进给运动；圆形工作台可带动工件回转，做周向进给运动。

插床主要用于加工工件的内表面，如方孔、长方孔、各种多边形孔、孔内键槽等。由于在插床上加工时，刀具要穿入工件的预制孔内方可进行插削，因此工件的加工部分必须先有一个孔。如果工件原来没有孔，就必须预钻一个直径足够大的孔，才能进行插削加工。在插床上插削方孔如图9-8所示。插削孔内键槽如图9-9所示。插床上使用的装夹工具，除包括牛头刨床上所用的一般常用装夹工具外，还有三爪自定心卡盘、四爪单动卡盘、插床分度头等。

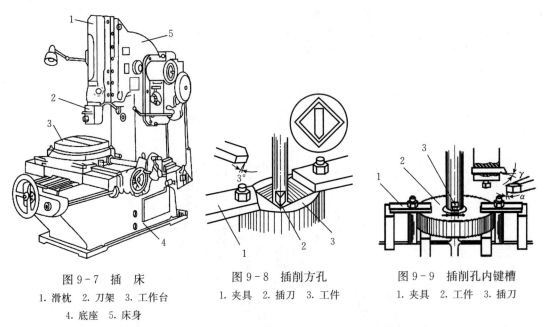

图9-7 插 床
1. 滑枕 2. 刀架 3. 工作台
4. 底座 5. 床身

图9-8 插削方孔
1. 夹具 2. 插刀 3. 工件

图9-9 插削孔内键槽
1. 夹具 2. 工件 3. 插刀

与牛头刨床相似，插床的生产效率较低，而且需要较熟练的技术工人操作，才能加工出技术要求较高的零件，所以插床通常多用于单件小批生产。

9.3 刨刀及工件安装

9.3.1 刨刀的结构特点

刨刀的结构、几何形状均与车刀相似，但由于刨削属于断续切削，刨刀切入时受到较大的冲击力，刀具容易损坏，所以刨刀刀体的横截面一般比车刀大1.2～1.5倍。刨刀的前角γ_o比车刀稍小，刃倾角λ_s取较大的负值，以增强刀具强度。

9.3.2 刨刀的分类

1. 按刀体形状分类

刨削所用的工具是刨刀。常用的刨刀有直头刨刀和弯头刨刀等，如图9-10所示。刨刀的几何参数与车刀相似,但是它切入和切出工件时,冲击很大,容易发生"崩刀"或"扎刀"现象。因而刨刀刀杆截面较粗大,以增加刀杆刚性和防止折断,且往往做成弯头的,这样弯头刨刀刀刃碰到工件上的硬点时,比较容易弯曲变形,而不会像直头刨刀那样使刀尖扎入工件,破坏工件表面和损坏刀具。

2. 按加工形式分类

刨刀按其用途和加工方式不同可分为平面刨刀、偏刀、角度刀、切刀、割槽刀等。常见刨刀的形状及应用如图9-11所示。

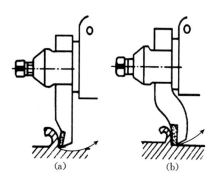

图9-10 直头刨刀和弯头刨刀
(a) 直头刨刀 (b) 弯头刨刀

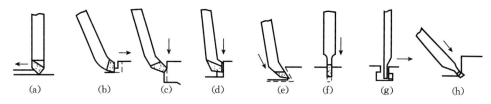

图9-11 常见刨刀的形状及应用
(a) 平面刨刀 (b) 台阶偏刀 (c) 普通偏刀 (d) 台阶偏刀
(e) 角度刀 (f) 切刀 (g) 弯切刀 (h) 割槽刀

3. 按刀具结构形式分类

刨刀按刀具结构形式可分为整体刨刀、焊接式刨刀、机械夹固式刨刀和可转位刨刀。整体刨刀由整块高速钢制成;焊接式刨刀是在碳素钢的刀杆上焊上高速钢或硬质合金刀片制成的;机械夹固式刨刀是把刀片用螺钉、压板、楔块等紧固在刀杆上,一般称机夹刨刀;可转位刨刀是将可转位刀片用机械夹固的方式紧固在刀杆上。

9.3.3 刨刀的装夹

在牛头刨床上装夹刨刀的方法如图9-12所示。刨削水平面时,在装夹刨刀前先松开转盘坚固螺钉,调整转盘对准零线,以便准确地控制吃刀深度;再转动刀架进给手柄,使刀架下端与转盘底侧基本平齐,以增加刀架的刚性,减少刨削中的冲击振动;最后将刨刀插入刀夹内,用扳手拧紧刀夹螺钉将刨刀夹紧。装刀时应注意刀头的伸出量不要太长;刨削斜面时还需要调整刀座偏转一定角度以防止回程拖刀。

刨刀安装时需要注意的方面:

① 刨平面时刀架和刀座都应在中间垂直的位置上。

② 刨刀在刀架上不能伸出太长,以免加工时发生振动或折断。直头刨刀伸出的长度(超出刀座下端的长度),一

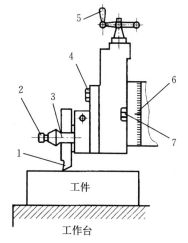

图9-12 刨刀的装夹方法
1. 刀头(伸出要短) 2. 刀夹螺钉
3. 刀夹 4. 刀座螺钉 5. 刀架进给手柄
6. 转盘刻度(应对准零线)
7. 转盘紧固螺钉

般不宜超过刀杆厚度的2倍。弯头刨刀伸出的部分一般稍长于弯头部分。

③ 装刀和卸刀时，用一只手扶住刨刀，另一只手从上向下或倾斜向下扳动刀夹螺栓，夹紧或松开刨刀。

9.3.4 工件装夹方法

在刨削加工中，正确合理地装夹工件是比较复杂的工作。刨床上工件的装夹方法主要有以下三种。

1. 平口虎钳装夹

在牛头刨床上，常采用平口虎钳装夹工件，如图9-13所示。其操作方法与铣削加工相同。

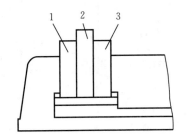 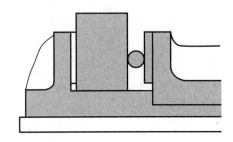

图 9-13 平口虎钳装夹工件
1、3. 垫板　2. 工件

在平口虎钳中装夹工件的基本要求：

① 工件的加工面必须高于钳口，避免刨刀与钳口碰撞。
② 装夹毛坯工件时，须在两钳口加放护钳口铜皮，以保护钳口不受损伤。
③ 转动钳身时，不能用锤子敲击钳身导轨侧面。
④ 工件装夹时，要用锤子轻轻敲击工件，使工件与垫铁贴实。在敲击已加工过的表面时，应使用铜锤或木锤，如图9-14所示。

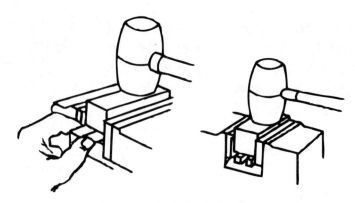

图 9-14 锤击工件与垫铁贴实

2. 压板、螺栓装夹

对于大型工件和形状不规则的工件，如果用平口虎钳难以装夹，则可以根据工件的特点和外形尺寸，采用压板和螺栓将工件直接固定在工作台上，如图9-15所示。

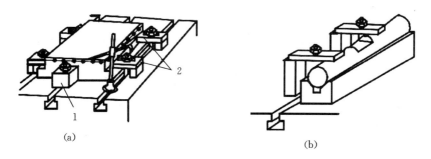

图 9-15 压板和螺栓装夹工件
(a) 用压板螺钉直接装夹 (b) 用压板、螺栓在长V形块上装夹
1. 挡铁 2. 压板

3. 专用夹具装夹

专用夹具是为完成工件某一工序特定加工内容而专门设计制造的高效工艺装备。它既能使装夹过程迅速完成，又能保证工件加工后的正确性，特别适合于批量生产使用。

9.4 刨削加工工艺

9.4.1 刨削运动与刨削用量

在牛头刨床上刨削时的运动分为主运动与进给运动。刨刀的直线往复运动控制切入深度，为主运动；工件的间歇横向移动为进给运动。

1. 刨削速度 v_c

刨刀或工件在刨削时的主运动平均速度 v_c，称为刨削速度。它的单位为 m/min。其值可按下式计算：

$$v_c = \frac{2Ln}{1\,000}$$

式中　L——工作行程长度，mm；

　　　n——滑枕每分钟的往复次数，次/min。

2. 进给量 f

刨刀每往复行程一次工件横向移动的距离，称为进给量。它的单位为 mm/次。在B6065牛头刨床上的进给量为

$$f = \frac{k}{3} \text{（mm）}$$

式中　k——刨刀每往复行程一次，棘轮被拨过的齿数。

3. 刨削深度 a_P

刨削深度 a_P，指已加工面与待加工面之间的垂直距离。它的单位为 mm。

4. 背吃刀量的选择

应根据工件加工面的加工余量大小，尽可能在两次或三次走刀中达到图样要求的尺寸。

如分两次走刀时，第一次粗刨后约留 0.5 mm 的精加工余量，第二次精刨到所需尺寸。一般牛头刨床加工的工件留精加工余量 0.2~0.5 mm。

5. 进给量和刨削速度的选取

进给量和刨削速度的选取应根据加工的性质来决定。粗加工时，可采用试刨的方法，把进给量和刨削速度逐渐加大，使刨床发挥最大的功效。精加工时，应根据加工面的质量要求和选用的刀具几何形状等条件来选取进给量。如加工面质量要求较高或选用的刀尖圆弧半径较小，进给量可取小些。粗刨时，工件表面粗糙度要求不高，在机床、工件、刀具强度和刚度足够的情况下，进给量选择大一些，以减少加工时间，一般取 $f=0.3~1.5$ mm/次。精刨时，进给量应取小些，一般为 0.1~0.3 mm/次。采用宽刃平头刨刀精刨平面时，进给量一般为主切削刃宽度的 2/3。

背吃刀量和进给量选定以后，切削速度应在综合考虑刀具材料、工件材料、表面粗糙度和精度、切削液等因素的基础上来确定。它应做到既能发挥机床潜力，又能发挥刀具的切削能力，同时保证刀具的使用寿命和工件表面的加工质量。

9.4.2 刨削加工范围及工艺特点

1. 刨削加工范围

刨削主要用于加工平面、各种沟槽和成形面等，如图 9-16 所示。

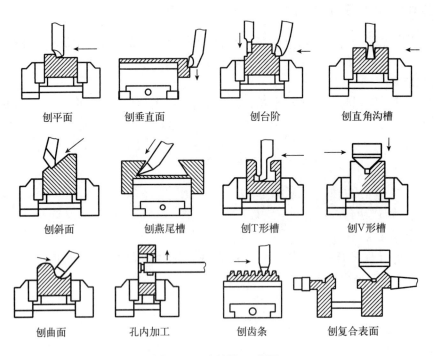

图 9-16 刨削加工范围

2. 刨削的工艺特点

刨削工艺有如下特点：

① 由于刨削的主运动为直线往复运动，每次换向时都要克服较大的惯性力，刀具切入

和切出时都会产生冲击和振动,因此刨削的速度不高。此外,刨刀回程时不参与切削,因此刨削的生产率较低。

② 刨削特别适合加工较窄、较长的工件表面,此时仍可获得较高的生产率。加之刨床的结构简单,操作简便,刨刀的制造和刃磨都很简便,因此刨削的通用性较好。

③ 换向瞬间运动反向惯性大,致使刨削速度不能太快。但由于刨削速度低和有一定的空行程,产生的切削热不高,故一般不需要加切削液。

④ 刨削加工时,工件的尺寸精度可达 IT10~IT8,表面粗糙度 Ra 一般可达 6.3~1.6 μm。

9.4.3 常用刨削加工方法

1. 刨平面

粗刨时,采用普通平面刨刀,刨削深度和进给量可取大值,切削速度宜取低值;精刨时,采用较窄的精刨刀,刨削深度和进给量可取小值,切削速度可适当取偏高值。一般精刨刀的刀尖圆弧半径为 3~5 mm,精刨时的刨削深度为 0.2~2 mm,进给量为 0.33~0.66 mm/次,切削速度为 17~50 m/min。

2. 刨垂直面和斜面

刨垂直面通常采用偏刀刨削。方法是利用手工操作摇动刀架手柄,使刀具做垂直进给运动来加工垂直平面。其加工过程如图 9-17 所示。

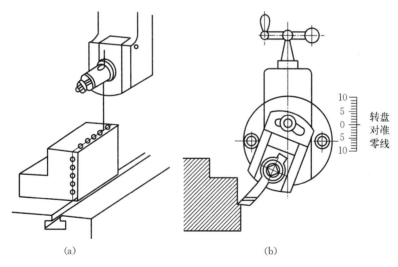

图 9-17 刨垂直面的方法
(a) 按划线找正 (b) 调整刀架垂直进给

刨斜面的方法与刨垂直面的方法基本相同,应当按所需斜度将刀架扳转一定的角度,使刀架手柄转动时,刀具沿斜向进给。刨斜面时要特别注意按图 9-18 所示方位来调整刀座的偏转方向和角度(刨左侧面,向左偏;刨右侧面,向右偏),以防发生重大操作事故。

3. 刨 T 形槽

刨 T 形槽之前,应在工件的端面和顶面划出加工位置线,然后参照图 9-19 所示的步骤，按线进行刨削加工。为了安全起见，刨削T形槽时通常都要用螺栓将抬刀板刀座与刀架固连起来，使抬刀板在刀具回程时绝对不会抬起来，以避免拉断切刀刀头和损坏工件。

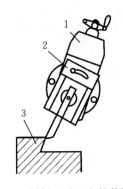

图 9-18 刨斜面时刀座的偏转方向
1. 刀架 2. 刀架转盘 3. 工件

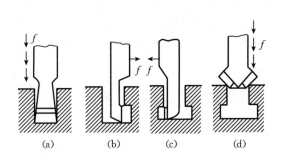

图 9-19 刨削T形槽的步骤
(a) 刨直槽 (b) 刨右侧四槽 (c) 刨左侧四槽 (d) 倒角

9.5 典型零件刨削训练

项目一 刨削台阶

刨出如图9-20所示台阶的五个关联面 A、B、C、D、E。

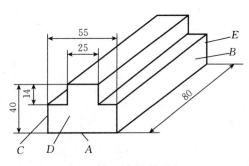

图 9-20 台阶关联面

1. 加工要求

要求各尺寸偏差≤±0.2 mm，各平面表面粗糙度 Ra 不低于 6.3 μm。

2. 工艺路线

在工件端面上划出加工的台阶线→用平口虎钳以工件底面 A 为基准装夹、校正工件，将顶面刨至尺寸要求→用右偏刀和左偏刀分别粗刨右边和左边台阶→用一把切断刀 [图9-21(a)] 或者两把精刨偏刀 [图9-21(b)] 精刨两边台阶面。

3. 操作要点

① 检查工作台的高低位置、滑枕的行程长度与

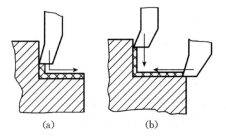

图 9-21 两边台阶面精刨用刀选择
(a) 一把切断刀精刨 (b) 两把精刨偏刀精刨

起始位置及每分钟往复次数。

② 对刀。调整工作台将工件移动到刨刀下面;同时移动刀架,使刨刀刀尖接触工件表面;将工件退离刨刀刀尖,使工件一侧距离刨刀 3~5 mm。

③ 按选定的背吃刀量垂向进给,手动横向进给,使工件接近刨刀,试切。

④ 试切 1.0~1.5 mm 后,停机测量工件尺寸。

若与要求的尺寸不符,根据刀架滑板刻度盘的刻度适当调整背吃刀量(若需加大背吃刀量,应将工件退出),然后再开动机床,利用手动或机动进给,进行粗刨平面。

⑤ 粗刨平面后换装圆头精刨刀或平头精刨刀,再次对刀。

右手握住刀架手柄的一端,左手轻轻敲刀架手柄的另一端,使刀架每次以很小的进给量下移。然后左手将刨刀抬起,右手摇动工作台,使刨刀退离工件;转动刀架手柄,使刀架下降 0.3 mm,拧紧刀架紧固螺钉。调整滑枕每分钟往复行程次数为 51,进给量为 0.4 mm/次,开动机床进行精刨。

4. 检测

热处理后用游标卡尺与光洁度样板检测各尺寸及各表面是否符合加工要求。

项目二 刨削 V 形槽

完成 V 形槽的刨削。V 形面分别由刨斜面和刨沟槽两种方法进行。

1. 加工要求

要求各尺寸偏差≤±0.2 mm,角度偏差≤±1°,各平面表面粗糙度 Ra 不低于 6.3 μm。

2. 工艺路线

先在工件上划出 V 形槽的加工线→用水平走刀法粗刨去大部分加工余量(图 9-22)→再用直槽刨刀在工件中央位置刨直槽(图 9-23)→选用左角度偏刀刨左侧斜面及底面左半部→选用右角度偏刀刨右侧斜面及底面右半部(图 9-24)。

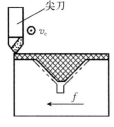

图 9-22 粗 刨

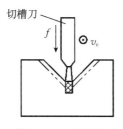

图 9-23 刨直槽

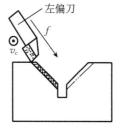

图 9-24 刨斜面

3. 操作要点

刨削斜面前,应先将互相垂直的几个平面刨好,然后划出斜面的加工线,最后进行斜面刨削。采用正夹斜刨,调整刀架和装刀。应将刀架调整到使进刀的方向与被加工斜面平行的位置。刀架调整好后装上刨刀。粗刨斜面,留 0.3~0.5 mm 的加工余量。精刨斜面、刨内斜面时切削速度和进给量都要小一些。

4. 检测

用样板、万能角度尺、卡尺检验工件各加工尺寸、表面粗糙度是否符合要求。

思考题

1. 牛头刨床刨削时,刀具和工件必须做哪些运动?与铣削相比,刨削运动有何特点?
2. 牛头刨床的摆杆机构和棘轮机构的作用和调整方法是什么?
3. 牛头刨床、龙门刨床和插床的主运动及进给运动有何异同?
4. 试述刨削垂直面和刨削与水平面成60°角的斜面时,刀架如何调整。
5. 试述刨削T形槽和燕尾槽的步骤。
6. 刨削和插削相比有何异同?

第 10 章

磨 削 加 工

10.1 概　　述

10.1.1 磨削运动和磨削用量

以纵磨外圆为例，说明磨削运动和磨削要素，如图 10-1 所示。

1. 主运动

纵磨外圆的主运动即砂轮高速旋转。砂轮圆周速度按下式计算：

$$v = \frac{\pi d n}{1\,000 \times 60}$$

式中　v——砂轮圆周速度，m/s；
　　　d——砂轮直径，mm；
　　　n——砂轮旋转速度，r/min。

一般外圆磨削时，$v = 30 \sim 35$ m/s。

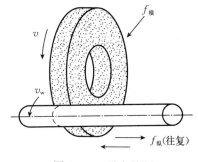

图 10-1　纵磨外圆

2. 圆周进给运动

圆周进给运动即工件绕本身轴线的旋转运动。工件圆周速度 v_w 一般为 $13 \sim 26$ m/min。粗磨时 v_w 取大值，精磨时 v_w 取小值。

3. 纵向进给运动

纵向进给运动即工件沿着本身的轴线做的往复运动。工件每转一转，工件相对于砂轮的轴向移动距离就是纵向进给量，其单位为 mm/r，一般取 $(0.2 \sim 0.5) B$（B 为砂轮宽度）。粗磨时纵向进给量取大值，精磨时取小值。

4. 横向进给运动

横向进给运动即砂轮径向切入工件的运动。它在行程中一般是不进给的，而是在行程终了时周期地进给。横向进给量也就是通常所谓的磨削深度，指工作台每单行程或每双行程，工件相对砂轮横向移动的距离，一般取 $0.005 \sim 0.05$ mm。

10.1.2 磨削的特点及应用

1. 磨削的特点

由于砂轮等磨具磨粒的硬度很高，所以磨削不仅能加工一般的金属材料，如未淬火钢、铸铁等，而且还可以加工硬度较高、用一般金属刀具难以加工的材料，如淬火钢、硬质合金等。

磨削的精度高，表面粗糙度小。一般情况下，磨削精度可达 IT6～IT5，表面粗糙度 Ra 为 $0.8～0.2\ \mu m$。高精度、小粗糙度磨削时，表面粗糙度 Ra 可达 $0.1～0.006\ \mu m$。

磨削温度高，应加注切削液进行冷却和润滑，以防工件被烧伤。

2. 磨削的应用

磨削的应用范围很广。它可以加工各种外圆面、内孔、平面和成形面，如齿轮齿形和螺纹等。此外，磨削还常用于各种刀具的刃磨。

10.2 砂 轮

10.2.1 砂轮的种类

砂轮是磨削的主要工具，是由许多极硬的磨粒经过结合剂黏结而成的多孔物体。磨粒、结合剂和空隙是构成砂轮的三要素（图10-2）。

磨粒直接担负切削工作，必须锋利和坚硬。常见的磨粒有刚玉和碳化硅两类。刚玉类适用于磨削钢料及一般刀具等；碳化硅类适用于磨削铸铁、青铜等脆性材料及硬质合金刀具等。

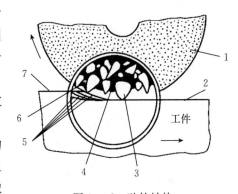

图 10-2 砂轮结构
1. 砂轮 2. 已加工表面 3. 磨粒 4. 结合剂
5. 过渡表面 6. 空隙 7. 待加工表面

磨粒的大小用粒度表示。粒度号数越大，颗粒越小。粗颗粒用于粗加工，细颗粒则用于精加工。

用结合剂可以将磨粒黏结成各种形状和尺寸的砂轮，如图10-3所示，以适应磨削不同形状和尺寸的表面。结合剂有陶瓷结合剂、树脂结合剂、橡胶结合剂和金属结合剂等，其中以陶瓷结合剂最为常用。

砂轮的硬度是指砂轮表面上的磨粒在外力作用下脱落的难易程度，与磨粒本身的硬度是两个完全不同的概念。磨粒黏接越牢，砂轮的硬度越高。同一种磨粒可以做成多种不同硬度的砂轮。

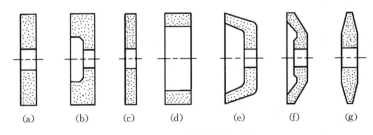

图 10-3 不同形状的砂轮
(a) 平形 (b) 单面凹形 (c) 薄片形 (d) 筒形 (e) 碗形 (f) 碟形 (g) 双斜边形

为便于选用砂轮,在砂轮的非工作表面上印有特征代号。例如:

```
GB      60#     ZR₁     A       P       400×50×203
 |       |       |      |       |            |
磨料    粒度    硬度   结合剂   形状    尺寸(外径×宽度×孔径)
```

10.2.2 砂轮的平衡、安装与修整

1. 砂轮的平衡

一般直径大于125 mm的砂轮都要进行平衡,使砂轮的重心与其旋转轴线重合。由于几何形状不对称,外圆与内孔不同轴,砂轮各部分松紧程度不一致以及安装时的偏心等,砂轮重心往往不在旋转轴线上,致使产生不平衡现象。不平衡的砂轮易使砂轮主轴产生振动或摆动,因而使工件表面产生振痕,主轴与轴承迅速磨损,甚至造成砂轮破裂的事故。一般砂轮直径越大,圆周速度越高,工件表面粗糙度要求越小,认真过细地平衡砂轮就越有必要。

平衡砂轮的方法是在砂轮法兰盘的环形槽内装入几块平衡块,通过调整平衡块的位置,使砂轮重心与它的回转轴线重合。

2. 砂轮的安装

由于砂轮在高速旋转下工作,安装前必须经过外观检查,不允许有裂纹。

砂轮工作时转速很高,如果安装不当,工作时会引起砂轮碎裂,发生事故。

常用的几种砂轮安装方法如图10-4所示,其中,图(a)所示方法适用于孔径较大的平形砂轮;图(b)(c)所示方法适用于直径不太大的平形和碗形砂轮;图(d)所示方法适用于直径较小的内圆磨砂轮,它是用氧化铜和磷酸做黏结剂,将砂轮粘固在长轴上的。

砂轮内孔与砂轮轴或法兰盘外圆之间,不能过紧,否则磨削时受热膨胀,易将砂轮胀裂;也不能过松,否则砂轮容易发生偏心,失去平衡,以致引起振动。一般配合间隙为0.1~0.8 mm,高速砂轮间隙要小些。用法兰盘装夹砂轮时[图10-4(a)(b)]两个法兰盘直径应相等,其外径应不小于砂轮外径的1/3。在法兰盘与砂轮端面间应用厚纸板或耐油橡皮等做衬垫,使压力均匀分布。螺母的拧紧力不能过大,否则砂轮会破裂。注意紧固螺纹的旋向应与砂轮的旋向相反,即当砂轮顺时针旋转时,用左旋螺纹。这样砂轮在磨削力作用下,将带动螺母越旋越紧。

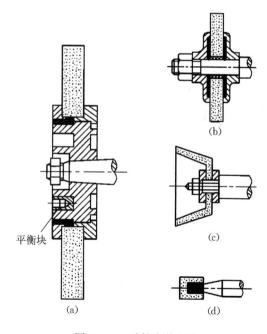

图 10-4 砂轮安装方法
(a) 较大砂轮用带台阶的法兰盘安装
(b) 一般砂轮用法兰盘直接安装在砂轮轴上
(c) 较小砂轮用螺母紧固在砂轮轴上
(d) 更小砂轮可用黏结剂粘固在轴颈上

3. 砂轮的修整

在磨削过程中砂轮的磨粒在摩擦、挤压作用下，棱角逐渐磨圆变钝，或者在磨韧性材料时，磨屑常常嵌塞在砂轮表面的孔隙中，使砂轮表面空隙被堵塞。此外，由于砂轮硬度的不均匀及磨粒工作条件的不同，使砂轮工作表面磨损不均匀，各部位磨粒脱落多少不等，致使砂轮丧失外形精度。凡遇到上述情况，砂轮就必须进行修整，切去表面上一层磨料，使砂轮表面重新露出新鲜锋利的磨粒，以恢复砂轮的切削能力与外形精度。

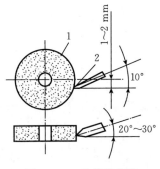

图 10-5 砂轮的修整
1. 砂轮 2. 金刚石

金刚石具有很高的硬度和耐磨性，是修整砂轮的主要工具。修整时金刚石需与砂轮成一定角度，如图 10-5 所示。利用高硬度的金刚石将砂轮表层的磨料及磨屑清除掉，修出新的磨粒刃口，恢复砂轮的切削能力，并校正砂轮的外形。

10.3　磨床及磨削加工

磨床的种类很多，常用的有外圆磨床、内圆磨床、平面磨床等几种。磨削的应用范围很广，几乎所有的表面都可以用磨削加工。本节主要介绍外圆、内孔和平面的磨削加工。

10.3.1　外圆磨床及外圆磨削

外圆磨床分为普通外圆磨床和万能外圆磨床。在普通外圆磨床上可以磨削工件的外圆柱面和外圆锥面；在万能外圆磨床上不仅能磨削外圆柱面和外圆锥面，而且能磨削内圆柱面、内圆锥面及端面。

1. 外圆磨床的编号

如在编号 M1432A 中，M 为"磨床"汉语拼音的第一个字母，为磨床的代号；1 为外圆磨床的组别代号；4 为万能外圆磨床的系别代号；32 为最大磨削直径的 1/10，即最大磨削直径为 320 mm；A 表示在性能和结构上做过一次重大改进。图 10-6 所示为 M1432A 万能外圆磨床的外形。

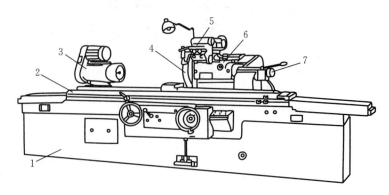

图 10-6　M1432A 万能外圆磨床
1. 床身　2. 工作台　3. 头架　4. 砂轮　5. 内圆磨头　6. 砂轮架　7. 尾架

2. 万能外圆磨床的组成

以 M1432A 万能外圆磨床（图 10 - 6）为例，其组成和功能介绍如下：

（1）床身　床身用来安装磨床的各个部件。上部的纵向导轨用来安装工作台，横向导轨用来安装砂轮架，内部装有液压传动装置及其他传动和操作机构。

（2）工作台　工作台由上下两层组成，由液压传动，可沿床身上面的纵向导轨做往复直线运动，以带动工件实现轴（纵）向进给。在工作台前侧面的 T 形槽内装有两个换向挡块，用以控制工作台的行程和换向。工作台也可以用手轮移动，以便进行调整。工作台的上层可相对下层在水平面内偏转一不大的角度（±8°），以便磨削圆锥面。工作台的台面上安装头架和尾架。

（3）头架和尾架　头架的主轴端部可以安装顶尖、拨盘或卡盘，以便装夹工件。头架主轴由一台电动机单独驱动，通过带传动及变速机构使工件获得不同转速。头架可在水平面内偏转一定的角度，以便磨削锥度较大的短圆锥面。尾架上装有顶尖，用来支承长度较大的工件。

（4）砂轮架　砂轮架的主轴端部安装砂轮，由一台电动机单独驱动。砂轮架可沿床身上部的横向导轨移动，以完成径（横）向进给。砂轮架横向移动的方式有自动间歇进给、手动进给、快速趋近工件或退出。砂轮架也可在水平面内偏转一定角度，以便磨削锥度较大的短圆锥面。

（5）内圆磨头　内圆磨头的主轴上可安装内圆磨削砂轮，由另一电动机单独驱动，以便磨削内圆面。内圆磨头可绕砂轮架上的销轴翻转。使用时翻转到工作位置，不用时翻转到砂轮架的上方。

由于万能外圆磨床的头架和砂轮架都能在水平面内偏转一定角度，并装有内圆磨头，所以加工范围较广，可以磨削内外圆柱面、锥度较小或较大的内外圆锥面及工件的端面等。

普通外圆磨床没有内圆磨头，头架和砂轮架不能在水平面内偏转角度，其余结构与万能外圆磨床基本相同。

3. 外圆磨削

（1）工件的安装

① 顶尖安装。轴类工件常用顶尖安装。安装时，用两顶尖支承工件（图 10 - 7）。其安装方法与车削中所用方法基本相同。但磨床所用的顶尖都是不随工件一起转动的，这样可以提高加工精度，避免了由于顶尖转动带来的误差。尾顶尖是靠弹簧推力顶紧工件的，这样可以自动控制松紧程度。

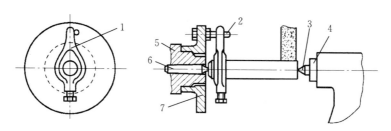

图 10 - 7　顶尖安装工件
1. 夹头　2. 拨杆　3. 后顶尖　4. 尾架套筒　5. 头架主轴　6. 前顶尖　7. 拨盘

磨削前，工件的中心孔均要进行修研，以提高其几何形状精度和降低表面粗糙度。在一般情况下修研工件中心孔是用四棱硬质合金顶尖，如图 10-8（a）所示，在车床或钻床上进行挤研、研亮即可；当中心孔较大、修研精度要求较高时，必须选用油石顶尖或铸铁顶尖作为前顶尖，一般顶尖作为后顶尖。修研时，头架旋转，工件不旋转（用手握住），研好一端再研另一端，如图 10-8（b）所示。

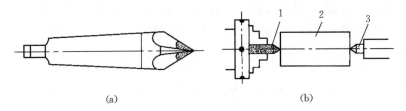

图 10-8 磨外圆时工件中心孔修研
(a) 用四棱硬质合金顶尖 (b) 用油石顶尖
1. 油石顶尖 2. 工件 3. 后顶尖

② 卡盘安装。磨削短工件的外圆时，可用三爪或四爪卡盘安装工件。安装方法与车床基本相同。用四爪卡盘安装工件时，要用百分表找正。对形状不规则的工件还可采用花盘安装。

③ 心轴安装。盘套类空心工件在磨削外圆时常以内孔定位。此时，常用心轴安装工件。常用的心轴种类与车床上使用的相同，但磨削用的心轴的精度要求更高些。心轴在磨床上的安装方法与顶尖安装相同。

(2) 磨削方法　在外圆磨床上磨削外圆的方法常用的有纵磨法和横磨法两种。

① 纵磨法。如图 10-9 (a) 所示，磨削时工件转动（圆周进给），并与工作台一起做直线往复运动（纵向进给），每当一纵向行程或往复行程终了时，砂轮按规定的吃刀深度做一次横向进给运动（每次磨削深度很小）。当工件加工到接近最终尺寸时（一般留下 0.005～0.01 mm 的余量），砂轮无横向进给地走几次至火花消失即可。纵磨法的特点是可用同一砂

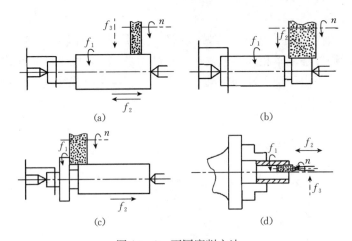

图 10-9 不同磨削方法
(a) 纵磨法磨外圆 (b) 横磨法磨外圆 (c) 磨削轴肩端面 (d) 卡盘安装工件

轮磨削长度不同的各种工件,且加工质量好,但磨削效率较低。这种方法目前在生产中应用最广,特别是在单件、小批生产以及精磨时。

② 横磨法。横磨法如图 10-9(b) 所示,又称径向磨削法或切入磨削法。磨削时工件无纵向进给运动,而砂轮以很慢的速度连续地或断续地向工件做横向进给运动,直至把磨削余量全部磨掉为止。横磨法的特点是生产率高,但精度较低,表面粗糙度较大。在大批量生产中,特别是对于一些短外圆表面及两侧有台阶的轴颈,多采用这种横磨法。

③ 磨削轴肩端面。如图 10-9(c) 所示,外圆磨到所需尺寸后,将砂轮稍微退出一些(0.05~0.10 mm)。用手摇动工作台的纵向移动手柄,使工件的轴肩端面靠向砂轮,磨平即可。

万能外圆磨床上还可以通过卡盘装夹工件,利用内圆磨头采用纵磨法磨削内孔,如图 10-9(d) 所示。

10.3.2 内圆磨床及内圆磨削

1. 内圆磨床

内圆磨床主要用于磨削内圆柱面、内圆锥面及端面等。图 10-10 所示为 M2120 内圆磨床,主要由床身、头架、砂轮修整器、砂轮架、工作台等组成。在磨锥孔时,头架在水平面内偏转一个角度。内圆磨床的磨削运动与外圆磨床相同,内圆磨床液压传动系统与外圆磨床相似。

在编号 M2120 中,M 表示磨床的代号;2 表示内圆磨床的组别代号;1 表示内圆磨床的系列代号;20 表示磨削最大孔径的 1/10,即磨削最大孔径为 200 mm。

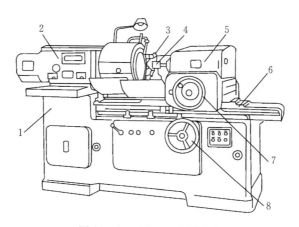

图 10-10 M2120 内圆磨床
1. 床身 2. 头架 3. 砂轮修整器 4. 砂轮 5. 砂轮架
6. 工作台 7. 砂轮横向手轮 8. 工作台纵向手轮

2. 内圆磨削

内圆磨削与外圆磨削相比,由于砂轮直径受工件孔径的限制,一般较小,而悬伸长度又较大,刚性差,磨削用量不能高,所以生产率较低;又由于砂轮直径较小,砂轮的圆周速度较低,加上冷却排屑条件不好,所以表面粗糙度不易降低。因此,磨削内圆时,为了提高生产率和加工精度,砂轮和砂轮轴应尽可能地选用较大直径,砂轮轴伸出长度应尽可能地缩短。

作为孔的精加工，成批生产中常用铰孔，大批量生产中常用拉孔。磨孔具有万能性，不需要成套的刀具，故在小批及单件生产中应用较多。特别是对于淬硬工件，磨孔仍是精加工孔的主要方法。

(1) 工件的安装　磨削内圆时，工件大多数是以外圆和端面作为定位基准的。通常采用三爪卡盘、四爪卡盘、花盘及弯板等夹具安装工件。其中最常用的是用四爪卡盘通过找正安装工件。

(2) 磨削运动和磨削要素　磨削内圆的运动与磨削外圆基本相同，但砂轮的旋转方向与磨削外圆相反。

磨削内圆时，要求磨削速度较高。一般砂轮圆周速度为 15～25 m/s，而砂轮直径又较小，因此，内圆磨头转速一般都很高，为 20 000 r/min 左右。工件圆周进给速度一般为 25～56 m/min。表面粗糙度 Ra 要求小时应取较小值，粗磨或砂轮与工件的接触面积大时取较大值；纵向进给速度粗磨时一般为 1.5～2.5 m/min，精磨时为 0.5～1.5 m/min；横向进给量粗磨时一般为 0.01～0.03 mm/dst*，精磨时为 0.002～0.01 mm/dst。

(3) 磨削工作　磨削内圆通常是在内圆磨床或万能外圆磨床上进行的。磨削时，砂轮与工件孔的接触方式有两种：一种是与工件孔的后壁接触，如图 10-11 (a) 所示，这时冷却液和磨屑向下飞溅，不影响操作人员的视线与安全；另一种是前壁接触，如图 10-11 (b) 所示，情况正好与上述相反。通常，在内圆磨床上采用后壁接触方式，在万能外圆磨床上采用前壁接触方式。

内圆磨削的方法有纵磨法和横磨法，如图 10-12 所示。其操作方法和特点与外圆磨削相似。纵磨法应用最广泛。

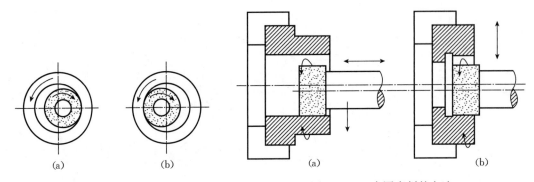

图 10-11　磨削内圆时砂轮与工件孔的接触部位
(a) 砂轮与工件孔的后壁接触
(b) 砂轮与工件孔的前壁接触

图 10-12　内圆磨削的方法
(a) 纵磨法　(b) 横磨法

10.3.3　平面磨床及平面磨削

1. 平面磨床

平面磨床用于磨削平面。图 10-13 是 M7120A 平面磨床。在编号 M7120A 中，M 表示磨床类的代号；7 表示平面及端面磨床的组别代号；1 表示卧轴矩形工作台平面磨床的系别

---

* dst 为（工件或砂轮的）行程。——编者注

代号；20 表示工作台宽度的 1/10，即工作台宽度为 200 mm；A 表示在性能和结构上做过一次重大改进。

M7120A 平面磨床由床身、工作台、立柱、磨头、砂轮修整器和滑板等部分组成。磨头上装有砂轮。砂轮的旋转为主运动。砂轮由单独的电机驱动，有 1 500 r/min 和 3 000 r/min 两种转速，分别由两个按钮来控制，一般情况多用低速挡。磨头可沿拖板的水平横向导轨做横向移动或进给，可手动（使用手轮）或自动（使用旋钮和推拉手柄）控制；还可随拖板沿立柱垂直导轨做垂向移动或进给，多采用手动操纵（使用手轮或微动手柄）。长方形工作台装在床身的导轨上，由液压驱动做往复运动，带动工件纵向进给（使用手柄）。工作台也可以手动移动（使用手轮）。工作台上装有电磁吸盘，用以安装工件（使用开关）。

使用和操纵磨床，要特别注意安全。开动平面磨床一般按下列顺序进行：

① 接通机床电源；
② 启动电磁吸盘吸牢工件；
③ 启动液压油泵；
④ 启动工作台往复移动；
⑤ 启动砂轮旋转；
⑥ 启动切削液泵。

停车一般先停工作台，后总停。

2. 平面磨削

（1）工件的安装　磨平面时，一般是以一个平面为基准磨削另一个平面。若两个平面都要磨削且要求平行时，则可互为基准、反复磨削。磨削中小型工件的平面，常采用电磁吸盘工作台吸住工件。电磁吸盘工作台的工作原理如图 10-14 所示。在钢制吸盘体的中部凸起的芯体上绕有线圈，钢制盖板被隔磁板隔成一些小块。当线圈中通过直流电时，芯体被磁化，磁力线由芯体 A 经过钢制盖板—工件—钢制盖板—钢制吸盘体—芯体而闭合（图中用

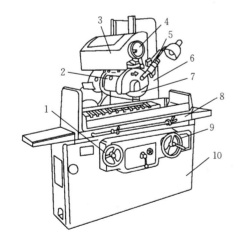

图 10-13　M7120A 平面磨床
1. 进给手轮　2. 磨头　3. 拖板　4. 横向进给手轮
5. 砂轮修整器　6. 立柱　7. 砂轮　8. 工作台
9. 垂向进给手轮　10. 床身

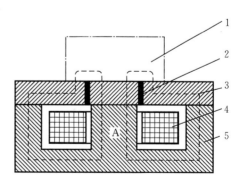

图 10-14　电磁吸盘工作台工作原理
1. 工件　2. 隔磁板　3. 钢制盖板
4. 线圈　5. 钢制吸盘体

虚线表示），工件被吸住。隔磁板由铅、铜或巴氏合金等非磁性材料制成。它的作用是使绝大部分磁力线都能通过工件再回到钢制吸盘体中，而不能通过钢制盖板直接回去，这样才能保证工件被牢固地吸在工作台上。

（2）**磨削方法** 平面磨削常用的方法有两种：一种是用砂轮的周边在卧轴矩形工作台平面磨床上进行磨削，即周磨法，如图 10-15（a）所示；另一种是用砂轮的端面在立轴圆形工作台平面磨床上进行磨削，即端磨法，如图 10-15（b）所示。

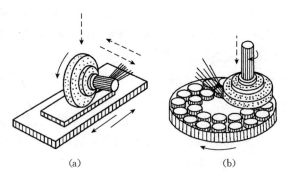

图 10-15 磨削平面的方法
(a) 周磨法 (b) 端磨法

当台面为矩形工作台时，磨削工作由砂轮的旋转运动（主运动）和砂轮的垂直进给、工件的纵向进给、砂轮的横向进给等运动来完成。当台面为圆形工作台时，磨削工作由砂轮的旋转运动（主运动）和砂轮的垂直进给、工作台的旋转等运动来完成。

用周磨法磨削平面时，砂轮与工件接触面积小，排屑和冷却条件好，工件热形变小，而且砂轮圆周表面磨损均匀，所以能获得较好的表面加工质量，但磨削效率较低，适用于精磨。

用端磨法磨削平面，与周磨法相反。它的磨削效率较高，但磨削精度较低，适用于粗磨。

10.4 典型零件磨削训练

项目一 套类零件的磨削

如图 10-16 所示的轴套，材料为 45 钢，调质处理。零件的特点是要求内、外圆同心，孔与端面垂直。尽量采用一次安装法加工，以保证同轴度和垂直度要求。如果不能在一次安装中加工完全部表面，则应先将孔加工好，而后以孔定位，用心轴安装，加工外圆表面。为了保证 $\phi25\ mm$ 的孔的加工精度，避免磨削 $\phi40\ mm$ 的孔时的影响，故将 $\phi25\ mm$ 的孔的粗、精磨分别在加工 $\phi40\ mm$ 的孔的前后进行。套类零件的磨削步骤如表 10-1 所示。

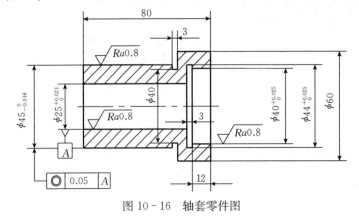

图 10-16 轴套零件图

表 10-1 套类零件的磨削步骤

序号	加工内容	加工简图	刀 具
1	以 $\phi 45$ mm 的外圆定位，将工件夹持在三爪自定心卡盘中，用百分表找正，粗磨 $\phi 25$ mm 的内孔，留精磨余量为 0.04～0.06 mm		用磨内孔砂轮，尺寸为 12 mm×6 mm×4 mm
2	更换砂轮，粗磨 $\phi 40$ mm 的内孔，留余量 0.04～0.06 mm，再精磨内孔至尺寸 $\phi 40$ mm		用磨内孔砂轮，尺寸为 12 mm×6 mm×6 mm
3	更换砂轮，精磨 $\phi 25$ mm 的内孔		用磨内孔砂轮，尺寸为 12 mm×6 mm×4 mm
4	以 $\phi 25$ mm 的内孔定位，用心轴安装，粗、精磨 $\phi 45$ mm 的外圆至要求尺寸		用磨外圆砂轮（平行砂轮），尺寸为 300 mm×40 mm×127 mm

项目二 平面的磨削

磨削如图 10-17 所示的平面零件，材料为 45 钢。

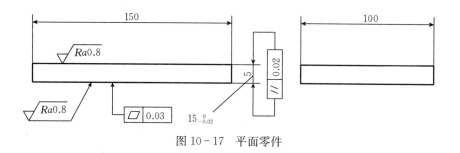

图 10-17 平面零件

磨削操作步骤如下：

1. 工件安装

擦净磨床工作台表面及工件表面，将工件放置于工作台面上，旋转磁力按钮使之处于吸磁位。

2. 调整工件表面与砂轮的位置

① 转动磨头垂直进给手轮，调整垂直方向的距离，使在调节纵、横向移动时，工件与砂轮不相碰撞。

② 转动磨头垂直进给手轮，调整砂轮与工件的横向位置及砂轮的横向行程。一般要求砂轮行程以每侧超过砂轮1/3厚度为宜。

③ 移动工作台，调整终端挡块，调节工件与砂轮纵向位置和工作台往复行程。行程要使砂轮超越加工工件长度。

3. 开车磨削

转动砂轮，启动油泵，让工作台往复移动，磨头砂轮横向间隙进给，但进给速度不宜太快，精磨时再适当调小。转动磨头垂直进给手轮，调节垂直方向进给。旋转磁力按钮使之处于退磁位置，最后卸下工件。

思考题

1. 外圆磨削时，砂轮和工件须做哪些运动？磨削用量包括哪些内容？
2. 试归纳磨削的生产特点和应用范围。
3. 识别所见磨床的种类，并了解其切削运动。
4. 砂轮由哪几部分组成？砂轮安装时要注意些什么？
5. 砂轮为什么要修整？
6. 万能外圆磨床由哪几部分组成？各有何作用？
7. 外圆磨削有哪些方法？各有何特点？
8. 比较平面磨削时周磨法和端磨法的优、缺点。

第 11 章 钳工与装配

11.1 概　述

钳工是指以手工操作为主，使用各种工具来完成零件加工、制作，机器装配、调试与维修的工作方法，是金属切削加工的主要方法之一。因其基本操作常在台虎钳上进行，故称之为钳工。实际生产中，钳工可以分为划线钳工、模具钳工、装配钳工和机修钳工。

11.1.1 钳工的加工范围

钳工的工作范围主要有划线、零件加工、机器装配、调试和维修等。其中零件加工分为表面加工、孔加工和螺纹加工三类。表面加工的基本操作有錾削、锯切、锉削、刮削；孔加工的基本操作有钻孔、扩孔、铰孔；螺纹加工的基本操作有攻螺纹、套螺纹。

11.1.2 钳工的工作特点

钳工操作大都是由工人手持工具对金属进行加工，通过体力劳动来完成工件加工和机器装配与维修活动。它具有以下特点：

① 劳动强度大，生产效率低，对工人技术要求高。
② 钳工工具简单，操作方便灵活。
③ 手工操作有时可以完成机械加工不能或很难完成的工作。例如大型零件在切削加工前的划线工作，某些精密零件、工具、量具和模具等配合表面的刮削和研磨加工以及各种机器的装配、调整和维修等。

11.2 台虎钳和钳工工作台

11.2.1 台虎钳

台虎钳是夹持工件的主要工具，如图 11-1 所示。其大小用钳口的宽度表示。常用的钳口宽度为 100~150 mm。台虎钳有固定式和回转式两种。松开回转式台虎钳的夹紧手柄，台虎钳便可在底盘上转动，以改变钳口方向，使之便于操作。

使用台虎钳应注意下列事项：
① 工件应夹在台虎钳钳口中部，使钳口受力均匀。

② 当转动手柄夹紧工件时，手柄上不准套上增力套管或用锤敲击，以免损坏台虎钳丝杠或螺母上的螺纹。

11.2.2 钳工工作台

钳工工作台简称钳台，如图 11-2 所示，一般用硬质木材或钢材做成，要求坚实和平稳。台面高度为 800~900 mm，台桌上必须装有防护网以免工作时溅起的铁屑或工具伤人。

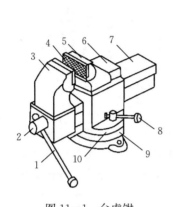
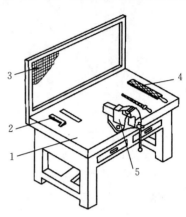

图 11-1 台虎钳
1. 手柄 2. 丝杠 3. 活动钳身 4. 钳口 5. 固定钳身
6. 砧座 7. 导轨 8. 小手柄 9. 底座 10. 转盘

图 11-2 钳工工作台
1. 台面 2. 量具 3. 防护网
4. 工具 5. 台虎钳

11.3　钳工基本操作

11.3.1　划线

1. 划线的作用及种类

（1）划线的作用　根据图样要求，在毛坯或工件上用划线工具划出待加工部位的轮廓线或作为基准的点线叫划线。划线的主要作用：

① 在单件和小批量生产或在大型零件的加工中，通过划线，可以检查毛坯的形状和尺寸是否符合要求，以免不合格的毛坯或半成品投入机械加工而造成浪费。

② 划在毛坯或半成品上的基准线、加工线和轮廓线标明了零件的加工余量和加工表面的位置，因而是零件加工、安装和定位的基本依据。

③ 对于形状和尺寸超过标准要求较少或加工余量分布不均匀的毛坯，通过划线可调整各加工表面间的相互位置，合理分配加工余量，即用以多补少的"借料"方法来补救毛坯的缺陷。

（2）划线的种类　划线分平面划线和立体划线两种。在工件的某个平面上划线称为平面划线；在工件的长、宽、高三个方向上划线称为立体划线。划线要求线段清晰均匀，最重要的是尺寸要准确。划线错误有可能造成错误加工，从而导致工件报废。划线精度通常要求为 0.25~0.5 mm。通常不能按划线来确定加工的最后尺寸，而应该靠测量来控制尺寸精度。

2. 划线工具及其应用

常用的划线工具有基准工具、支撑工具、度量工具和划线工具等。

(1) 基准工具 划线平台（图 11-3）是划线的基准工具，用灰铸铁铸造而成。其工作平面必须平直光滑，不允许碰撞或敲击，安放要稳固可靠。工作平面要保持水平，以便能正确支承工件。平台长期不用时，应涂防锈油并加木板遮盖。

(2) 支撑工具

① 方箱。方箱（图 11-4）是一个空心六面体。六个面都经过精加工，相邻平面互相垂直。上部开有 V 形槽，并设有夹紧装置。工件尺寸较小时，可夹持在方箱上进行划线，如果工件需要在几个表面上划线，只要翻转方箱，就可在工件不同表面上划出相互垂直的线。

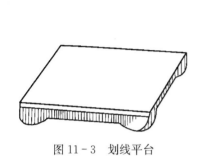

图 11-3 划线平台

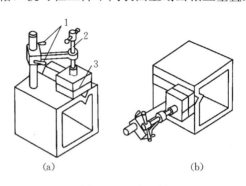

图 11-4 方　箱
(a) 将工件压紧在方箱上划水平线　(b) 翻转 90°划垂直线
1. 紧固手柄　2. 压紧螺柱　3. 划出的水平线

② V 形块。V 形块由于有较高的对中性，常用作圆形工件划线的定位支承。可单个或成对使用。V 形槽的角度有 90°和 120°两种。常用 V 形块如图 11-5 所示。

③ 垫铁。垫铁是用来支撑、垫平和升高毛坯或工件的工具。常用的有平垫铁和斜垫铁两种。斜垫铁能对工件的高低做少量调节。

④ 角铁。角铁常与压板配合使用，以夹持工件进行划线。角铁有两个互相垂直的工作表面，其上的孔或槽是为方便用螺栓连接压板而设计的，如图 11-6 所示。

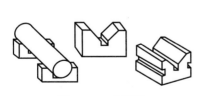

图 11-5　V 形块

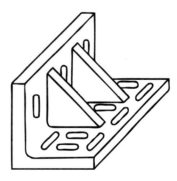

图 11-6　角　铁

⑤ 千斤顶。千斤顶是支承工具。工件尺寸较大时，可用三个千斤顶在划线平台上支承工件，分别调节千斤顶的高度，即可找正工件（图 11-7）。

(3) 度量工具 常用的度量工具有钢直尺、游标卡尺、90°角尺、游标高度尺、组合分度规等。

① 钢直尺。钢直尺主要用于直接度量工件尺寸。

② 游标卡尺。游标卡尺用于度量精度要求较高的工件尺寸,亦可用于平整光洁的表面划线。

③ 90°角尺。90°角尺是检验直角用的外刻度量尺,可用于划垂直线。

④ 游标高度尺。游标高度尺是用游标读数的高度量尺,也可用于半成品的精密划线,如图11-8所示,但不可对毛坯划线,以防损坏游标高度尺的刃口。

⑤ 组合分度规。组合分度规是重要的度量工具之一,由钢直尺、水平仪、45°斜面规和直角规等4个部件组成,可根据需要进行组合。

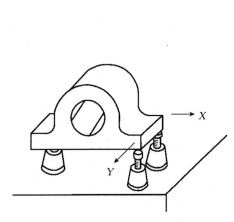

图11-7 用千斤顶支承工件

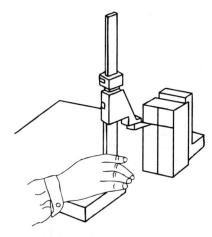

图11-8 用游标高度尺划线

(4) 划线工具 划线工具有划针、划规、划线盘、划卡、样冲等。

① 划针。划针是用以在工件上划线的工具,用碳素工具钢制成。其使用方法如图11-9所示。划线时,划针沿钢直尺、角尺等导向工具的边移动,使线条清晰、正确,一次划出。

② 划规。划规使用方法同圆规,可用于划圆、量取尺寸和等分线段等,如图11-10所示。

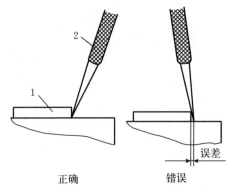

图11-9 划针的使用方法
1. 钢直尺　2. 划针

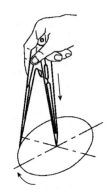

图11-10 划规的操作方法

③ 划线盘。划线盘主要用于以平板为基准进行立体划线和找正工件位置。划线盘及其

使用方法如图 11-11 所示。

④ 样冲。样冲是用以在工件上打出样冲眼的工具，如图 11-12 所示。为防止擦掉划好的线段，需对准线中心打上样冲眼。钻小孔前在孔的中心位置也需打上样冲眼，以便于钻头定心。

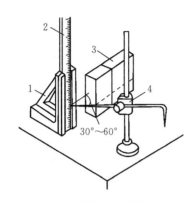
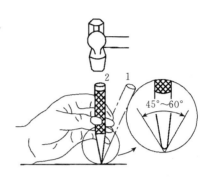

图 11-11 划线盘及其使用方法
1. 尺座 2. 钢直尺 3. 工件 4. 划线盘

图 11-12 样冲及其使用方法
1. 对准位置 2. 冲眼

3. 划线基准及其选择

（1）选择划线基准的原则

① 划线基准。基准是零件上用来确定点、线、面位置的依据。划线时须在工件上选择一个或几个面（或线）作为划线的依据，以确定工件的几何形状和各部分的相对位置，这样的面（或线）称为划线基准。其余尺寸线依划线基准依次划出。

② 选择划线基准的原则。选择划线基准首先应该考虑与设计基准相一致，以免因基准不一致而产生误差。

（2）常用的划线基准

① 若工件上有重要孔需加工，一般选择该孔轴线为划线基准，如图 11-13（a）所示。

② 在工件上有已加工面（平面或孔）时，应该以已加工面为划线基准，如图 11-13（b）所示。若毛坯上没有已加工面，应该选择最主要的或最大的表面为划线基准。但该基准只能使用一次，在下一次划线时必须用已加工面作为划线基准。

③ 若工件上有两个平行的不加工平面，应以其对称面或对称线作为划线基准。

④ 需两个以上的划线基准时，以相互垂直的表面作为划线基准。

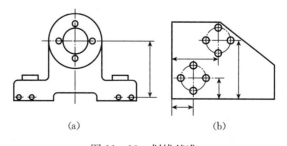

图 11-13 划线基准
（a）以孔的轴线为基准 （b）以已加工面为基准

4. 划线方法与步骤

（1）划线方法　划线有平面划线和立体划线之分。在工件的一个平面上划线称为平面划线，如图 11-14 所示，其方法类似于在平面上作图。在工件的长、宽、高三个方向上划线称为立体划线，如图 11-15 所示。

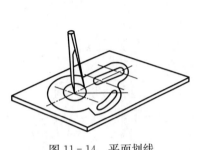 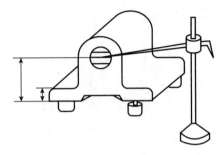

图 11-14　平面划线　　　　　　　　图 11-15　立体划线

（2）划线步骤

① 对照图样，检查毛坯及半成品是否合格，并了解工件后续加工的工艺，确定需要划线的部位。

② 在划线前要去除毛坯上残留的型砂及氧化皮、毛刺、飞边等。

③ 确定划线基准。如以孔为基准，则用木块或铅块堵孔，以便找出孔的圆心。尽量考虑让划线基准与设计基准一致。

④ 划线表面涂上一层薄而均匀的涂料。毛坯用石灰水，已加工表面用蓝油，保证划线清晰。

⑤ 选用合适的工具和安放工件的位置，尽量在一次支承中把需要划的平行线划全。工件支承要安全可靠。

⑥ 根据图样检查所划线条是否正确。

⑦ 在所划线条上打上样冲眼。

11.3.2　锯削

锯削是指用手锯切割材料或在工件上开槽的一种加工方法。手锯具有方便、灵活的特点，但锯削精度较低，常需要进一步加工。

1. 锯削工具

锯削所用工具是手锯。手锯由锯弓和锯条组成。

（1）锯弓　锯弓是用来夹持和张紧锯条的，有固定式和可调式两种。图 11-16 为可调式锯弓。其弓架分前、后两段，前段在后段套内可以伸缩，因此可以安装不同规格的锯条。

（2）锯条　锯条用碳素工具钢制成，并经淬火处理。常用的锯条长度有 200 mm、250 mm 和 300 mm 三种，宽度为 12 mm，厚度为 0.8 mm。每一个齿相当于一把錾子，起切削作用。锯条性能硬而脆，若使用不当很容易折断。锯条按锯齿的齿距大小，可分为粗齿、中齿和细齿三种。其形状如图 11-17 所示。锯条的齿距及用途见表 11-1。锯齿粗细可以根据工件厚度来选择，厚工件选粗齿，薄工件应选细齿；还可以根据材料硬度来选择，软工件选粗齿，硬工件应选细齿。

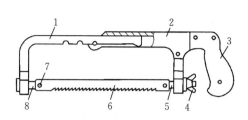

图 11-16 可调式锯弓
1. 可调部分 2. 固定部分 3. 锯柄 4. 蝶形拉紧螺母
5. 活动拉杆 6. 锯条 7. 销 8. 固定拉杆

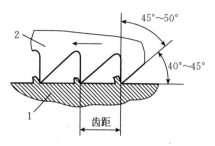

图 11-17 锯齿的形状
1. 工件 2. 锯齿

表 11-1 锯条的齿距及用途

锯齿粗细	每 25 mm 长度内含齿数目	用 途
粗齿	14～18	锯低硬度钢、铝、纯铜等软金属及厚工件
中齿	24	锯普通钢、铸铁及中等厚度工件
细齿	32	锯硬钢、板材、小而薄的型钢及薄壁管子

2. 锯削方法

（1）锯条的安装　手锯是向前推而起切削作用，因此锯条安装在锯弓上时，锯齿尖端应向前。锯条的松紧应适中，否则，锯切时锯条易折断。

（2）工件的安装　工件伸出钳口部分应尽量短，防止锯切时产生振动。工件要夹紧，但要防止变形和夹坏已加工表面。

（3）手锯的握法　右手握柄，左手扶住锯弓前端，如图 11-18 所示。锯削时推力和压力主要由右手控制，左手所加压力不要太大，主要起扶正锯弓的作用。

（4）锯切加工操作　锯切操作过程分起锯、锯切和结束锯切三个阶段。

① 起锯。起锯是锯切的开始。其方法有远起锯（从工件远离操作者的一端起锯，是常用的方法）和近起锯（从工件靠近操作者的一端起锯）两种，如图 11-19 所示。

起锯时，右手握着锯弓手柄，锯条靠着左手大拇指，锯条应与工件表面倾斜一个起锯角（小于 15°）。起锯角太小，锯条不易切入工件，产生打滑，但也不宜过大，以免崩齿，如图 11-20 所示。起锯时的压力要小，往复行程要短，速度要慢。一般锯痕深度达到 2 mm 后，可将手锯逐渐放入水平位置进行正常锯切。

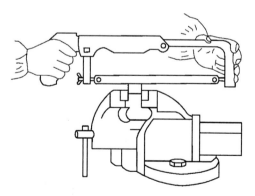

图 11-18 手锯的握法

② 锯切。正常锯切时，锯条应与工件表面垂直，做往复直线运动，不能左右晃动。左手施压，右手推进，用力要均匀，推速不要太快。返回时不要加压，轻轻拉回，速度可快些。在整个锯切过程中，应用锯条全长进行工作，防止锯条局部发热和磨损。

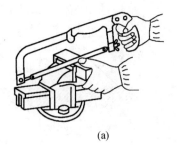
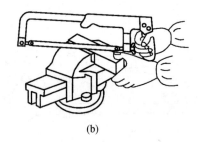

图 11-19 起锯方法
(a) 远起锯 (b) 近起锯

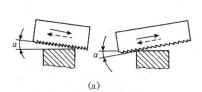
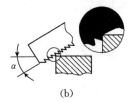

图 11-20 起锯角度
(a) 起锯角度 α 小于 15° (b) α 角太大易碰断锯齿

③ 结束锯切。当锯条临近结束时，用力应轻，速度要慢，行程要小。

11.3.3 锉削

用锉刀去掉工件表面多余金属，使工件达到所要求的尺寸、形状、位置和表面粗糙度，这种加工方法称为锉削。它是钳工中最基本的操作之一。锉削可以加工内外平面、曲面、台阶及沟槽等。锉削加工精度可达 IT8～IT7，表面粗糙度 Ra 可达 1.6～0.8 μm。

锉刀常用材料为 T12A 或 T13A，淬火处理。锉刀由锉刀面、锉刀边、锉柄等组成。锉刀的结构如图 11-21 所示。

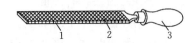

图 11-21 锉刀结构
1. 锉刀边 2. 锉刀面 3. 锉柄

1. 锉刀的种类

锉刀按每 10 mm 长度锉面上的齿数的多少可分为粗齿锉、中齿锉、细齿锉和油光锉。锉刀刀齿粗细的划分及其各自的特点和应用如表 11-2 所示。

表 11-2 锉刀刀齿粗细的划分及其特点和应用

锉齿粗细	齿数 （10 mm 长度内）	特点和应用	加工余量/ mm	表面粗糙度/ μm
粗齿	4～12	齿间距大，不易堵塞，适宜加工或锉铜、铝等非铁材料（有色金属）	0.5～1.0	12.5～50
中齿	13～23	齿间距适中，适用于粗锉后加工	0.2～0.5	3.2～6.3
细齿	30～40	锉光表面或硬金属	0.05～0.20	1.6
油光齿	50～62	精加工时修光表面	<0.05	0.8

注：粗齿相当于 1 号锉纹号；中齿相当于 2、3 号锉纹号；细齿相当于 4 号锉纹号；油光齿相当于 5 号锉纹号。

锉刀根据尺寸不同，又分为钳工锉和整形锉两种。钳工锉的形状及应用如图11-22所示，其中以平锉用的最多。整形锉尺寸较小，通常以10把形状各异的锉刀为一组，用以修锉小型工件以及某些难以进行机械加工的部位。钳工锉的规格以工作部分的长度表示，分为100 mm、150 mm、200 mm、250 mm、300 mm、350 mm和400 mm七种。

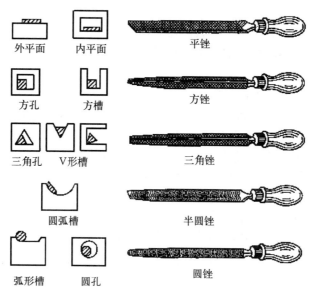

图 11-22 钳工锉的形状及应用

2. 锉削方法

（1）锉刀的使用方法

① 锉刀握法。锉刀的握法如图11-23所示。使用较大的平锉时，用右手握住锉刀柄，左手压在锉头上，保持锉刀水平。使用中型锉刀时，因需要的力较小，可用左手的大拇指和食指捏着锉头，引导锉刀水平移动。小锉刀用右手握住即可。

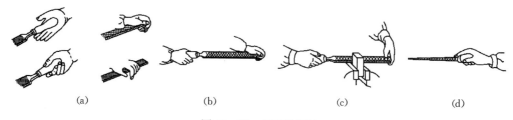

图 11-23 锉刀的握法
(a) 锉柄、锉头的握法　(b) 大锉刀的握法　(c) 中锉刀的握法　(d) 小锉刀的握法

② 锉削时左右手施加压力的方法。为使锉出的表面平整，必须使锉刀在推锉过程中保持水平位置而不上下摆动。刚开始往前推锉刀时，即开始位置，左手压力大，右手压力小，两力应逐渐变化，至中间位置时两力相等，再往前锉时右手压力逐渐增大，左手压力逐渐减小。这样使左右手的力矩平衡，使锉刀保持水平运动。否则，在开始阶段锉柄下偏，后半段时前段下垂，会形成前后低而中间凸起的表面。

(2) 平面的锉削方法

① 正确选择锉刀。通常按照加工面的形状和大小选择锉刀的截面形状和规格，再按工件的材料、加工余量、加工精度和表面粗糙度来选用锉刀齿纹的粗细。粗锉刀的齿间空隙大，不易堵塞，适宜加工铝、铜等硬度较低材料制成的或加工余量较大、精度较低和表面质量要求低的工件。细锉刀适宜加工钢材、铸铁以及精度和表面质量要求高的工件。油光锉刀一般只用来修光已加工平面。

② 正确装夹工件。工件应装夹在台虎钳钳口中间位置。夹持应牢固、可靠，但不致引起工件变形。锉削表面要略高于钳口。夹持已加工表面时，应在钳口处垫铜片或铝片，以防夹伤已加工表面。

③ 正确选择和使用锉削方法。粗锉平面时可用交叉锉法（图 11-24）。交叉锉法是指先沿一个方向锉一层，然后转 90°左右再锉的锉削方法。其切削效率较高。因锉纹交叉，所以容易判断表面的不平整程度，有利于把表面锉平。基本面锉平后，可用细锉刀以推锉法修光（图 11-25）。推锉法是指两手横握锉刀，推与拉均施力的锉削方法。其切削量较小，可获得较好的加工表面。推锉法尤其适用于加工较窄的表面。

④ 仔细检查，反复修整。尺寸通常用游标卡尺和千分尺检查，直线度、平面度和垂直度可用刀口形直尺、90°角尺等来检查。

(3) 圆弧面的锉削方法　锉削外圆弧面可选用平锉。粗加工时可横着圆弧锉，叫顺锉法；精加工时则要顺着圆弧锉，叫滚锉法，此时锉刀的运动是前进运动和绕工件中心转动的组合，如图 11-26 所示。

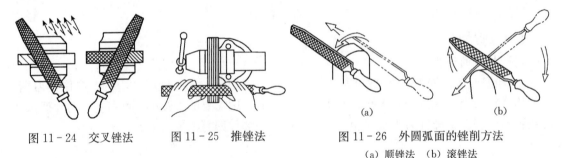

图 11-24　交叉锉法　　图 11-25　推锉法　　图 11-26　外圆弧面的锉削方法
(a) 顺锉法　(b) 滚锉法

(4) 锉削的注意事项

① 锉刀必须装柄后使用，以免刺伤手心。
② 锉削时不应触摸工件表面或锉刀表面，以免其沾染油污后再锉时打滑。
③ 不可用锉刀锉硬皮、氧化皮或淬硬的工件，以免锉齿过早磨损。
④ 锉刀被切屑堵塞，应用钢丝刷顺着锉纹方向刷去锉屑。
⑤ 锉刀材质脆硬，不可敲打撞击。锉刀放置在工作台上时不可伸出工作台面，以免碰落摔断或砸伤脚面。

11.3.4　錾削

用手锤锤击錾子对金属进行切削加工的方法叫錾削。錾削工作一般用于不便机械加工的场合，或在余量太多的部位去掉足够的余量。它是钳工工作中一项比较重要的基本操作技能。錾削可以用于加工出平面、沟槽，切断板料及清理铸件、锻件上的毛刺等。

1. 錾削工具

(1) 錾子　錾子常用碳素工具钢 T7 或 T8 锻制而成，刃部经淬火和回火处理。其形状是根据工作需要做成的，一般全长为 170～200 mm。钳工常用的錾子有以下 3 种，如图 11-27 所示。

① 平錾（扁錾）。它是钳工最常用的錾子。其刃口扁平，刃部一般为 1～20 mm，主要用于去掉平面上的凸缘、毛刺，錾削平面，分割板料等。

② 槽錾（窄錾）。它的刃口较窄，约为 5 mm，刃口两侧有倒锥，防止在开深槽时錾子两侧面被卡住，主要用于錾槽和分割曲线形状的板料。

③ 油槽錾。其切削刃很短并呈圆弧形，专门用于錾削滑动轴承轴瓦上和机床滑行轨道平面上的润滑油槽。

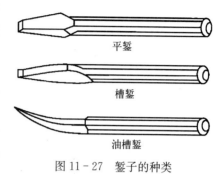

图 11-27　錾子的种类

(2) 手锤　手锤是錾削敲击工具，大小用锤头质量表示。常用的手锤重约 0.5 kg，全长约为 300 mm。

2. 錾削方法

(1) 握錾方法　握錾方法有正握法、反握法及直握法，如图 11-28 所示。

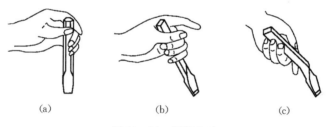

图 11-28　握錾方法
(a) 直握法　(b) 正握法　(c) 反握法

(2) 握锤方法　握锤主要靠食指和拇指，其余各指仅在锤击下时才握紧，锤端只能伸出 15～30 mm，如图 11-29 所示。

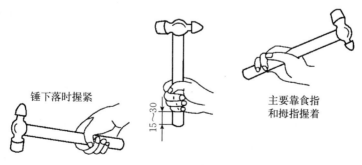

图 11-29　手锤握法

(3) 錾削操作　起錾时，应将錾子握平或使錾头稍向下倾，以便錾刀刃切入工件，如图 11-30 所示。錾削时，錾子与工件夹角如图 11-31 所示。粗錾时，錾刀刃表面与工件夹角

α≈3°～5°；细錾时，α角略大些。

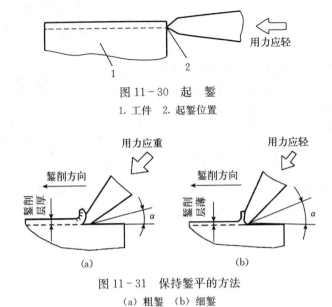

图 11-30 起 錾
1. 工件　2. 起錾位置

图 11-31 保持錾平的方法
(a) 粗錾　(b) 细錾

11.3.5 钻孔、扩孔和铰孔

钻孔、扩孔和铰孔是孔加工的方法，多数由钳工利用各种工具在钻床上完成。

1. 钻床

钻床是一种孔加工机床。车间里常见的钻床有台式钻床、立式钻床、摇臂钻床等。

(1) 台式钻床　台式钻床简称台钻，外形如图 11-32 所示，是可放在工作台上使用的小型钻床。台钻主轴的转速，可用改变传动带在带轮上的位置来调节。主轴的轴向进给，靠扳动进给手柄完成。台钻小巧灵活、结构简单、使用方便，主要用于加工小型工件上直径不超过 12 mm 的小孔。

(2) 立式钻床　立式钻床简称立钻。图 11-33 所示为常见的立式钻床。其最大钻孔直径有 25 mm、35 mm、50 mm 等几种。立式钻床主要由底座、立柱、主轴变速箱、主轴、进给箱和工作台组成。主轴变速箱可使主轴带动钻头旋转，并获得各种转速。通过进给箱内的传动机构，主轴随着主轴套筒按需要的进给量做直线移动，也可利用手柄做手动进给。进给箱和工作台可沿立柱导轨上下移动，以适应不同工件的加工。由于主轴的位置是固定的，为使钻头与工件上孔的中心对准，必须移动工件。因此，立钻适用于加工中小型工件上直径稍大的孔。

(3) 摇臂钻床　摇臂钻床如图 11-34 所示。它由底座、立柱、摇臂、主轴箱、工作台等部分组成。摇臂可绕立柱做回转运动，主轴箱可在摇臂的水平导轨上移动，这样可使主轴调整到加工区域的任何位置上。加工前，将摇臂沿立柱上下移动，使主轴位置高低适应工件的高度，以方便地对准工件上被加工孔的中心。因此，摇臂钻床适用于加工大中型工件上直径小于 50 mm 的孔或多孔工件。

2. 钻孔

(1) 钻削运动　钻孔是指用钻头在实体工件上加工孔的方法。其尺寸精度一般为

IT12～IT11，表面粗糙度 Ra 为 50～12.5 μm。在钻床上钻孔时，钻头旋转为主运动，同时沿其轴向移动做进给运动，如图 11-35 所示。

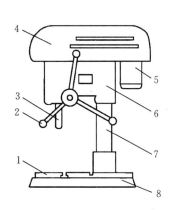

图 11-32 台式钻床
1. 工作台 2. 进给手柄 3. 主轴 4. 带罩
5. 电动机 6. 主轴箱 7. 立柱 8. 底座

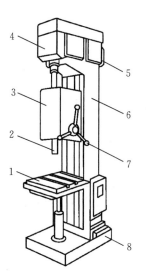

图 11-33 立式钻床
1. 工作台 2. 主轴 3. 进给箱 4. 主轴变速箱
5. 电动机 6. 立柱 7. 进给手柄 8. 底座

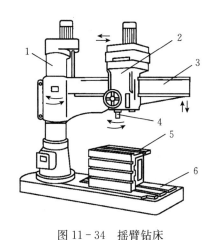

图 11-34 摇臂钻床
1. 立柱 2. 主轴箱 3. 摇臂 4. 主轴 5. 工作台 6. 底座

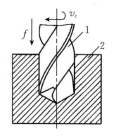

图 11-35 钻削运动
1. 钻头 2. 工件

（2）**钻削工具**　钻孔常用刀具是麻花钻。麻花钻的材料有碳素工具钢和高速钢等。麻花钻的构造如图 11-36 所示。麻花钻由切削部分、导向部分、颈部和柄部等组成。柄部是钻头的夹持部分，有直柄和锥柄两种。直柄传递的扭矩较小，一般用于直径不超过 12 mm 的钻头。锥柄可传递较大的扭矩，用于直径超过 12 mm 的钻头。麻花钻上两条对称的螺旋槽用来形成切削刃，还可以用来输送切削液和排屑。

（3）**刀具的安装**　因钻头柄部不同，其装夹方法也不同。直柄钻头可用钻夹头装夹，如图 11-37 所示。安装直柄钻头时，可先将钻头柄塞入钻夹头中自动定心的三个夹爪内，其夹持的长度不能小于 15 mm，然后用紧固扳手顺时针旋转外套来实现夹紧，反之，则放松拆下钻头。

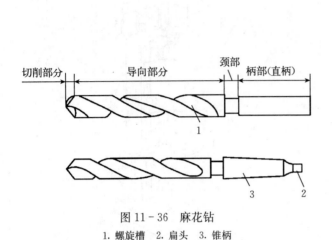

图 11-36　麻花钻
1. 螺旋槽　2. 扁头　3. 锥柄

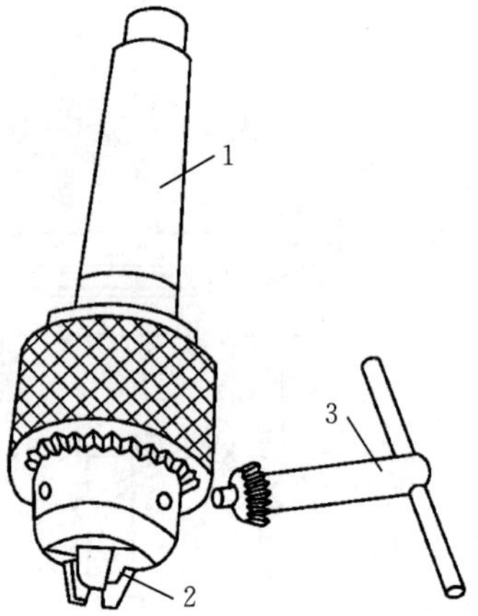

图 11-37　钻夹头
1. 锥柄　2. 自动定心夹爪　3. 紧固扳手

锥柄钻头可直接装在机床主轴的锥孔内。锥柄尺寸较小时，可用钻头套（也称过渡套筒）安装，如图 11-38 所示，连接时利用加速冲力装接。当钻头需要拆卸时，可用手锤敲击楔铁，利用楔铁斜面向下的分力使钻头与钻头套或主轴分离。拆卸时，要用手握住钻头，以免打击楔铁时钻头落下，损伤机床和刀具。

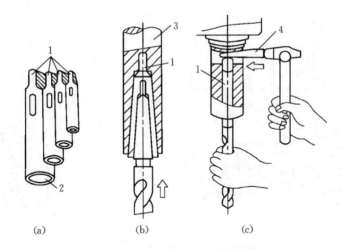

图 11-38　锥柄钻头的安装与拆卸
(a) 钻头套　(b) 安装方法　(c) 拆卸方法
1. 钻头套　2. 锥孔　3. 主轴　4. 楔铁

（4）工件的装夹　在台钻或立钻上加工孔时，小型工件通常用平口钳装夹，如图 11-39 (a) 所示。大型工件可用压板、螺钉直接装夹在工作台上，如图 11-39 (b) 所示。工件夹紧时要使工件表面与主轴轴线垂直。

（5）钻孔方法及注意事项

① 刃磨钻头时，两边切削刃要对称，以免引起颤动或将孔扩大。

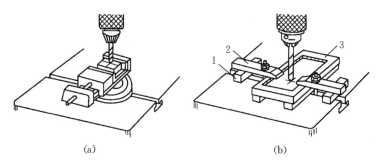

图 11-39 钻孔时的工件装夹
(a) 用平口钳装夹 (b) 用压板、螺钉装夹
1. 垫铁 2. 压板 3. 工件

② 单件、小批生产时，钻孔前要划线，孔中心打出样冲眼，以起定心作用。大批量生产时，广泛应用钻模钻孔，可以免去划线工作，且钻孔精度较高。

③ 工件材料较硬或钻铰深孔时，在钻孔过程中要不断将钻头抬起，方便排除切屑，并防止钻头过热。钻削韧性材料时，要加切削液。

④ 孔径超过 30 mm 时，应分两次钻孔，先钻一个小孔，以减小轴向力。

⑤ 在斜壁上钻孔，必须先用中心钻钻出定心坑或用立铣刀铣出一个平面。

⑥ 钻孔时，进给速度要均匀。钻通孔时，工件下面要垫上垫板或把钻头对准工作台空槽。将要钻通时，进给量要减小。

⑦ 为了操作安全，钻孔时，身体不要贴近主轴，不得戴手套，手中也不许拿棉纱。切屑要用毛刷清理，不得用手抹或用嘴吹。工件必须放平稳并夹持牢固。更换钻头时要平稳。松紧卡头要用紧固扳手，切忌锤击。

3. 扩孔

扩孔是指将已有的孔（铸出、锻出或钻出的孔）扩大加工，既可作为孔加工的最后工序，也可作为铰孔前的准备工序。扩孔加工可以获得较高的精度和较小的表面粗糙度。其尺寸精度一般为 IT10～IT9，表面粗糙度 Ra 为 6.3～3.2 μm。

（1）扩孔工具 扩孔钻的结构如图 11-40 所示。其外形与麻花钻相似，不同的是扩孔钻有 3～4 个刀刃，前端是平的，无横刃；容屑槽较小、较浅；刚性较好，加工时不易变形或颤动。

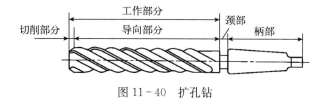

图 11-40 扩孔钻

（2）扩孔方法

① 用扩孔钻扩孔。加工余量小，加工质量高于钻孔。

② 用麻花钻扩孔。当孔径较大时，先用小钻头（钻头直径为孔径的 0.5～0.7 倍）预钻孔，再用大钻头扩孔。由于钻头横刃不切削，可减小轴向力，使钻进顺利。

4. 铰孔

铰孔是指用铰刀对孔进行精加工。铰刀齿数多、刚性好、导向好、有校准部分，可以修光孔壁和校准孔径，同时，铰削余量小，切削速度低，变形小。一般机铰尺寸精度为IT8～IT7，表面粗糙度 Ra 为 $3.2\sim0.8\,\mu m$；手铰尺寸精度可达IT6，表面粗糙度 Ra 可达 $0.4\sim0.2\,\mu m$。

（1）铰刀　铰刀由柄部、颈部和工作部分组成，结构如图11-41所示。柄部有直柄（手铰刀）和锥柄（机铰刀）两种。工作部分又分为切削部分和修光部分。切削部分呈锥形，便于将铰刀引入工作，担负着切削工作。修光部分起着导向和修光作用。铰刀一般有6～12个刀齿，每个刀齿的切削负荷较轻。

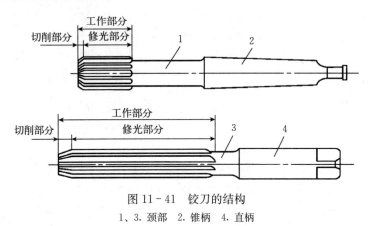

图11-41　铰刀的结构
1、3.颈部　2.锥柄　4.直柄

铰刀工作部分长度取（0.8～3）D（D 为铰刀外径）。手铰刀取最大值，机铰刀取最小值。铰刀一般用合金工具钢制作。

（2）铰孔时的注意事项

① 合理地确定铰削用量。铰削用量一般较小，所以铰削用量主要是指铰削速度和进给量。铰削用量选择是否合理，对铰刀的耐用度、生产率和铰削质量都有直接的影响。其用量的选择可参考有关手册。

② 手铰孔时，用铰杠转动铰刀，并轻压进给。铰刀在孔中不能倒转，否则铰刀和孔壁之间容易发生挤压切屑的现象，造成孔壁划伤和切削刃崩裂。

③ 机铰时要在铰刀退出孔后再停车，否则孔壁有划痕。铰通孔时，铰刀校准部分不可全部露出孔外，以免把出口处划坏。

④ 铰钢制工件时，应经常清除切削刃上的切屑，并加切削液进行润滑和冷却，以提高孔加工质量。

11.3.6　攻螺纹、套螺纹

利用丝锥加工出内螺纹的操作称作攻螺纹（俗称攻丝）。用板牙在工件圆柱表面上加工出外螺纹的操作称作套螺纹（俗称套丝或套扣）。

1. 攻螺纹

（1）攻螺纹工具

① 丝锥。丝锥是加工螺纹的工具。丝锥一般用碳素工具钢T12A或合金工具钢9SiCr经滚牙（或切牙）、淬火、回火制成。丝锥如图11-42所示，工作部分有3～4条轴向容屑槽，可容纳切屑，并形成丝锥的刀刃和前角；切削部分呈圆锥形，故切削部分齿形不完整，

且逐渐升高;校准部分的齿形完整,可校正已切出的螺纹,并起修光和导向作用;柄部末端有方头,以便用丝锥扳手装夹和旋转。

为减少切削阻力,提高丝锥使用寿命,丝锥通常做成2~3支一组。M6~M24的丝锥2支一组,小于M6和大于M24的3支一组。小丝锥强度差,易折断,将切削余量分配在三个等径的丝锥上。大丝锥切削的金属量多,应逐渐切削,分配在三个不等径的丝锥上。

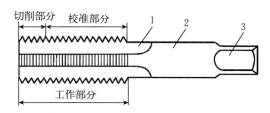

图 11-42 丝 锥
1. 容屑槽 2. 柄部 3. 方头

② 丝锥扳手。丝锥扳手(俗语铰杠)是用来夹持丝锥、铰刀的手工旋转工具,如图11-43所示。常用的是可调式丝锥扳手,即转动一端手柄,可调节方孔大小,以便夹持各种不同尺寸的丝锥。

图 11-43 丝锥扳手

(2) 攻螺纹方法 攻螺纹时,将丝锥方头夹到丝锥扳手方孔内,丝锥垂直地插入孔口,双手均匀加压,转动丝锥扳手,如图11-44所示。每旋转半圈,应倒转1/4圈,以便断屑。

攻普通碳素钢工件时,可加机械油润滑;攻铸铁工件时,采用手攻不必加润滑油,机攻可加注煤油,以清洗切屑。

(3) 螺纹底孔的确定 攻螺纹时,丝锥除了切削螺纹牙间的金属外,对孔壁也有着严重的挤压作用,因此会产生金属凸起并被挤向牙尖,使螺纹孔内径小于原底孔直径,故攻螺纹的底孔直径应稍大于螺纹内径。如底孔直径过小,将会使挤压力过大,导致丝锥崩刀、卡死,甚至折断,此现象在攻塑性材料时更为严重。但若螺纹底孔过大,又会使螺纹牙型高度不够,降低强度。

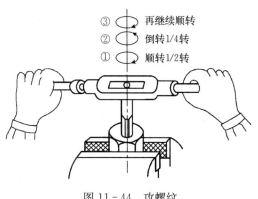

图 11-44 攻螺纹

确定底孔直径大小,可查表或根据下面的经验公式计算。

① 加工钢和塑性较好的材料:
$$D=d-P$$
② 加工铸铁和塑性较差的材料,在较小扩张量条件下:
$$D=d-(1.05\sim 1.1)P$$

式中 D——螺纹底孔直径,mm;
d——螺纹直径,mm;
P——螺距,mm。

攻不通孔螺纹时,因丝锥不能在孔底部加工出完整的螺纹,所以螺纹底孔深度应大于所要求的螺纹长度，不得小于要求的螺纹长度加上0.7倍螺纹外径的和。

2. 套螺纹

（1）套螺纹工具

① 板牙。板牙是加工外螺纹的工具，用合金工具钢 9SiCr、9Mn2V 或高速钢并经淬火、回火制成。板牙如图 11-45 所示，由切削部分、校准部分和排屑孔组成。它本身就像一个圆螺母，只是在它上面钻有几个排屑孔，并形成切削刃。

切削部分是板牙两端带有切削锥角的部分，起着主要的切削作用。板牙的中间是校准部分，起着修光、导向和校准螺纹尺寸的作用。板牙的外圈有一条深槽和四个锥坑。深槽可微量调节螺纹直径大小，锥坑用来在板牙架上定位和紧固板牙。

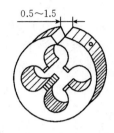

图 11-45　板　牙

② 板牙架。板牙架是用来夹持圆板牙并传递扭矩的工具，如图 11-46 所示。

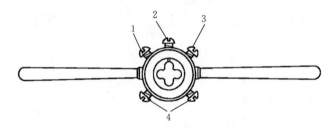

图 11-46　板牙架

1、3、4. 紧固螺钉　2. 调整螺钉

（2）套螺纹方法　套螺纹如图 11-47 所示。套螺纹前，圆杆端部应有 15°～40°倒角，使板牙容易切入，同时可避免螺纹加工完成后螺纹端部出现锋口，影响使用。工件伸出钳口的长度，在不影响螺纹要求长度的前提下，应尽量短一些。套螺纹过程与攻螺纹相似。

（3）套螺纹前圆杆直径的确定　与攻螺纹的切削过程类似，板牙的切削刃除了起切削作用外，对工件的外表面同样起着挤压作用，所以圆杆直径不宜过大，过大会使板牙切削刃受损；圆杆直径过小则套出的螺纹不完整。圆杆直径可用下面经验公式计算：

$$D = d - 0.13P$$

式中　D——圆杆外径，mm；
　　　d——螺纹外径，mm；
　　　P——螺纹的螺距，mm。

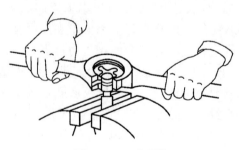

图 11-47　套螺纹

11.4　装　配

将合格的零件按装配工艺组装起来，经过调试使之成为合格产品的过程称为装配。它是机器生产工艺过程的最后一道工序，对产品质量起决定性的作用。

11.4.1 常用的装配方法

为了使装配产品符合技术要求，对不同精度的零件装配时采用不同的装配方法。常用的装配方法有完全互换法、选配法、修配法和调整法。

1. 完全互换法

在同类零件中，任取一件不需经过其他加工就可以装配成符合规定要求的部件或机器的性能，称为零件的互换性。具有互换性的零件，可以用完全互换法进行装配，如自行车的装配方法。完全互换法操作简单、生产率高，便于组织流水作业，零件更换方便，但对零件的加工精度要求比较高，一般在零件生产中需要专用工、夹、模具来保证零件的加工精度，适合大批量生产。

2. 选配法

在完全互换法所确定的零件的基本尺寸和偏差的基础上，扩大零件的制造公差，以降低制造成本。装配前，可按零件的实际尺寸分成若干组，然后将对应的各组配合进行装配，以达到配合要求，例如柱塞泵的柱塞和柱塞孔的配合、内燃机活塞销与活塞孔的配合、车床尾座与套筒的配合等。选配法可提高零件的装配精度，而且不增加零件的加工费用，适用于成批生产中某些精密配合处。

3. 修配法

在装配过程中，修去某一预先规定零件上的预留量，以消除积累误差，使配合零件达到规定的装配精度。例如，车床的前后顶尖中心要求等高，装配时可将尾座的底座精磨或修刮来达到精度要求。采用修配法装配，扩大了零件的公差，从而降低了生产成本，但装配难度增加，所用时间增加，在单件、小批量生产中应用很广。

4. 调整法

装配中还经常利用调整件（如垫片、调整螺母、楔形块等）的位置，以消除相关零件的积累误差来达到装配要求。例如，用楔铁调整机床导轨间隙。调整法装配的零件不需要进行任何加工，同样可以达到较高的装配精度。同时还可以进行定期再调整。这种方法适用于中、小批量或单件生产。

11.4.2 基本元件的装配

1. 螺纹连接的装配

螺纹连接是机器装配中最为常用的可拆卸的固定连接，具有结构简单、连接可靠、装拆方便和可多次拆装等优点。装配时应注意以下几点：

① 螺纹配合应做到用手能自由旋入，过紧则会咬坏螺纹，过松则受力后螺纹容易断裂。

② 螺栓、螺母端面应与螺纹轴线垂直，以使受力均匀。

③ 零件与螺栓、螺母的配合面应平整光洁，否则，螺纹易松动。为了提高贴合质量，可加平垫片。

④ 装配成组螺钉、螺母时，为了保证零件的贴合面受力均匀，应按一定顺序拧紧，如图 11-48 所示。注意不要一次完全旋紧，应按图中顺序分两次或三次旋紧。

2. 滚动轴承的装配

滚动轴承工作时，多数情况是轴承内圈随轴转动，外圈在孔内固定不动，因此，轴承内

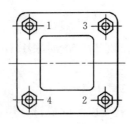 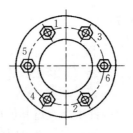

图 11-48 螺母拧紧顺序

圈与轴的配合要紧一些。滚动轴承的装配多数为过盈量较小的过渡配合，常用手锤或压力机装压，如图 11-49 所示。为使轴承受力均匀，常采用垫套加压。轴承压到轴上时，应通过垫套施力于内圈端面，如图 11-49（a）所示；轴承压到机体孔中时，则应施力于外圈端面，如图 11-49（b）所示；若同时压到轴上和机体孔中时，则内、外圈端面应同时加压，如图 11-49（c）所示。

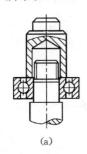 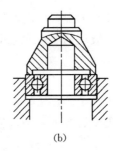 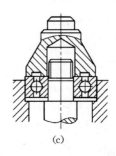

(a)　　　　　　　(b)　　　　　　　(c)

图 11-49 滚动轴承的装配
(a) 轴上装配　(b) 机体孔中装配　(c) 轴上和机体孔中装配

若轴承与轴配合的过盈量较大，最好将轴承吊在 80～90 ℃ 热油中加热，然后将轴趁热装入。

3. 键连接的装配

键连接是用于传动扭矩的固定连接，如轴和轮毂的连接。键装配时应注意以下两点：

① 键的侧面是传递扭矩的工作表面，一般不应修锉。键的顶部与轮毂间应有 0.1 mm 左右的间隙，如图 11-50 所示。

② 键连接的装配顺序是先将轴与孔试配，再将键

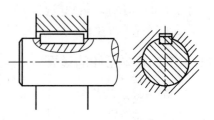

图 11-50 键连接

与轴及轮毂孔的键槽试配，然后将键轻轻打入轴的键槽内，最后对准轮毂孔的键槽，将带键的轴推进轮孔中，如配合较紧，可用铜棒敲击进入或用台钳压入。

4. 销连接的装配

销连接主要用来定位或传递不大的载荷，有时用来起保护作用。常用的销分为圆柱销和圆锥销两种，如图 11-51 所示。销连接装配时，被连接的两孔需同时钻、铰，销孔实际尺寸必须保证销打入时有足够的过盈量。圆柱销依靠其少量的过盈固定在孔中。装配时，在销表面涂上机油，用铜棒轻轻打入。圆柱销不宜多次装拆，否则影响定位精度或连接的可靠性。

圆锥销具有 1∶50 的锥度，多用于定位以及需经常拆装的场合。装配时，必须控制铰孔

深度，以销钉能自由插入孔中的长度占销钉总长的 80%～85% 为宜，然后用铜棒轻轻打入。

5. 圆柱齿轮的装配

圆柱齿轮传动装置的装配的主要技术要求是保证齿轮传动的准确性、相啮合的轮齿表面接触良好等。为使装配后达到上述要求，齿轮装到轴上，首先应检查齿轮的径向圆跳动和端面圆跳动，确定这两项的值是否在公差范围内。单件、小批生产时，可把装有齿轮的轴放在两顶尖之间，用百分表进行检查，如图 11-52 所示。其次应检查齿轮表面接触是否良好，可用涂色法检验。先在主动齿轮的工作齿面涂上红丹油，将相啮合的齿轮试转几圈，查看被动齿轮啮合齿面上的接触斑点的位置、形状和大小。

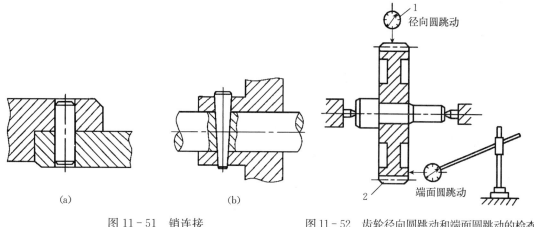

图 11-51 销连接
(a) 圆柱销　(b) 圆锥销

图 11-52 齿轮径向圆跳动和端面圆跳动的检查
1. 百分表　2. 齿轮

11.5　典型零件钳工训练

钳工加工如图 11-53 所示的锤头零件。图中表面粗糙度 Ra 为 $3.2\ \mu m$，可用推锉法加工完成。锤头的材料为 45 钢。锤头加工工艺路线如表 11-3 所示。

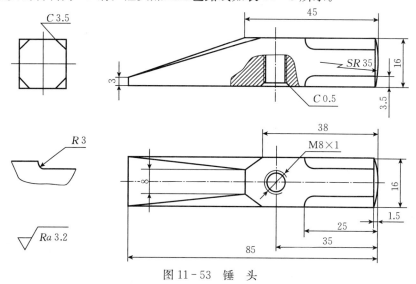

图 11-53　锤　头

表 11-3 锤头加工工艺路线

加工内容	加工简图	刀具及工具	量具
1. 下料：长 90 mm		手锯	钢直尺
2. 平一端：长 ≥ 87 mm		300 mm 平锉	直角尺
3. 锯斜面		手锯	游标卡尺
4. 钻孔：$\phi 7$ mm		$\phi 7$ mm 麻花钻、台钻、机用平口钳	游标卡尺
5. 粗、精锉斜面		300 mm 平锉、250 mm 平锉	刀口尺、游标卡尺
6. 划斜面倒角线		划针	高度尺、钢直尺
7. 按线锉斜面倒角		250 mm 平锉	游标卡尺
8. 划锤子下部倒棱线		划针	高度尺
9. 倒棱加工： ① 在尺寸 22 mm 处用三角锉定 $R3$ mm 圆心； ② 用 $\phi 6$ mm 圆锉加工 $R3$ mm 圆弧； ③ 用 250 mm 平锉加工平面		150 mm 三角锉、$\phi 6$ mm 圆锉、250 mm 平锉	高度尺、游标卡尺

(续)

加工内容	加工简图	刀具及工具	量具
10. 加工 SR 35 mm 球面		250 mm 平锉	半径样板
11. 攻 M8×1 内螺纹		M8×1 丝锥、丝锥扳手	直角尺
12. 砂光		200 mm 平锉、80# 砂布	

思考题

1. 使用台虎钳时应注意什么问题?
2. 划线的作用是什么? 有哪几种? 如何选择划线基准?
3. 如何选择锯条? 试分析崩齿和折断的原因。
4. 如何选择锉刀?
5. 台式钻床、立式钻床、摇臂钻床分别适合加工什么样的工件?
6. 钻孔时有哪些注意事项?
7. 扩孔钻和铰刀在加工时有何不同?
8. 攻螺纹前,怎样确定螺纹底径?
9. 攻不通孔螺纹时为什么丝锥不能攻到底?
10. 平面锉削的要点是什么?

第 12 章　数　控　加　工

12.1　概　述

随着科学技术和社会生产的不断发展，对加工机械产品的生产设备提出了高性能、高精度和高自动化的"三高"要求。为了解决这一问题，一种新型的数字程序控制机床应运而生。它有效地解决了上述一系列矛盾，为单件、小批量生产，特别是复杂型面零件的生产提供了自动化加工手段。

数控是数字控制（numerical control，NC）的简称。数控系统是指利用数字控制技术实现的自动控制系统。数控设备是采用数控系统实现控制的机械设备，其操作命令是用数字或数字代码的形式来描述，工作过程是按照指定的程序自动地进行，装备了数控系统的机床称之为数控机床。数控机床是数控设备的典型代表，其他数控设备包括数控雕刻机、数控火焰切割机、数控测量机、数控绘图机、电脑绣花机、工业机器人等。

12.1.1　数控机床的组成

数控机床一般由输入输出装置、数控装置、伺服驱动装置、辅助控制装置和机床本体等五部分组成，如图 12-1 所示。

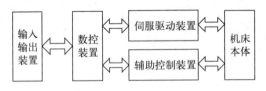

图 12-1　数控机床的组成框图

1. 输入输出装置

数控机床是严格按照外部输入的程序对工件进行自动加工的，因此数控机床在进行加工前，必须接受由操作人员输入的零件加工程序，然后才能进行加工控制。输入装置将数控加工程序等各种信息输入到数控装置中，输入的内容及数控机床的工作状态可以通过输出装置观察。其中，键盘和显示器是数控机床不可缺少的人机交互设备，操作人员可通过键盘输入程序、编辑修改程序和发送操作命令，因而键盘是重要的输入装置。数控机床通过显示器为操作人员提供必要的信息，显示的信息可以是正在编辑的程序，或是机床的加工信息等。常用的输入输出装置有纸带阅读机、盒式磁带录音机、磁盘驱动器、通信网络接口、CRT（cathode ray tube，CRT）及各种显示器件等。

2. 数控装置

数控装置是数控机床的核心，其主要功能是：将输入装置传送的数控加工程序进行正确地识别和解释，经数控装置系统软件进行译码、插补运算和速度预处理，产生位置和速度指令信号及辅助控制功能信息等，完成各种输入、输出任务。其形式可以是由数字逻辑电路构成的专用硬件数控装置或计算机数控装置。前者称作硬件数控装置，或 NC 装置，其数控功能由硬件逻辑电路实现；后者称为 CNC 装置，其数控功能由硬件和软件共同完成。

3. 伺服驱动装置

伺服驱动装置（伺服系统）位于数控装置和机床本体之间，包括进给轴伺服驱动装置和主轴伺服驱动装置两部分。进给轴伺服驱动装置由位置控制单元、速度控制单元、电动机和测量反馈单元等部分组成。进给轴伺服驱动装置按照数控装置发出的位置控制命令和速度控制命令，经过功率放大后驱动进给电动机转动，正确驱动机床受控部件的移动，同时完成速度控制和反馈控制功能。主轴伺服驱动装置主要由速度控制单元组成，接收来自可编程逻辑控制器（programmable logic controller，PLC）的转向和转速指令，经过功率放大后驱动主轴电动机转动。

4. 辅助控制装置

辅助控制装置形式有传统的继电器控制线路或现代数控机床的可编程逻辑控制器（PLC）。PLC 接受数控装置发出的开关命令，主要完成与逻辑运算有关的动作，如机床主轴选速、起停和方向控制功能，换刀功能，工件装夹功能，冷却、液压、气动、润滑系统控制功能，以及机床其他辅助功能。

5. 机床本体

根据不同的加工方式，机床本体可以是车床、铣床、钻床、键床、磨床、加工中心及电加工机床等。与传统的普通机床相比，数控机床本体的外部造型、整体布局、传动系统、刀具系统及操作机构等方面都应该符合数控的要求。

12.1.2 数控机床的分类

数控机床的品种规格繁多，按照不同的划分方式，可分为多种类型。

1. 按运动轨迹分类

按照运动轨迹，数控机床可分为点位控制数控机床、直线控制数控机床和轮廓控制数控机床。

（1）点位控制数控机床 这类数控机床仅控制机床运动部件从一点准确地移动到另一点，在移动过程中不进行加工，因此对运动部件的移动速度和运动轨迹没有严格要求，可先沿机床一个坐标轴移动完毕，再沿另一个坐标轴移动。但是为了提高加工效率，保证定位精度，系统常常要求运动部件的速度是"先快后慢"，即沿机床坐标轴快速移动接近目标点，再以低速趋近并准确定位。采用这类系统的机床有数控钻床（图12-2）、数控镗床、数控冲床等。

（2）直线控制数控机床 这类数控机床不仅要控制机床运动部件从一点到另一点的准确定位，还要控制两相关点之间的移动速度和运动轨迹。在移动的过程中，刀具只能以指定的进给速度切削。移动轨迹一般为与某坐标轴平行的直线，也可以为与坐标轴成45°夹角的斜线，但不能为任意斜率的直线（图12-3）。由于这类数控机床可一边移动一边切削加工，因此其辅助功能也比点位数控机床多一些。也可以与点位数控机床结合起来，设计成点位/直线数控机床。

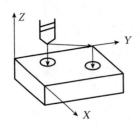

图12-2 数控钻床的点位控制

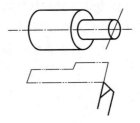

图12-3 数控车床的直线控制

（3）轮廓控制数控机床　轮廓控制也称为连续控制，数控机床能够同时对两个或两个以上机床坐标轴的移动速度和运动轨迹进行连续相关的控制。这类数控机床要求数控装置具有插补运算功能，并根据插补结果向坐标轴控制器分配脉冲，从而控制各坐标轴联动，进行各种斜线、圆弧、曲线的加工，实现连续控制。采用这类数控机床有数控车床、数控铣床、数控磨床、数控加工中心和电加工机床等。

轮廓控制数控机床按同时控制且相互独立的轴数不同，可以分为两轴联动控制、两轴半联动控制、三轴联动控制、四轴联动控制、五轴联动控制等。

2. 按伺服系统分类

按照伺服系统有无位置检测装置及位置检测装置安装位置不同，数控机床可分为开环控制数控机床、闭环控制数控机床和半闭环控制数控机床。

（1）开环控制数控机床　开环控制数控机床无位置检测反馈系统，一般以步进电动机或电液脉冲马达作为执行元件，其控制框图如图12-4所示。数控装置发出的指令信号经驱动电路进行功率放大，转换为控制步进电动机定子绕组依次通电/断电的电流脉冲信号，驱动步进电动机旋转，再经过机床传动机构（齿轮箱、丝杠等）带动工作台移动。这种方式信号的传输是单方向的，没有反馈通道，系统结构简单，价格低廉，便于维护，控制方便，但精度和速度受到限制，主要应用于经济型数控机床和普通机床的数控化改造。

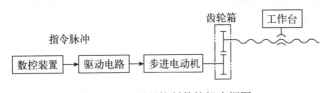

图12-4 开环控制数控机床框图

（2）闭环控制数控机床　闭环控制数控机床是误差控制随动系统以直流或交流伺服电动机作为执行元件。位置检测装置安装在机床运动部件或工作台上，用以检测实际运行位置（直线位移），将检测到的实际位移发送反馈到CNC装置的比较器中，与指令位置（或位移）进行比较，用差值进行控制，驱动工作台朝着减小误差的方向运动，直至差值为零（图12-5）。闭环控制系统为双闭环系统，内环为速度环，外环为位置环。这类系统可以将工作台和机床的机械传动链造成的误差消除，因此可以获得很高的精度和速度。但其结构复杂，稳定性差，成本造价高，调试、维修困难，主要用于精度要求高的大型机床和精密机床。

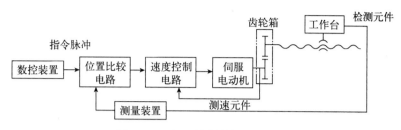

图 12-5　闭环控制数控机床框图

（3）半闭环控制数控机床　半闭环控制数控机床工作原理与闭环控制数控机床完全相同，主要区别是其位置检测装置为角位移检测装置（图 12-6）。半闭环控制数控机床的闭环环路内不包含丝杠、螺母副、导轨及机床工作台这些环节，因此由这些环节造成的误差不能被反馈信号所补偿，会影响移动部件的位移精度，其控制精度不如闭环控制数控机床，但比开环控制数控机床高。半闭环控制数控机床环路短、刚性好、调试方便，容易获得比较稳定的控制特性，因此被广泛采用。

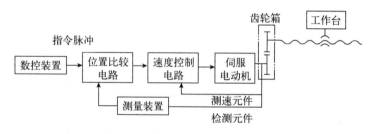

图 12-6　半闭环控制数控机床框图

12.2　数控编程基础知识

12.2.1　数控机床的坐标系

在数控机床上加工零件时，刀具必须在确定的坐标系中才能按规定的程序对零件进行加工。正确把握数控机床坐标轴的定义、运动方向的规定以及根据不同坐标原点建立不同坐标系的方法，会给程序编制和使用维修带来方便。否则，程序编制容易发生混乱，操作中也易引发事故。

1. 坐标系的确定原则

数控机床的坐标和运动方向均已标准化，ISO 和我国都拟定了命名的标准。对于一台具体的机床，其坐标系的构建遵从以下三项原则：

（1）刀具相对于静止工件而运动的原则　在数控加工中，为了方便确定刀具和工件之间的运动关系，我们始终认为工件静止，而刀具是运动的。这样编程人员在不考虑机床上工件与刀具具体运动的情况下，就可以依据零件图样，确定机床的加工过程。

（2）机床坐标系的规定　数控机床采用标准笛卡儿直角坐标系，坐标系的构建遵守右手法则，如图 12-7 所示。

(3) 运动方向的规定　刀具远离工件的方向为坐标轴正向，或是增大刀具与工件距离的方向即为各坐标轴的正方向。

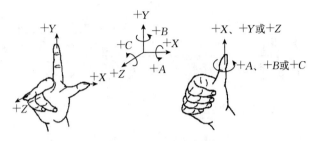

图 12-7　机床坐标系

2. 坐标轴方向的确定

(1) Z 坐标轴　Z 坐标轴的方向是由传递切削动力的主轴所决定的，即平行于主轴轴线的坐标轴即为 Z 坐标轴，Z 坐标轴的正向为刀具离开工件的方向。

如果机床上有几个主轴，则选一个垂直于工件装夹平面的主轴方向为 Z 坐标轴方向。

(2) X 坐标轴　X 坐标轴平行于工件的装夹平面，一般在水平面内。确定 X 坐标轴的方向时，要考虑两种情况：

① 如果工件做旋转运动，则刀具离开工件的方向为 X 坐标轴的正方向。

② 如果刀具做旋转运动，分为两种情况：Z 坐标轴水平时，观察者沿刀具主轴向工件看时，+X 坐标运动方向指向右方；Z 坐标轴垂直时，观察者面对刀具主轴向立柱看时，+X 坐标轴运动方向指向右方。

(3) Y 坐标轴　根据已确定的 Z、X 坐标轴正方向，按照右手法则来确定 Y 坐标轴的方向。

3. 工件坐标系

工件坐标系是以工件设计尺寸为依据建立的坐标系。编程人员以工件图纸上的某一点为原点建立坐标系，而编程尺寸按工件坐标系中的尺寸确定。工件随夹具安装在机床上，这时测得的工件原点与机床原点间的距离称为工件原点偏置，该偏置值在加工之前预存到数控机床中，加工时工件原点偏置量自动加到工件坐标系上，使机床实现准确的坐标运动。因此，编程人员可以不考虑工件在机床上的安装位置。

12.2.2　数控编程的概念和方法

1. 数控编程的概念

在数控机床加工零件时，程序员根据零件的图样和加工工艺，将零件加工的工艺过程及加工过程中需要的辅助动作，如换刀、冷却、夹紧、主轴正反转等，按照加工顺序和数控机床中规定的指令代码及程序格式编成加工程序单，然后再将程序单中的全部内容输入到机床数控装置中，自动控制数控机床完成工件的全部加工。这种根据零件图样和加工工艺编制成加工指令并输入到数控装置的全部过程称为数控加工程序编制，简称数控编程。

2. 数控编程的方法

数控加工程序的编制方法主要有两种：手工编制程序（简称手工编程）和自动编制程序（简称自动编程）。

(1) 手工编程　手工编程指数控编程中各个阶段的工作全部或主要由人工来完成。一般对几何形状不太复杂的零件，所需的加工程序不长，计算比较简单，用手工编程比较合适。但是，对于一些几何形状复杂的零件，特别是具有列表曲线、非圆曲线及曲面的零件（如叶片、复杂模具），或者零件的几何元素并不复杂，但程序量很大的零件（如复杂的箱体），或者工步复杂的零件，手工编程就难以胜任，必须采用自动编程方法。

（2）自动编程 自动编程是指在编程过程中，除了分析零件图样和制定工艺方案由人工进行外，其余工作均由计算机辅助完成。由于自动编程代替编程人员完成了繁琐的数值计算，可提高编程效率几十倍乃至上百倍，因此解决了手工编程无法解决的许多复杂零件的编程难题。

12.2.3 数控编程的主要步骤

1. 工艺方案分析

分析编制程序时，需要先根据零件图样，对零件的技术要求、形状、尺寸、精度、表面质量、材料、毛坯种类、热处理和工艺方案等进行分析，从而选择加工方案，确定工序、加工路线、定位夹紧方式，并合理选用刀具及切削用量等。在确定加工工艺过程时，应充分考虑发挥数控机床的功能，做到加工路线要短、走刀和换刀次数要少、加工安全可靠。

2. 刀具运动轨迹计算

在编制程序前要进行刀具运动轨迹坐标值的计算，这些坐标值是编制程序时需要输入的数据。根据零件图的几何尺寸、进给路线及设定的工件坐标系，计算工件粗、精加工各运动轨迹的坐标值。对于形状比较简单的零件（如直线和圆弧组成的零件）的轮廓加工，需要计算出几何元素的起点、终点、面弧的圆心、两几何元素的交点或切点的坐标值，有时还要计算刀具中心运动轨迹的坐标值；对于形状比较复杂的零件，需要用直线段或圆弧段逼近，计算出逼近线段的交点坐标值，并限制在允许的误差范围以内。

3. 编写加工程序单

根据计算出的运动轨迹坐标值和已确定的加工顺序、加工路线、切削参数及辅助动作等，按照数控系统规定的功能指令代码及程序段格式，逐段编写加工程序单。并附上必要的加工示意图、刀具布置图、零件装夹图及有关的工艺文件，如工序卡、机床调整卡、数控刀具卡、夹具卡等。

4. 制作控制介质

程序单只是程序设计的文字记录，还必须把编制好的程序单上的内容记录在控制介质上，作为数控装置的输入信息。程序输入方式主要有纸带阅读机方式输入、键盘方式输入、存储器方式输入和通信方式输入等。

5. 程序校验与首件试切

在正式加工之前，必须对输入的程序和制备的控制介质进行校验和零件试切，然后才能正式使用。程序校验只能粗略检验运动轨迹是否正确，而不能检查被加工零件的加工精度是否符合要求。因此，还必须进行零件的首件试切。当发现加工的零件不符合加工技术要求时，需要分析错误产生的原因，可修改程序或采取尺寸补偿等措施。

12.2.4 常用数控编程指令及代码

数控机床的运动是由数控加工程序控制的，数控程序是由各种功能字按照规定的格式组成的。功能指令是组成程序段的基本单元,也是程序编制中的核心问题。

1. 准备功能 G 指令

数控机床应用中,称 G 指令为准备功能指令,是使机床建立起某种加工方式的指令,G 指令由地址 G 和其后的两位数字组成,从 G00～G99 共 100 种。G 代码分为模态代码(又称续效代码)和非模态代码,模态代码表示该代码一经在一个程序段中应用,直到出现同组的另一个 G 代码时才失效;非模态代码只在本程序段有效,下一程序段需要时必须重写。

(1) 坐标系相关指令

① 绝对尺寸指令和增量尺寸指令——G90、G91。绝对尺寸指机床运动部件的坐标尺寸值相对于坐标原点给出的尺寸。增量尺寸指机床运动部件的坐标尺寸值相对于前一位置给出的尺寸。

编程格式:G90/G91

② 预置寄存指令——G92。预置寄存指令是按照程序规定的尺寸字值,通过当前刀具所在位置来设定工件坐标系的原点。这一指令不产生机床运动。通过该指令设定起刀点即程序开始运动的起点,从而建立工件坐标系。应该注意的是,该指令只是设定坐标系,机床并未产生任何运动。

编程格式:G92 X_ Y_ Z_

其中,X、Y、Z 的值是当前刀具位置相对于工件原点位置的值。

③ 坐标平面选择指令——G17、G18、G19。坐标平面选择指令是用来选择圆弧插补的平面和刀具补偿平面的。G17 表示选择 XY 平面,G18 表示选择 ZX 平面,G19 表示选择 YZ 平面。一般数控车床默认在 ZX 平面内加工,数控铣床默认在 XY 平面内加工。

编程格式:G17/G18/G19

(2) 运动及插补功能指令

① 快速点定位指令——G00。快速点定位指令控制刀具以点位控制的方式快速移动到目标位置,其移动速度由系统参数来设定。

编程格式:G00 X_ Y_ Z_

其中,X、Y、Z 的值是快速点定位的终点坐标值。

② 直线插补指令——G01。直线插补指令用于产生按指定进给速度的平面或空间直线运动。

编程格式:G01 X_ Y_ Z_ F_

其中,X、Y、Z 的值是直线插补的终点坐标值,F 的值是进给速度。

例 1 如图 12-8 所示,刀具由原点按顺序向 1、2、3 点移动时用 G90、G91 指令编程。

O0001
N10 G92 X0 Y0
N20 G90 G00 X20 Y15
N30 G01 X40 Y45 F100
N40 G91 X20 Y−20
N50 X−40 Y−10
N60 G90 G00 X0 Y0

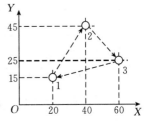

图 12-8 G90、G91 指令应用

N70 M30

③ 圆弧插补指令——G02、G03。圆弧插补指令控制刀具在指定坐标平面内以给定的进给速度进行圆弧插补运动。G02 为顺时针圆弧插补指令,G03 为逆时针圆弧插补指令。在不同坐标平面上圆弧顺逆方向的判别方法为:沿着不在圆弧平面内的坐标轴,由正方向向负方向看,顺时针方向 G02,逆时针方向 G03。

编程格式:G17/G18/G19 G02/G03 X_ Y_ Z_ I_ J_ K_ (R_) F_

其中,X、Y、Z 的值是指圆弧插补的终点坐标值;I、J、K 的值是指圆弧起点到圆心的增量坐标值,与 G90、G91 无关;R 为指定圆弧半径,当圆弧的圆心角≤180°时,R 值为正,当圆弧的圆心角>180°时,R 值为负,但整圆编程不能用 R 进行指定。

(3) **刀具补偿功能指令**

① 刀具半径补偿功能——G41、G42、G40。在零件轮廓加工时,由于刀具半径尺寸影响,刀具的中心轨迹与零件轮廓往往不一致。为了避免计算刀具中心轨迹,直接按零件图样上的轮廓尺寸编程,数控系统提供了刀具半径补偿功能。刀具半径补偿功能就是将计算刀具中心轨迹的过程交由 CNC 系统执行,编程人员假设刀具的半径为零,直接根据零件的轮廓形状进行编程,而实际的刀具半径则存放在刀具半径偏置寄存器中。在加工过程中,CNC 系统根据零件程序和刀具半径自动计算刀具中心轨迹,完成对零件的加工。

G41 为左偏刀具半径补偿,定义为假设工件不动,沿刀具运动方向向前看,刀具在零件左侧的刀具半径补偿,简称左刀补;G42 为右偏刀具半径补偿,定义为假设工件不动,沿刀具运动方向向前看,刀具在零件右侧的刀具半径补偿,简称右刀补;G40 为补偿撤消指令。

编程格式:G00/G01 G41/G42 X_ Y_ D_　　//建立补偿程序段
　　　　　……　　　　　　　　　　　　　//轮廓切削程序段
　　　　　……
　　　　　G00/G01 G40 X_ Y_　　　　　　//补偿撤消程序段

其中,G41/G42 程序段中的 X、Y 值是建立补偿直线段的终点坐标值;G40 程序段中的 X、Y 值是撤消补偿直线段的终点坐标值;D 为刀具半径补偿代号地址字,后面一般用两位数字表示代号,代号与刀具半径值一一对应。刀具半径值可用 CRT/MDI 方式输入,即在设置时,D_ =R。

例 2 使用半径 R 为 5 mm 的刀具加工如图 12-9 所示的零件,加工深度为 5 mm,编写加工程序。

O0010
N10 G54 G90 G01 Z40 F200
N20 M03 S500
N30 G01 X-50 Y0
N40 G01 Z-5 F100
N50 G01 G42 X-10 Y0 D01
N60 G01 X60 Y0
N70 G03 X80 Y20 R20
N80 G03 X40 Y60 R40
N90 G01 X0 Y40

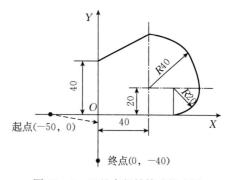

图 12-9　刀具半径补偿功能应用

N100 G01 X0 Y－10
N110 G01 G40 X0 Y－40
N120 G01 Z40 F200
N130 M05
N140 M30

② 刀具长度补偿指令——G43、G44、G49。使用刀具长度补偿指令，在编程时就不必考虑刀具的实际长度及各把刀具不同的长度尺寸。加工时，用 MDI 方式输入刀具的长度尺寸，即可正确加工。当由于刀具磨损、更换刀具等原因引起刀具长度尺寸变化时，只要修正刀具长度补偿量，而不必调整程序或刀具。

G43 为正补偿，即将 Z 坐标尺寸字与 H 代码中长度补偿的量相加，按其结果进行 Z 轴运动；G44 为负补偿，即将 Z 坐标尺寸字与 H 代码中长度补偿的量相减，按其结果进行 Z 轴运动；G49 为撤消补偿。

编程格式：G01 G43/G44 Z_ H_　　// 建立补偿程序段
　　　　　……　　　　　　　　　// 切削加工程序段
　　　　　……
　　　　　G49　　　　　　　　　// 补偿撤消程序段

其中，Z 代码指令的值表示 Z 轴移动坐标值；H_ 的值为长度补偿量，即 H_ ＝Δ。H 刀具长度补偿代号地址字，后面一般用两位数字表示代号，代号与长度补偿量一一对应。刀具长度补偿量可用 CRT/MDI 方式输入。如果用 H00 则取消刀具长度补偿。

2. 辅助功能 M 指令

辅助功能 M 指令又称 M 代码，是控制机床外部开关接通或断开的功能指令，如主轴正、反转，切削液的开、关，自动换刀，运动部件的夹紧与松开等。我国 JB/T3208—1999 标准中规定的 M 代码由字母 M 及后面两位数组成，从 M00～M99 共 100 种。

(1) M00——程序暂停　执行 M00 后，机床所有动作均被切断，以便执行某一固定的手动操作，如手动变速、人工换刀等。重新按动程序启动按钮后，再继续执行后面的程序段。

(2) M01——计划（任选）暂停　M01 执行过程与 M00 相同，所不同的是执行条件。只有在机床控制面板上的"任选停止"开关置于接通位置时，M01 代码才生效，否则这个指令不起作用，继续执行以后的程序。该指令常用于关键尺寸的抽样检查或需要临时停车时。

(3) M02——程序结束　其编在最后一条程序段中，切断机床所有动作，并使数控系统处于复位状态。

(4) M03、M04、M05——主轴正转、反转和停止旋转　主轴正转是从主轴往正 Z 方向看去，主轴顺时针方向旋转，逆时针方向则为反转。主轴停止旋转要在该程序段其他指令执行完后才能停止。

(5) M06——自动换刀　M06 必须与相应的刀号（T 代码）结合，才构成完整的换刀指令。

(6) M07、M08——切削液打开　分别命令 2 号切削液（雾状）及 1 号切削液（液状）开（冷却泵启动）。

(7) M09——切削液关。

(8) M10、M11——运动部件的夹紧及松开。

(9) M19——主轴定向停止。

(10) M30——程序结束　与 M02 相似，但 M30 可使程序返回到开始状态。

3. F、S、T 功能

(1) F 功能　进给功能一般称为 F 功能或 F 指令，地址符是 F，用于指定切削的进给速度。现在一般采用直接指定方式，即用字母 F 及 F 后续数字表示进给速度。对于车床，F 可分为每分钟进给和主轴每转进给两种，一般分别用 G94、G95 规定；对于其他数控机床，一般只用每分钟进给。F 指令在螺纹切削程序段中常用来指令螺纹的导程。

(2) S 功能　主轴转速功能一般称为 S 功能或 S 指令，地址符是 S，用于指定主轴转速，单位为 r/min。中档以上的数控机床，转速可以直接指定，即用 S 后续数字直接表示每分钟主轴转速。对于具有恒线速度功能的数控车床，程序中的 S 指令用来指定车削加工的线速度。

(3) T 功能　刀具功能一般称为 T 功能或 T 指令，地址符是 T，用于指定加工时所用刀具的编号。对于数控车床，其后的数字还兼作指定刀具长度补偿和刀尖半径补偿用。铣床刀具功能更为复杂，而且系统差别也很大。加工中心刀具号用 T＿指定，T 后续数字一般 1～4 位，多数系统换刀使用 M06 T＿指令。

12.3　数控车削加工

12.3.1　数控车床简介

1. 数控车床的用途

数控车床主要用于加工轴类和盘类的回转体零件，如车削内外圆柱表面、圆锥表面、回转曲面与端面以及加工内外螺纹等。数控车床加工灵活，通用性强，能适应产品规格和品种的频繁变化，能满足新产品的多品种、小批量生产自动化的要求。因此，数控车床被广泛用于机械制造工业。

2. 数控车床的分类

数控车床按功能分为简易数控车床、经济型数控车床、多功能数控车床和车削中心等。

(1) 简易数控车床　简易数控车床是一种低档数控车床，一般用单板机或单片机进行控制。单板机不能存储程序，目前很少使用。单片机可以存储程序，但是没有刀尖圆弧半径自动补偿功能，编程计算比较繁琐。

(2) 经济型数控车床　经济型数控车床是中档数控车床，具有单色显示 CRT、程序储存和编辑功能。缺点是没有恒线速度切削功能，刀尖圆弧半径自动补偿不是它的基本功能，而属于选择功能范围。

(3) 多功能数控车床　多功能数控车床属较高档次数控车床，具备刀尖圆弧半径自动补偿、恒线速度切削、倒角、固定循环、螺纹切削、图形显示、用户宏程序等功能。

(4) 车削中心　车削中心的主体是数控车床，配有刀库和机械手，与数控车床单机相比，自动选择和使用的刀具数量大大增加。

12.3.2 数控车床编程基础

1. 数控车床的编程特点

（1）可以采用绝对值编程、增量值编程或两者混合编程　根据被加工零件的图样标注尺寸，从便于编程的角度出发，在一个程序段中，可以采用绝对值编程、增量值编程或两者混合编程。按绝对坐标值编程的时候，用坐标字 X、Z 表示；按增量坐标值编程的时候，用坐标字 U、W 表示。

（2）可以采用直径编程或半径编程方式　在数控车削加工中，X 轴的坐标值有直径编程和半径编程两种表示方法，数控系统默认的编程方式是直径编程。绝对值编程时，X 以直径值表示；增量值编程时，以径向实际位移量的二倍值表示，并附上方向符号。

（3）具有各种不同形式的固定循环功能　由于车削加工常用圆棒料或锻料作为毛坯，加工余量较大，要加工到图样尺寸，需要多次逐层切削，如果每层切削加工都编写程序，编程工作量会大大增加。因此，为简化编程，数控装置通常具备各种不同形式的固定循环功能，如车内、外圆柱表面固定循环，车端面固定循环、车螺纹固定循环等。

（4）具有刀具自动补偿功能　大多数数控车床都具有刀具自动补偿功能，利用此功能可以实现刀尖圆弧半径补偿、刀具磨损补偿以及在安装刀具时产生的位置误差补偿。加工前操作人员只要将相关补偿值输入到存储器中，数控系统就能自动进行刀具补偿。无论刀尖圆弧半径、刀具磨损还是刀具位置的变化都无需更改加工程序，因而编程人员可以按照工件的实际轮廓尺寸进行编程。

（5）进刀和退刀方式　对于车削加工，进刀时采用快速走刀接近工件切削起点附近的某个点，再改用切削进给，以减少空走刀的时间，提高加工效率。切削起点的确定与工件毛坯余量大小有关，应以刀具快速走到该点时刀尖不与工件发生碰撞为原则。

2. 工件坐标系的建立

从理论上来说，工件坐标系可以以零件上的任何一点为工件原点而建立，但实际上，为了换算尺寸尽可能简便，减少计算误差以及后续编程方便，应选择一个合理的工件原点。工件原点一般可选在主轴回转中心与工件右端面的交点上，也可选在主轴回转中心与工件左端面的交点上。工件坐标系设置时一般可用 G54～G59 和 G50 或 G92 等指令。

12.3.3 数控车床基本编程方法

配置 FANUC 数控系统的数控车床在金工实习中用的较多，下面将重点介绍该系统基本编程方法。

1. F 功能

F 功能指令用于控制切削进给量。在程序中，有两种使用方法：

（1）每转进给量　编程格式：G95 F _

F 后续数字表示的是主轴每转进给量，单位为 mm/r。

（2）每分钟进给量　编程格式：G94 F _

F 后续数字表示的是每分钟进给量，单位为 mm/min。

2. S 功能

S 功能指令用于控制主轴转速。

编程格式：S＿

S后续数字表示主轴转速，单位为r/min。在具有恒线速功能的机床上，S功能指令还有如下作用：

(1) 最高转速限制　编程格式：G50 S＿

S后续数字表示最高转速，单位为r/min。

(2) 恒线速控制　编程格式：G96 S＿

S后续数字表示的是恒定的线速度，单位为m/min。

(3) 恒线速取消　编程格式：G97 S＿

S后续数字表示恒定的线速度控制取消后的主轴转速，如S未指定，将保留G96的最终值。

3. T功能

T功能指令用于选择加工所用刀具。

编程格式：T＿

T后续通常有两位数表示所选择的刀具号码。但也有T后续用四位数字，前两位是刀具号；后两位既是刀具长度补偿号，又是刀尖圆弧半径补偿号。

4. M功能

部分M代码功能如表12-1所示。

表12-1　部分M代码功能表

代码	功能	代码	功能
M00	停止程序运行	M06	换刀指令
M01	选择性停止	M08	冷却液开启
M02	结束程序运行	M09	冷却液关闭
M03	主轴正向转动开始	M30	结束程序运行且返回程序开头
M04	主轴反向转动开始	M98	子程序调用
M05	主轴停止转动	M99	子程序结束

5. G功能

常用的G功能指令在本章数控编程基础知识中已经做过介绍，下面主要介绍该系统循环功能指令。

(1) 单一固定循环功能　单一固定循环功能可以将一系列连续加工动作，如"切入→切削→退刀→返回"，用一个循环指令完成，从而简化程序。

① 圆柱面或圆锥面切削循环功能。圆柱面或圆锥面切削循环是一种单一固定循环，如图12-10和图12-11所示。

编程格式：G90 X(U)＿ Z(W)＿ F＿ 或者G90 X(U)＿ Z(W)＿ R＿ F＿

其中，X、Z的值为圆柱面或圆锥面切削的终点坐标值；U、W的值为圆柱面或圆锥面切削的终点相对于循环起点的坐标；R的值为圆柱面切削时省略不写，圆锥面切削时为起点相对于终点的半径差。

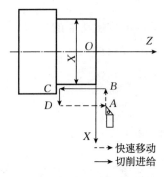
图 12-10 圆柱面切削循环

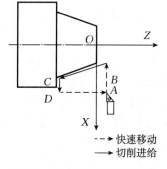
图 12-11 圆锥面切削循环

例 3 应用圆柱面切削循环功能加工图 12-12 所示零件。

O0001
N10 G54
N20 T0101 M03 S800
N30 G00 X125. Z2.
N40 G90 X120. Z-110. F0.05   //C→D
N50 X60. Z-30.   //A→B
N60 G00 X125. Z-30.
N70 G90 X120. Z-80. R-30. F0.05   //B→C
N80 G00 X100. Z100.
N90 M05
N100 M30

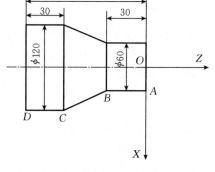
图 12-12 单一固定循环应用举例

② 端面切削循环功能。端面切削循环是一种单一固定循环。适用于端面切削加工，如图 12-13 和图 12-14 所示。

编程格式：G94 X(U) _ Z(W) _ F_ 或者 G94 X(U) _ Z(W) _ R_ F_

其中，X、Z 的值为端面切削的终点坐标值；U、W 的值为端面切削的终点相对于循环起点的坐标值；R 的值为端面切削的起点相对于终点在 Z 轴方向的坐标分量。

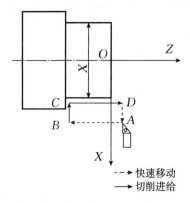
图 12-13 平面端面切削循环

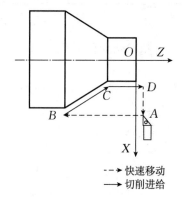
图 12-14 锥面端面切削循环

例 4 应用端面切削循环功能加工图 12-12 所示零件。

O0001
N10 G54
N20 T0101 M03 S800
N30 G00 X125. Z2.
N40 G94 X120. Z-110. F0.05   //D→C
N50 G00 X120. Z0
N60 G94 X60. Z-30. R-30. F0.05   C→B→A
N70 G00 X100. Z100
N80 M05
N90 M30

(2) 复合固定循环　在复合固定循环中，对零件的轮廓定义之后，即可完成从粗加工到精加工的全过程，使程序得到进一步简化。

① 外圆粗切循环。外圆粗切循环 G71 指令适用于外圆柱面需多次走刀才能完成的粗加工，如图 12-15 所示。

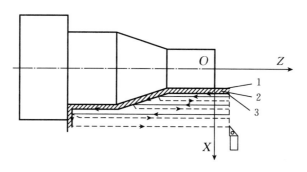

图 12-15　外圆粗切循环
1. 精加工轮廓　2. 精加工余量　3. 粗加工轮廓

编程格式：G71 U(Δd) R(e)
　　　　　G71 P(ns) Q(nf) U(Δu) W(Δw) F(f) S(s) T(t)

其中，Δd 为背吃刀量；e 为退刀量；ns 为精加工轮廓程序段中开始程序段的段号；nf 为精加工轮廓程序段中结束程序段的段号；Δu 为 X 轴向精加工余量；Δw 为 Z 轴向精加工余量；f、s、t 分别为 F、S、T 代码。

注意：ns→nf 程序段中的 F、S、T 功能，即使被指定也对粗车循环无效；零件轮廓必须符合 X 轴、Z 轴方向同时单调增大或单调减少；X 轴、Z 轴方向非单调时，ns→nf 程序段中第一条指令必须在 X、Z 向同时有运动。

② 端面粗切循环。端面粗切循环 G72 指令适用于圆柱毛坯的端面方向粗车。执行过程除了车削是平行于 X 轴进行外，其余与 G71 相同。

编程格式：G72 W(Δd) R(e)
　　　　　G72 P(ns) Q(nf) U(Δu) W(Δw) F(f) S(s) T(t)

③ 封闭切削循环。封闭切削循环 G73 指令与 G71、G72 指令功能相同，只是刀具路径是按工件精加工轮廓进行仿行加工的，适用于毛坯轮廓形状与零件轮廓基本接近的毛坯粗加工，对零件轮廓的单调性则没有要求，如一些锻件、铸件的粗车。

编程格式：G73 U(i) W(k) R(d)

　　　　　　G73 P(ns) Q(nf) U(Δu) W(Δw) F(f) S(s) T(t)

其中，i 为 X 轴向总退刀量；k 为 Z 轴向总退刀量（半径值）；d 为重复加工次数。

④ 精加工循环。由 G71、G72、G73 完成粗加工后，可以用 G70 进行精加工。精加工时，G71、G72、G73 程序段中的 F、S、T 指令无效，只有在 $ns \to nf$ 程序段中的 F、S、T 才有效。

编程格式：G70 P(ns) Q(nf)

例 5　编写图 12-16 所示工件内轮廓（坯孔直径为 18 mm）粗、精车的加工程序。

O0010
N10 G54 T0303
N20 M03 S600
N30 G00 X17.0 Z2.0
N40 G71 U0.8 R0.3
N50 G71 P60 Q120 U−0.3 W0.05 F0.2
N60 G00 X30.0 S1000
N70 G01 Z0.0 F0.15
N80 X28.0 Z−20.0
N90 Z−30.0
N100 X20.0
N110 Z−42.0
N120 G01 X17.0
N130 G70 P60 Q120
N140 G00 X100.0 Z100.0
N150 M30

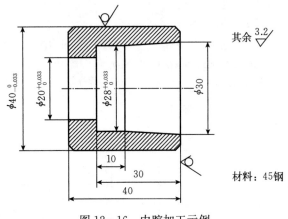

图 12-16　内腔加工示例

⑤ 深孔钻循环。深孔钻循环功能适用于深孔钻削加工。

编程格式：G74 R(e)

　　　　　　G74 Z(W) Q(Δk) F

其中，e 为退刀量；Z(W) 的值为钻削深度；Δk 的值为每次钻削长度（不加符号）。

⑥ 外径切槽循环。外径切削循环功能适合于在外圆面上切削沟槽或切断加工。

编程格式：G75 R(e)

　　　　　　G75 X(U) P(Δi) F _

其中，e 为退刀量；X(U) 为槽深；Δi 为每次循环切削量。

（3）螺纹切削指令　在数控车床上用车削的方法可加工直螺纹和锥螺纹。

① 基本螺纹切削指令。基本螺纹切削 G32 指令可车削圆柱螺纹、锥螺纹和端面螺纹。

编程格式：G32 X(U) _ Z(W) _ F _

其中，X(U)、Z(W) 为螺纹切削的终点坐标值，X 省略时为圆柱螺纹切削，Z 省略时为端面螺纹切削，X、Z 均不省略时为锥螺纹切削，X 坐标值依据《机械设计手册》查表确定；F 为螺纹导程。

螺纹切削应注意在两端设置足够的升速进刀段 δ_1 和降速退刀段 δ_2。

② 螺纹切削循环指令。螺纹切削循环 G92 指令把"切入—螺纹切削—退刀—返回"四个动作作为一个循环，用一个程序段来指定，其循环路线与单一固定循环基本相同，循环路径中，除螺纹车削一般为进给运动外，其余均为快速运动。

编程格式：G92 X(U) _ Z(W) _ I_ F_

其中，X(U)、Z(W) 的值为螺纹切削的终点坐标值，I 的值为螺纹部分半径之差，即螺纹切削起始点与切削终点的半径差。加工圆柱螺纹时 I＝0。加工圆锥螺纹时，当 X 向切削起始点坐标小于切削终点坐标时，I 为负，反之为正。

例 6 如图 12-17 所示，用指令 G92 进行圆柱螺纹切削。设定升速段为 5 mm，降速段为 3 mm。螺纹牙底直径＝大径－2×牙深＝30－2×0.649 5×2＝27.4（mm）。

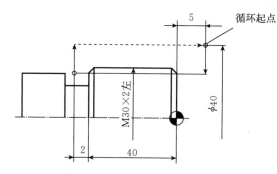

图 12-17 螺纹切削循环指令应用

程序如下：

……

G00 X40 Z5；   　　//刀具定位到循环起点
G92 X29.1 Z－42 F2；   //第一次车螺纹，背吃刀量为 0.9 mm
X28.5；   //第二次车螺纹，背吃刀量为 0.6 mm
X27.9；   //第三次车螺纹，背吃刀量为 0.6 mm
X27.5；   //第四次车螺纹，背吃刀量为 0.4 mm
X27.4；   //最后一次车螺纹，背吃刀量为 0.1 mm
G00 X150 Z150；   //刀具回换刀点

……

③复合螺纹切削循环指令。复合螺纹切削循环指令可以完成一个螺纹段的全部加工任务。

编程格式：G76 P(m) (r) (α) Q(Δd_{min}) R(d)
　　　　　G76 X(U) Z(W) R(I) F(f) P(k) Q(Δd)

其中，m 为精加工重复次数；r 为倒角量；$α$ 为刀尖角；Δd_{min} 为最小切入量；d 为精加工余量；X(U)、Z(W) 的值为终点坐标；I 为螺纹部分半径之差，即螺纹切削起始点与切削终点的半径差（加工圆柱螺纹时 I＝0，加工圆锥螺纹时，当 X 向切削起始点坐标小于切削终点坐标时，I 为负，反之为正）；k 为螺牙的高度（X 轴方向的半径值）；Δd 为第一次切入量（X 轴方向的半径值）；f 为螺纹导程。

12.4 数控铣削加工

12.4.1 数控铣床简介

1. 数控铣床的分类

数控铣床按机床主轴的布置形式可分为立式、卧式和立卧两用式等三种类型。

(1) 立式数控铣床 立式数控铣床是数控铣床中最常见的一种,应用范围最广,主轴轴线垂直于工作台面,以 X、Y、Z 三轴联动居多。主运动由主轴完成,主轴除完成主运动外,还能沿垂直方向上下移动加工工件。

(2) 卧式数控铣床 卧式数控铣床主轴轴线平行于工作台面,为了扩大加工范围和使用功能,卧式数控铣床通常采用增加数控转盘或万能数控转盘来实现四轴或五轴联动加工。

(3) 立卧两用式数控铣床 这类数控铣床的主轴方向可以变换,能达到在一台机床上既可以进行立式加工,又可以进行卧式加工,使其应用范围更广、功能更全、选择加工对象的余地更大,给加工带来了很大的方便。

2. 数控铣床的加工工艺范围

铣削加工是机械加工中最常用的加工方法之一,主要用来铣削平面、轮廓、台阶面、沟槽,也可进行钻孔、扩孔、铰孔、镗孔、锪孔及螺纹加工等。数控铣削主要适合于下列几类零件的加工:

(1) 平面类零件 平面类零件是指加工面平行或垂直于水平面,以及加工面与水平面的夹角为一定值的零件,这类加工面可展开为平面。这类零件的特点是加工面为平面或加工面可以展开为平面。这类零件的数控铣削相对比较简单,用三坐标数控铣床的两轴联动就可以加工出来。

(2) 变斜角类零件 加工面与水平面的夹角呈连续变化的零件称为变斜角类零件。这类零件的特点是加工面不能展开为平面,但在加工中铣刀圆周与加工面接触的瞬间为一条直线。这类零件一般采用四轴或五轴联动的数控铣床加工,也可用三轴数控铣床通过两轴联动用鼓形铣刀分层近似加工,但精度稍差。

(3) 立体曲面类零件 加工面为空间曲面的零件称为曲面类零件。这类零件的特点:一是加工面不能展开成平面,一般使用球头铣刀切削;二是加工面与加工刀具始终为点接触,若采用其他刀具加工,易于产生干涉而铣伤邻近表面。这类零件在数控铣床加工中也较为常见,通常采用两轴半联动数控铣床加工精度要求不高的曲面;精度要求高的曲面需用三轴联动数控铣床加工;若曲面周围有干涉表面,需用四轴甚至五轴联动数控铣床加工。

12.4.2 数控铣床编程基础

1. 工件坐标系的建立

建立工件坐标系,关键是正确选择坐标系的原点,即工件零点。原则上可将零点设定任何位置,但还应遵循以下原则:

① 为便于在编程时进行坐标值的计算,减少计算错误和编程错误,工件零点应选在零件图的设计基准上。

② 为提高被加工零件的加工精度，工件零点应尽量选在精度较高的工件表面。
③ 为便于编程，对于那些几何元素对称的零件，工件零点应设在对称中心上。
④ 对于一般零件，工件零点设在工件外轮廓的某一角上。
⑤ Z 轴方向上的零点一般设在工件表面。

2. 数控铣床的系统功能

由于数控代码在不同系统中除了少数应用不同外，大部分相似，因而本部分内容将以常用的 FANUC 数控系统为例介绍数控铣床的系统功能。常用文字码及其含义见表 12-2。

表 12-2 常用文字码及其含义

功　能	文字码	含　义
程序号	O；ISO/；EIA	程序名代号（1~9999）
程序段号	N	程序段代号（1~9999）
准备机能	G	确定移动方式等准备功能
坐标字	X、Y、Z、A、B、C	坐标轴移动指令（±99 999.999 mm）
	R	圆弧半径（±99 999.999 mm）
	I、J、K	圆弧圆心坐标（±99 999.999 mm）
进给功能	F	进给速度（1~1 000 mm/min）
主轴功能	S	主轴转速（0~9 999r/min）
刀具功能	T	刀具号（0~99）
辅助功能	M	冷却液开、关控制等辅助功能（0~99）
偏移号	H	偏移代号（0~99）
暂停	P、X	暂停时间（0~99 999.999 s）
子程序号及子程序调用次数	P	子程序的标定及子程序重复调用次数设定（1~9 999）
宏程序变量	P、Q、R	变量代号

12.4.3 数控铣床基本编程方法

1. 一般通用功能指令

数控系统中有的指令和其他数控系统中也大致相同的，属于一般通用的指令，在本章第二节有较为详细的介绍，在此不再赘述。

2. 有关坐标和坐标系的指令

（1）设置工件坐标系——G92　编程格式：G92 X_ Y_ Z_

其中，X、Y、Z 为当前刀位点在工件坐标系中的坐标值。

G92 并不驱使机床刀具或工作台运动，数控系统通过 G92 命令确定刀具当前机床坐标位置相对于工件原点的距离关系，以求建立起工件坐标系。

（2）选择机床坐标系——G53　编程格式：G53 G90 X_ Y_ Z_

G53 指令使刀具快速定位到机床坐标系中的指定位置上，其中，X、Y、Z 的值为机床坐标系中的坐标值，其尺寸均为负值。

（3）选择 1~6 号工件坐标系——G54~G59　编程格式：G54/G55/G56/G57/G58/G59

G54~G59 指令是在 6 个预定的工件坐标系中选择当前工件坐标系，这 6 个预定工件坐标系的坐标原点在机床坐标系中的值（工件零点偏置值）可用 MDI 方式输入，系统自动记忆。

G92 指令与 G54~G59 指令都是用于设定工件坐标系的，但在使用中是有区别的。G92 指令是通过程序来设定坐标系的，它所设定的坐标系原点与当前刀具所在的位置有关，这一原点在机床坐标系中的位置是随当前刀具位置的不同而改变的；G54~G59 指令是通过 MDI 在设置参数方式下设定工件坐标系的，一旦设定，工件原点在机床坐标系中的位置是不变的，它与刀具的当前位置无关，除非再通过 MDI 方式修改。

（4）局部坐标系设定——G52　编程格式：G52 X＿ Y＿ Z＿

其中，X、Y、Z 的值为局部坐标系原点在工件坐标系中的坐标值。

G52 指令能在所有的工件坐标系（G54~G59）内形成子坐标系，即设定局部坐标系。

3. 参考点控制指令

（1）自动返回参考点——G28　编程格式：G28 X＿ Y＿ Z＿

其中，X、Y、Z 的值为指定的中间点位置。

注意：执行 G28 指令时，各轴先以 G00 的速度快移到程序指令的中间点位置，然后自动返回参考点。在使用上经常将 X、Y 和 Z 分开来用。先用 G28 Z＿ 提刀并回 Z 轴参考点位置，然后再用 G28 X＿ Y＿ 回到 XY 方向的参考点；G28 指令前要求机床在通电后必须（手动）返回过一次参考点；使用 G28 指令时，必须预先取消刀具补偿。

（2）自动从参考点返回——G29　编程格式：G29 X＿ Y＿ Z＿

其中，X、Y、Z 的值为指令的定位终点位置。

4. 暂停指令——G04

暂停指令 G04 刀具暂时停止进给，直到经过指令的暂停时间，再继续执行下一程序段。

编程格式：G04 X＿ 或 G04 P＿

其中，X、P 的值为暂停时间，范围为 0.001~9 999.999 s，字母 X 后可用小数点编程，单位为 s，字母 P 则不允许用小数点编程，单位为 ms。

5. 英制、米制输入指令——G20、G21

G21、G20 分别指程序中输入数据为米制或英制。

6. 子程序调用——M98、M99

当一个工件上有相同的加工内容时，为了简化编程，常用子程序。子程序的编号与一般程序基本相同，只是程序结束字为 M99，表示子程序结束返回调用子程序的主程序。

编程格式：M98 P＿

其中，P 表示子程序调用情况。P 后共有 8 位数字，前四位为调用次数，省略时为调用一次；后四位为所调用的子程序号。

例 7　如图 12-18 所示，在一块平板上加工 3 个边长为 10 mm 的等边三角形，每边的槽深为 2 mm，工件上表面为 Z 向零点，采用子程序编制数控程序（编程时不考虑刀具补偿）。

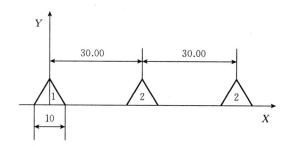

图 12-18 子程序应用

主程序：

O10

N10 G54 G90 G01 Z40 F2000　　　//进入工件坐标系

N20 M03 S800　　　//主轴启动

N30 G00 Z3　　　//快进到工件表面上方

N40 G01 X0 Y8.66　　　//到 1♯三角形上顶点

N50 M98 P20　　　//调 20 号切削子程序切削三角形

N60 G90 G01 X30 Y8.66　　　//到 2♯三角形上顶点

N70 M98 P20　　　//调 20 号切削子程序切削三角形

N80 G90 G01 X60 Y8.66　　　//到 3♯三角形上顶点

N90 M98 P20　　　//调 20 号切削子程序切削三角形

N100 G90 G01 Z40 F2000　　　//抬刀

N110 M05　　　//主轴停

N120 M30　　　//程序结束

子程序：

O20

N10 G91 G01 Z−5 F100　　　//在三角形上顶点切入（深）2 mm

N20 G01 X−5 Y−8.66　　　//切削三角形

N30 G01 X10 Y0　　　//切削三角形

N40 G01 X−5 Y8.66　　　//切削三角形

N50 G01 Z5 F2000　　　//抬刀

N60 M99　　　//子程序结束

设置 G54：X=−400，Y=−100，Z=−50。

7. 比例缩放功能——G50、G51

比例缩放功能可使原编程尺寸按指定比例缩小或放大，也可让图形按指定规律产生镜像变换。G51 为比例缩放编程指令；G50 为撤消比例缩放编程指令。G50、G51 均为模式 G 代码。

（1）各轴按相同比例编程

编程格式：G51 X_ Y_ Z_ P_

……

G50

其中，X、Y、Z的值为比例中心坐标（绝对方式）；P的值为比例系数。该指令以后的移动指令，从比例中心点开始，实际移动量为原数值的P倍。P值对偏移量无影响。

（2）各轴以不同比例编程

编程格式：G51 X_ Y_ Z_ I_ J_ K_

......

G50

其中，X、Y、Z的值为比例中心坐标；I、J、K的值为对应X、Y、Z轴的比例系数。

各个轴可以按不同比例来缩小或放大，当给定的比例系数为±1时，可获得镜像加工功能。

例8 如图12-19所示，其中槽深为2mm，比例系数取为+1 000或-1 000，采用镜像功能编制程序。

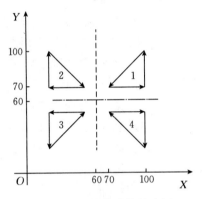

图12-19 镜像功能的应用

主程序：O0100
N10 G92 X0 Y0 Z10   //建立工件坐标系
N20 G90   //选择绝对方式
N30 M98 P9000   //调用9000号子程序切削1#三角形
N40 G51 X60 Y60 I-1000 J1000   //以（60,60）为比例中心，以X比例-1、Y比例+1镜向
N50 M98 P9000   //调用9000号子程序切削2#三角形
N60 G51 X60 Y60 I-1000 J-1000 //以（60,60）为比例中心，以X比例-1、Y比例-1镜向
N70 M98 P9000   //调用9000号子程序切削3#三角形
N80 G51 X60 Y60 I 1000 J-1000 //以（60,60）为比例中心，以X比例+1、Y比例-1镜向
N90 M98 P9000   //调用9000号子程序切削4#三角形
N100 G50   //取消镜向
N110 M30   //程序结束
子程序：O9000
N10 G00 X70 Y70   //到三角形左顶点
N20 G01 Z-2 F100   //切入工件
N30 G01 X100 Y70   //切削三角形一边

N40 X100 Y100		//切削三角形第二边
N50 X70 Y70		//切削三角形第三边
N60 G00 Z4		//向上抬刀
N70 M99		//子程序结束

8. 坐标系旋转功能——G68、G69

该指令可使编程图形按照指定旋转中心及旋转方向旋转一定的角度，G68 表示开始坐标系旋转，G69 用于撤消旋转功能。

编程格式：G68 X_ Y_ R_

……

G69

其中，X、Y 的值为旋转中心的坐标值，当 X、Y 省略时，G68 指令认为当前的位置即为旋转中心；R 的值为旋转角度，逆时针旋转定义为正方向，顺时针旋转定义为负方向。

当程序在绝对方式下时，G68 程序段后的第一个程序段必须使用绝对方式移动指令，才能确定旋转中心。如果这一程序段为增量方式移动指令，那么系统将以当前位置为旋转中心，按 G68 给定的角度旋转坐标。

9. 固定循环功能

由于数控加工中，某些孔加工动作循环已经典型化。为了发挥一次装卡多工序加工的优势，进一步提高编程工作效率，对于一些典型加工中几个固定、连续的动作规定了用一个 G 指令来指定，并用固定循环指令来选择。例如，钻孔、镗孔的动作是孔位平面定位、快速引进、工作进给、快速退回等一系列典型的加工动作，这样就可以预先编好程序，存储在内存中，并可用一个 G 代码程序段调用，称为固定循环。

本系统常用的固定循环指令能完成的工作有：镗孔、钻孔和攻螺纹等。这些循环通常包括下列六个基本动作：

① 在 XY 平面定位：使刀具快速定位到孔加工的位置。

② 快速移动到 R 平面：刀具自初始点快速进给到 R 平面。

③ 孔加工：以切削进给的方式执行孔加工的动作。

④ 孔底动作：包括暂停、主轴准停、刀具移位等动作。

⑤ 返回到 R 平面：刀具快速退回到 R 平面。

⑥ 返回到起始点：孔加工完成后一般应选择返初始点。

图 12-20 中实线表示切削进给，虚线表示快速运动。R 平面为在孔口时快速运动与进给运动的转换位置。

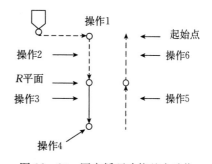

图 12-20 固定循环功能基本动作

编程格式：G90/G91 G98/G99 G73~G89 X_ Y_ Z_ R_ Q_ P_ F_ L_

其中，G90/G91 为数据方式，采用绝对方式时 Z 值为孔底的坐标值；采用增量方式时 Z 值规定为 R 平面到孔底的距离。G98/G99 为返回点位置，G98 指令返回起始点，G99 指令返回 R 平面。G73~G89 为孔加工方式指令（表 12-3）。

表 12-3 固定循环指令

G 代码	加工行程	孔底动作	返回行程	用途
G73	间歇进给		快速进给	带断屑深孔钻
G74	切削进给	主轴正转	切削进给	攻左螺纹
G76	切削进给	主轴定向、刀具移位	快速进给	精镗
G80				取消操作
G81	切削进给		快速进给	钻孔循环、点钻循环
G82	切削进给	暂停	快速进给	锪、镗沉孔循环
G83	切削进给		快速进给	深孔排屑钻
G84	切削进给	主轴反转	切削进给	攻右螺纹
G85	切削进给		切削进给	镗削
G86	切削进给	主轴停止	切削进给	退刀形镗削
G87	切削进给	刀具移位、主轴启动	快速进给	背镗
G88	切削进给	暂停、主轴停止	手动操作后快速返回	镗削
G89	切削进给	暂停	切削进给	镗削

X、Y 的值为孔位置坐标。R 的值为增量方式时起始点到 R 平面的增量距离,绝对方式时为 R 平面的绝对坐标。Q 的值为在 G73、G83 方式时,或具有偏移值的 G76 与 G87 时,规定的每次切削深度,它始终是一个增量值。P 的值为孔底暂停时间。F 的值为切削进给的速度,在图 12-20 中,循环操作 3 的速度由 F 指定,而循环操作 5 的速度则由选定的循环方式确定。L 为规定重复加工次数,当 L 没有规定时默认为 1,当 L=0 时,孔加工数据存入,但不执行加工;当孔加工方式建立后,一直有效,而不需要在执行相同孔加工的每一个程序段中指定,直到被新的孔加工方式所更换或被撤消。

上述孔加工数据,不一定全部都写,根据需要可省去若干地址和数据。G73~G89 是模态指令,因此多孔加工时该指令只需指定一次,以后的程序段只给出孔的位置即可。固定循环的中间过程中如果各有 G80,则固定循环功能被取消。此外,G00、G01、G02、G03 也起撤消固定循环指令的作用。

例 9 如图 12-21 所示,要求用孔加工循环指令加工所有的孔,用 φ10 钻头,选择进给速度 F 为 20 mm/min、主轴转速 S 为 600 r/min,试编写其数控加工程序。

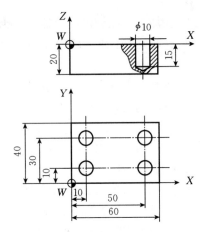

图 12-21 孔加工循环指令应用

O0010
N10 G90 G54 G00 X0 Y0
N20 G43 G00 Z10 H03
N30 M03 S600
N40 G81 X10 Y10 Z-15 R5 F20
N50 X50
N60 Y30
N70 X10
N80 G80
N90 G00 Z50
N100 X0 Y0
N110 M30

12.5 典型零件数控加工训练

项目一 数控车削加工训练

加工如图 12-22 所示的螺纹曲面轴，毛坯尺寸为 $\phi55\,mm\times170\,mm$，材料为 45 钢，无热处理要求，完成数控编程加工。

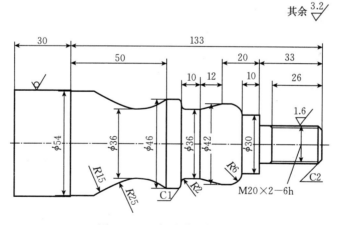

图 12-22 螺纹曲面轴加工

1. 零件图纸工艺分析

如图 12-22 所示，该零件属于轴类零件，加工内容包括倒角、圆柱面、圆弧面、锥面、螺纹等。关键加工在于 R25 的圆弧面和 M20×2-6h 螺纹的加工，加工时要特别注意刀具进给，避免产生干涉及过切。由于毛坯尺寸与该零件最小直径处尺寸相差较大，因此需要分多次走刀，加工时应粗精分开。

2. 制定工艺路线

三爪自定心卡盘夹持工件左端，车右端面→粗车外形轮廓→精车外形轮廓→车 M20×2-6h 螺纹→切断→调头，车另一端面。工序卡片如表 12-4 所示。

表 12-4 数控加工工序卡片

零件名称	螺纹曲面轴	零件图号			数控系统	FANUC
工步号	工步内容	刀具	转速/(r/min)	进给速度/(mm/min)	背吃刀量/mm	加工余量/mm
安装 1：三爪自定心卡盘夹持棒料一端，夹长 20 mm						
1	切削右端面	T0101	500	100		0
2	粗车外形	T0202	500	100	1.2	
3	粗车外形轮廓	T0202	500	100		
4	精车外形轮廓	T0303	500	60	0.3	
5	车 M20×2-6h 螺纹	T0404	200	F2	0.71，0.3，0.05，0	
6	切断	T0505	100			
安装 2：工件调头安装，车端面　　手动（MDI）						
7	切削端面					

3. 选择刀具

根据加工要求，选择所需刀具，刀具卡片如表 12-5 所示。

表 12-5 刀具卡片

零件名称	螺纹曲面轴	零件图号			数控系统	FANUC
工步号	加工内容	刀具号	刀具名称及规格	刀具材料	刀尖半径 R/mm	刀位点
1	车端面	T0101	外圆端面车刀	YT20	0.4	刀尖点
2、3	粗车外形	T0202	外圆粗车右偏刀，主偏角 93°，副偏角 57°	YT20	0.4	刀尖点
4	精车外形轮廓	T0303	外圆精车右偏刀，主偏角 93°，副偏角 57°	YT20	0.2	刀尖点
5	粗、精车螺纹	T0404	60°外螺纹车刀	W18Cr4V		左刀尖点
6	切断	T0505	切断刀 $B=4$	W18Cr4V		
7	车端面					

4. 确定切削用量

切削用量的具体数值，应根据数控机床使用说明书的规定、加工工件材料的类型（如铸铁、钢材、铝材等）、加工工序以及其他工艺要求，并结合实际经验来确定。

5. 相关计算

① 选择主轴回转中心与右端面交点为工件坐标系原点，根据零件图中尺寸标注求解各基点坐标。

② 查表确定 M20×2-6h 螺纹切削参数。

6. 编写数控加工程序

根据工艺分析的内容和数值计算的结果编制数控加工程序（表 12-6）。

表 12－6　参考程序

O0020		程序号	O0020		程序号
N10	G98 G40 G21		N250	X46 Z－76	
N20	T0101	换1号刀	N260	Z－83	
N30	M03 S500	设定主轴转速，正转	N270	G02 X46 Z－113 R25	
N40	G00 X60 Z5	到循环起点	N280	G03 X52 Z－123.28 R15	
N50	G94 X0 Z1.5 F100	端面切削循环	N290	G01 Z－133	
N60	Z0	第二刀	N300	X55	退出加工表面，粗加工轮廓结束
N70	G00 X100 Z80 T0100	回换刀点	N310	G00 X100 Z80 T0200	
N80	T0202	换2号刀	N320	T0303	3号刀加入刀补
N90	G00 X60 Z3	到循环起点	N330	G70 P140 Q300	精加工外轮廓
N100	G90 X52.6 Z－133 F100	外圆切削循环（精车留量0.6）	N340	G00 X100 Z80 T0300	回换刀点，去刀补
N110	G00 X54	到循环起点	N350	M05	主轴停转
N120	G71 U1 R1		N360	T0404	换4号刀
N130	G71 P140 Q300 U0.3 W0 F100	外圆粗车循环	N370	M03 S200	设定转速，正转
N140	G01 X10 F60	精加工轮廓开始，到倒角延长线处	N380	G00 X30 Z5	到循环起点
N150	X19.1 Z－2		N390	G92 X19.2 Z－26 F2	螺纹车削
N160	Z－33		N400	X18.9	
N170	X30		N410	X18.85	
N180	Z－43		N420	X18.85	
N190	G03 X42 Z－49 R6		N430	G00 X100 Z80 T0400	回换刀点，消除刀补
N200	G01 Z－53		N440	T0505	换5号刀
N210	X36 Z－65		N450	G00 X57 Z－167	快速定位切断位置
N220	Z－73		N460	G01 X－1 F100	切断
N230	G02 X40 Z－75 R2		N470	G00 X100 Z80 T0500	
N240	G01 X44		N480	M30	主轴停、主程序结束并复位

7. 机床实际操作加工

将程序输入到数控机床进行实际操作加工。

项目二　数控铣削加工训练

加工如图 12－23 所示的定位板，毛坯为 80 mm×80 mm×30 mm 的铝合金，要求粗、精加工各表面，完成数控编程加工。

1. 零件图纸工艺分析

由图 12－23 可知，该零件主要加工表面有外框、内圆槽及沉孔等，关键加工在于内槽加工，加工该表面时要特别注意刀具进给，避免过切。因该零件既有外型又有内腔，所以加工时应先粗后精，充分考虑到内腔加工后尺寸的变形，以保证尺寸。

2. 制定工艺路线

该工件不大，可采用通用夹具虎钳作为夹紧装置，打中心孔→外方框粗加工→内圆槽粗加工→外方框精加工→内圆槽精加工→钻孔→铰孔，数控加工工序卡片如表12-7所示。

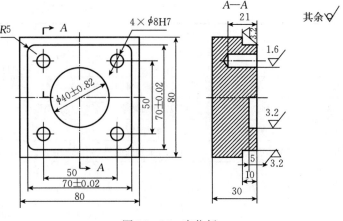

图 12-23 定位板

表 12-7 数控加工工序卡片

零件名称	定位板		零件图号		数控系统	FANUC
工步号	工步内容	刀具	转速/(r/min)	进给速度/(mm/min)	背吃刀量/mm	备注
1	打中心孔	T01	849 ($V=8$)	85 ($f=0.05$)		
2	外方框粗加工	T02	597 ($V=30$)	119 ($f=0.1$)		
3	内圆槽粗加工	T02	597 ($V=30$)	119 ($f=0.1$)		
4	外方框精加工	T03	955 ($V=30$)	76 ($f=0.02$)		
5	内圆槽精加工	T03	955 ($V=30$)	76 ($f=0.02$)		
6	钻孔	T04	612 ($V=15$)	85 ($f=0.05$)		
7	铰孔	T05	199 ($V=5$)	24 ($f=0.02$)		

3. 选择刀具

铣刀材料和几何参数主要根据零件材料切削加工性、工件表面几何形状和尺寸大小选择，刀具的选择如表12-8所示。

表 12-8 刀具卡片

零件名称	定位板		零件图号		数控系统	FANUC
工步号	加工内容	刀具号	刀具名称及规格/mm	刀柄型号	刀具半径补偿 D/mm	长度补偿 H
1	打中心孔	T01	$\phi 3$ 中心钻	ST40-Z12-45		H01=实测值
2、3	外方框粗加工 内圆槽粗加工	T02	$\phi 16$ 立铣刀	BT30-XP12-50	$D_{02}=8.2$ $D_{07}=13$	H02
4、5	外方框精加工 内圆槽精加工	T03	$\phi 10$ 立铣刀	BT30-XP12-50	$D_{03}=5$	H03
6	钻孔	T04	$\phi 7.8$ 钻头	BT40-Z12-45		H04
7	铰孔	T05	$\phi 8$H7 铰刀	ST40-ER32-60		H05

4. 确定切削用量

切削用量的具体数值，应根据数控机床使用说明书的规定、加工工件材料的类型（如铸铁、钢材、铝材等）、加工工序以及其他工艺要求，并结合实际经验来确定。

5. 相关计算

该零件是几何元素对称零件，因此 XY 方向上选取对称中心、Z 方向选取工件表面为工件坐标系原点，根据零件图中尺寸标注换算求解各基点坐标。

6. 编写数控加工程序

根据工艺分析的内容和数值计算的结果编制数控加工程序（表 12-9、表 12-10、表 12-11）。

表 12-9 主 程 序

	O0001	程序号		O0001	程序号
N10	T01	选择 $\phi 3$ 中心钻	N290	D03 M98 P10 F76	外方框精加工
N20	G90 G54 G00 X0 Y0 S849 M03	打中心孔	N300	G00 Z50	
N30	G43 Z50 H01		N310	X0 Y0	
N40	G98 G81 X0 Y0 R5 Z－3 F85		N320	Z2	
N50	X25 Y25		N330	G01 Z－5 F64	
N60	X－25		N340	D03 M98 P30 F76	内圆槽精加工
N70	Y－25		N350	G00 Z100 M09	
N80	X25		N360	T04	选择 $\phi 7.8$ 钻头
N90	G80		N370	G43 Z50 H04	
N100	T02	选择 $\phi 16$ 立铣刀	N380	M03 S612	
N110	M03 S600	外方框粗加工	N390	M08	
N120	G43 G00 Z50 H02		N400	G83 X25 Y25 R5 Z－22 Q3 F61	钻孔循环
N130	Y－65 M08		N410	X－25	
N140	Z2		N420	Y－25	
N150	G01 Z－9.8 F40		N430	X25	
N160	D02 M98 P10 F120		N440	G80 M09	
N170	G00 Z10		N450	T05	选择 $\phi 8H7$ 铰刀
N180	X0 Y0		N460	M03 S199	
N190	Z2		N470	G43 Z100 H05	
N200	G01 Z－4.8		N480	M08	
N210	D07 M98 P30 F120	内圆槽粗加工	N490	G81 X25 Y25 R5 Z－20 F24	铰孔
N220	G00 Z50 M09		N500	X－25	
N230	T03	选择 $\phi 10$ 立铣刀	N510	Y－25	
N240	M03 S955		N520	X25	
N250	G43 Z100 H03		N530	G80 M09	
N260	G00 Y－65 M08		N540	G00 Z100	
N270	Z2		N550	M05	
N280	G01 Z－10 F64 M08		N560	M02	

表 12-10 外方框子程序

O10		外方框子程序号	O10		外方框子程序号
N10	G41 G01 X30 F100		N80	G02 X35 Y30 R5	
N20	G03 X0 Y-35 R30		N90	G01 Y-30	
N30	G01 X-30		N10	G02 X30 Y-35 R5	
N40	G02 X-35 Y-30 R5		N110	G01 X0	
N50	G01 Y30		N120	G03 X-30 Y-65 R30	
N60	G02 X-30 Y35 R5		N130	G40 G01 X0	
N70	G01 X30		N140	M99	

表 12-11 内圆槽子程序

O30		内圆槽子程序号	O30		内圆槽子程序号
N10	G41 G01 X-5 Y15 F100		N40	G03 X-5 Y-15 R15	
N20	G03 X-20 Y0 R15		N50	G40 G01 X0 Y0	
N30	G03 X-20 Y0 I20 J0		N60	M99	

7. 机床实际操作加工

将程序输入到数控机床进行实际操作加工。

思考题

1. 数控系统的组成部分有哪些？作用如何？
2. 点位、直线、轮廓数控系统各有什么特点？
3. 开环、闭环、半闭环数控系统各有什么特点？
4. 数控机床坐标系构建的原则有哪些？
5. 数控编程的主要步骤有哪些？
6. 数控车床的编程特点有哪些？
7. 数控铣床工件坐标系的建立遵循哪些原则？
8. 分别加工如图 12-24、图 12-25 所示零件，材料为 45 钢，要求设计零件的机械加工工艺过程，并填写数控加工工序卡、刀具卡，编写数控加工程序，完成零件加工。

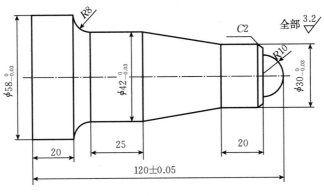

图 12-24

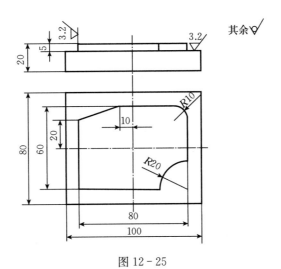

图 12-25

第 13 章

特 种 加 工

13.1 概 述

1 特种加工的含义

特种加工是指将电、磁、声、光、化学等能量或其组合施加在工件的加工部位上，从而实现材料被去除、变形、改变性能等非传统加工方法。它不同于使用刀具、磨具等直接利用机械能切除多余材料的传统加工方法。特种加工是近几十年发展起来的新工艺，是对传统加工工艺方法的重要补充与发展，目前仍在继续研究开发和改进。

2 特种加工的特点

特种加工的特点如下：

① 不用机械能，与加工对象的机械性能无关。如激光加工、电火花加工、等离子弧加工、电化学加工等，利用热能、化学能、电化学能等，这些加工方法与工件的硬度、强度等机械性能无关，故可以加工各种硬、软、脆、热敏、耐腐蚀、高熔点、高强度、特殊性能的金属和非金属材料。

② 非接触加工。不一定需要工具，有的虽使用工具，但与工件不接触。因此，工件不承受大的作用力，工具硬度可低于工件硬度，故使刚性极低元件及弹性元件得以加工。

③ 微细加工，工件表面质量高。超声、电化学、水喷射、磨料流等特种加工，都是微细进行，故不仅可加工尺寸微小的孔或狭缝，还能获得高精度、极低粗糙度的加工表面。

④ 不存在加工中的机械应变或大面积的热应变。可获得较低的表面粗糙度，其热应力、残余应力、冷作硬化等均较小，尺寸稳定性好。

特种加工有很大的适用性和发展潜力，在模具、量具、刀具、仪器仪表、飞机、航天器和微电子元器件等制造中得到广泛的应用。

13.2 电火花成形加工

电火花成形加工是利用浸在工作液中的两极间脉冲放电时产生的电蚀作用，蚀除导电材料的特种加工方法，又称放电加工或电蚀加工。

13.2.1 电火花成形加工原理

电火花成形加工原理如图 13-1 所示，工件和工具电极均浸没于具有一定绝缘性能的工作液中，机床的自动进给调节装置使工件和工具电极之间保持适当的放电间隙。当工具电极和工件之间施加很强的脉冲电压并且达到间隙中介质的击穿电压时，会击穿介质绝缘强度最低处。由于放电区域很小，放电时间极短，所以能量高度集中，使放电区的温度瞬时高达10 000～12 000 ℃，工件表面和工具电极表面的金属局部熔化，甚至汽化蒸发。局部熔化和汽化的金属在爆炸力的作用下抛入工作液中，并被冷却为金属小颗粒，然后被工作液迅速冲离工作区，从而使工件表面形成一个微小的凹坑。一次放电后，介质的绝缘强度恢复，等待下一次放电。如此反复使工件表面不断被蚀除，并在工件上复制出工具电极的形状，从而达到成形加工的目的。

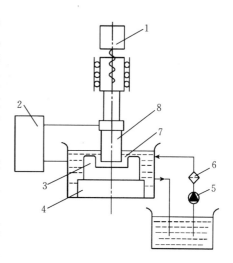

图13-1 电火花成形加工原理图
1. 自动进给调节装置　2. 脉冲发生器
3. 工件　4. 工作台　5. 工作液泵
6. 过滤器　7. 工作液　8. 工具电极

13.2.2　电火花成形加工的特点

① 适合于难切削材料的加工，能"以柔克刚"。
② 工具电极与工件不接触，两者间作用力很小。
③ 脉冲参数可调，能在同一机床连续进行粗、半精、精加工，容易实现自动控制。
④ 电极的损耗影响加工精度。

13.2.3　电火花成形加工的应用范围

① 加工各种金属及合金材料、特殊热敏感材料、半导体材料等。
② 加工各种形状复杂的型腔和型孔，如各种模具的型腔、型孔、样板、成形刀具，以及小孔、异形孔等。
③ 加工范围可达到小至10 μm的孔、缝，大到几米的大型模具和零件。

13.2.4　电火花成形加工机床

电火花成形机床根据结构不同分为龙门式、滑枕式、悬臂式、框形立柱式和台式电火花成形机床。此外，还可根据加工精度分为普通、精密和高精度电火花成形机床。

电火花成形加工机床一般由床身、工作台、工具电极、立柱、主轴头、数控装置和工作液循环过滤装置等部分组成，如图13-2所示。

自动控制系统由自动调节器和自适应控制装置组成。自动调节器及其执行机构用于电火花加工过程中维持一定的火花放电间隙，保证加工过程正常、稳定地进行。自适应控制装置主要对间

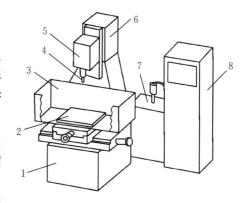

图13-2 电火花成形加工机床
1. 床身　2. 工作台　3. 工作液槽
4. 工具电极　5. 主轴头　6. 立柱
7. 工作液循环过滤装置　8. 数控装置

隙状态变化的各种参数进行单参数或多参数的自适应调节,以实现最佳的加工状态。工作液循环过滤系统是实现电火花加工必不可少的组成部分,一般采用煤油、变压器油等作为工作液。工作液循环过滤系统由储液箱、过滤器、泵和控制阀等部件组成。过滤方法有介质过滤、离心过滤和静电过滤等。夹具附件包括电极的专用夹具、油杯、轨迹加工装置(平动头)、电极旋转头和电极分度头等。

13.3 电火花线切割加工

电火花线切割有时又称线切割。1960 年,苏联首先研制出靠模线切割机床。我国于 1961 年也研制出类似的机床。早期的线切割机床采用电气靠模控制切割轨迹。当时由于切割速度低,制造靠模比较困难,仅用于在电子工业中加工其他加工方法难以解决的窄缝等。1966 年,我国研制成功采用乳化液和快速走丝机构的高速走丝线切割机床,并相继采用了数字控制和光电跟踪控制技术。此后,随着脉冲电源和数字控制技术的不断发展及多次切割工艺的应用,大大提高了切割速度和加工精度。

13.3.1 线切割的加工原理

电火花线切割加工(Wire cut Electrical Discharge Machining,简称 WEDM)是线电极电火花加工的简称,是电火花加工的一种,有时又称线切割。其基本工作原理是利用连续移动的细金属丝(称为电极丝)作为电极,对工件进行脉冲火花放电以蚀除金属、切割成形。

其工作原理如图 13-3 所示,被切割的工件作为工件电极,钼丝作为工具电极,脉冲电源发出一连串的脉冲电压,加到工件电极和工具电极上。钼丝与工件之间施加足够的具有一定绝缘性能的工作液。当钼丝与工件的距离小到一定程度时,在脉冲电压的作用下,工作液被击穿,在钼丝与工件之间形成瞬间放电通道,产生瞬时高温,使金属局部熔化甚至汽化而被蚀除下来。若工作台带动工件不断进给,就能切割出所需要的形状。由于贮丝筒带动钼丝交替做正、反向的高速移动,所以钼丝基本上不被蚀除,可使用较长的时间。

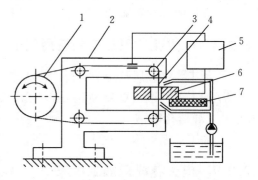

图 13-3 电火花线切割加工原理图
1.贮丝筒 2.支架 3.导轮 4.钼丝
5.脉冲电源 6.工件 7.绝缘底板

电火花线切割加工主要用于加工各种形状复杂和精密细小的工件,例如冲裁模的凸模、凹模、凸凹模、固定板、卸料板等,成形刀具、样板、电火花成形加工用的金属电极,各种微细孔槽、窄缝、任意曲线等,具有加工余量小、加工精度高、生产周期短、制造成本低等突出优点,已在生产中获得广泛的应用,目前国内外的电火花线切割机床已占电加工机床总数的 60% 以上。

13.3.2 线切割的特点

电火花线切割加工除具有电火花加工的基本特点外,还有一些其他特点:

① 不需要制造形状复杂的工具电极,就能加工出以直线为母线的任何二维曲面。
② 能切割 0.05 mm 左右的窄缝。
③ 加工中并不把全部多余材料加工成为废屑,提高了能量和材料的利用率。
④ 在电极丝不循环使用的低速走丝电火花线切割加工中,由于电极丝不断更新,有利于提高加工精度和减少表面粗糙度。
⑤ 电火花线切割能达到的切割效率一般为 20~60 mm/min,最高可达 300 mm/min;加工精度一般为 ±0.01~±0.02 mm,最高可达 ±0.004 mm;表面粗糙度 Ra 一般为 2.5~1.25 μm,最高可达 0.63 μm;切割厚度一般为 40~60 mm,最厚可达 600 mm。

电火花线切割加工主要用于模具制造,在样板、凸轮、成形刀具、精密细小零件和特殊材料的加工中也得到日益广泛的应用。此外,在试制电机、电器等产品时,可直接用线切割加工某些零件,省去制造冲压模具的时间,缩短试制周期。

13.3.3 电火花线切割机床分类

根据电极丝的运行速度不同,电火花线切割机床通常分为两类。一类是高速走丝电火花线切割机床(WEDM-HS),其电极丝做高速往复运动,一般走丝速度为 8~10 m/s,电极丝可重复使用,加工速度较高,但快速走丝容易造成电极丝抖动和反向时停顿,使加工质量下降,是我国生产和使用的主要机种,也是我国独创的电火花线切割加工模式;另一类是低速走丝电火花线切割机床(WEDM-LS),其电极丝做低速单向运动,一般走丝速度低于 0.2 m/s,电极丝放电后不再使用,工作平稳、均匀,抖动小、加工质量较好,但加工速度较低,是国外生产和使用的主要机床。

13.3.4 电火花线切割机床结构

电火花线切割机床主要由控制电柜、床身、运丝机构、工作台、工作液系统等部分组成,如图 13-4 所示。

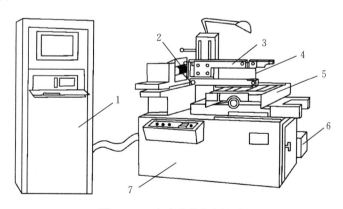

图 13-4 电火花线切割机床
1. 控制电柜 2. 贮丝筒 3. 丝架 4. 钼丝 5. 工作台 6. 工作液箱 7. 床身

控制电柜是脉冲电源、微型控制器的载体,可以在电柜的控制面板上进行加工程序的手工输入,也可由传送数据线经接口传送加工程序单。

运丝机构是使钼丝以一定的速度运动并保持一定张力的机构。电动机带动贮丝筒交替做正、反向转动,钼丝整齐地排列在贮丝筒上,并经过丝架做往复高速移动。

工作台用于安装并带动工件在工作台平面内做 X、Y 两个方向的移动。工作台分上、下两层,分别与 X、Y 向丝杠相连,由两个步进电机分别驱动。

床身用于支承和连接工作台、运丝机构、机床电器及存放工作液系统。

工作液系统由工作液、工作液箱、工作液泵和循环导管组成。工作液起绝缘、排屑、冷却的作用。在加工过程中,工作液可把加工过程中产生的金属颗粒迅速从电极之间冲走,使加工顺利进行。工作液还可冷却受热的电极和工件,防止工件变形。

13.3.5 数控线切割机床程序编制方法

数控线切割加工程序的格式与一般数控机床不一样,常采用如下的"3B"格式:
N R B X B Y B J G Z (FF)

其中,N 为程序段号;R 为圆弧半径,加工直线时 R 为零;X、Y 为 X、Y 向坐标值;J 为计数长度;G 为计数方向;Z 为加工指令;3 个 B 为间隔符,其作用是将 X、Y、J 的数值区分开;FF 为停机符,用于一个完整程序之后。

1. 坐标系和坐标值 X、Y 的确定

平面坐标系是这样规定的:面对机床操作台,工作台平面为坐标平面,左右方向为 X 轴,且右方为正;前后方向为 Y 轴,且前方为正。

坐标系的原点随程序段的不同而变化:加工直线时,以该直线的起点为坐标系的原点,X、Y 取该直线终点的坐标值;加工圆弧时,以该圆弧的圆心为坐标系的原点,X、Y 取该圆弧起点的坐标值。坐标值的负号均不写,单位为 μm。

2. 计数方向 G 的确定

不管是加工直线还是圆弧,计数方向均按终点的位置来确定。具体确定的原则如下:

加工直线时,计数方向取直线终点靠近的那一坐标轴。例如,在图 13-5 中,加工直线 OA,计数方向取 X 轴,记作 GX;加工 OB,计数方向取 Y 轴,记作 GY;加工 OC,计数方向取 X 轴、Y 轴均可,记作 GX 或 GY。

加工圆弧时,终点靠近何轴,则计数方向取另一轴。例如,在图 13-6 中加工圆弧 AB,计数方向取 X 轴,记作 GX;加工 MN,计数方向取 Y 轴,记作 GY;加工 PQ,计数方向取 X 轴、Y 轴均可,记作 GX 或 GY。

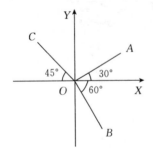

图 13-5 直线计数方向的确定

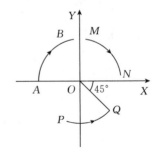

图 13-6 圆弧计数方向的确定

3. 计数长度 J 的确定

计数长度是在计数方向的基础上确定的,是被加工的直线或圆弧在计数方向的坐标轴上投影的绝对值总和,单位为 μm。

直线计数长度的确定如图 13-7 所示。加工直线 OA,计数方向为 X 轴,计数长度为 OB,数值等于 A 点的 X 坐标值。圆弧计数长度的确定如图 13-8 所示。加工半径为 0.5 mm 的圆弧 MN,计数方向为 X 轴,计数长度为 500 $\mu m \times 3 = 1\,500\,\mu m$,即 MN 中三段 90°圆弧在 X 轴上投影的绝对值总和,而不是 500 $\mu m \times 2 = 1\,000\,\mu m$。

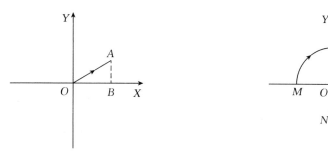

图 13-7 直线计数长度的确定　　图 13-8 圆弧计数长度的确定

4. 加工指令 Z 的确定

加工直线时有 4 种加工指令:L_1、L_2、L_3、L_4。如图 13-9 所示,当直线处于第Ⅰ象限(包括 X 轴而不包括 Y 轴)时,加工指令记作 L_1;当处于第Ⅱ象限(包括 Y 轴而不包括 X 轴)时,加工指令记作 L_2;L_3、L_4 依此类推。

加工顺圆弧时有 4 种加工指令:SR_1、SR_2、SR_3、SR_4。如图 13-10 所示,当圆弧的起点在第Ⅰ象限(包括 Y 轴而不包括 X 轴)时,加工指令记作 SR_1;当起点在第Ⅱ象限(包括 X 轴而不包括 Y 轴)时,加工指令记作 SR_2;SR_3、SR_4 依此类推。

加工逆圆弧时有 4 种加工指令:NR_1、NR_2、NR_3、NR_4。如图 13-11 所示,当圆弧的起点在第Ⅰ象限(包括 X 轴而不包括 Y 轴)时,加工指令记作 NR_1;当起点在第Ⅱ象限(包括 Y 轴而不包括 X 轴)时,加工指令记作 NR_2;NR_3、NR_4 依此类推。

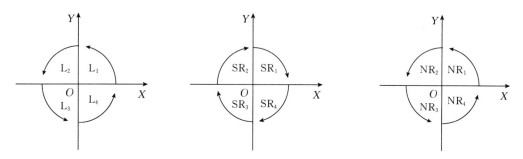

图 13-9 直线加工指令的确定　图 13-10 顺圆弧加工指令的确定　图 13-11 逆圆弧加工指令的确定

13.4 激光加工

13.4.1 激光加工的基本原理

根据激光束与材料相互作用的机理,大体可将激光加工分为激光热加工和光化学反应加工两类。激光热加工是指利用激光束投射到材料表面产生的热效应来完成加工过程，包括激光焊接、激光切割、表面改性、激光打标、激光钻孔和微加工等；光化学反应加工是指激光束照射到物体，借助高密度高能光子引发或控制光化学反应的加工过程，包括光化学沉积、立体光刻、激光刻蚀等。

激光是一种受激辐射而得到的强度高、方向性好、单色性好的相干光。激光加工的基本原理如图 13-12 所示。激光器发出激光束，通过全反射镜的反射作用照射在聚焦透镜上，聚焦透镜将激光聚焦到工件表面上。由于激光的发散角小和单色性好，理论上可以聚焦到尺寸与光的波长相近（微米甚至亚微米）的小斑点上，加上它本身强度高，故可以使其焦点处的功率密度达到 $10^5 \sim 10^{13}$ W/cm^2，温度可达 10 000 ℃ 以上。在这样的高温下，工件将瞬间急剧熔化或汽化，并产生强烈的冲击波，使熔化或汽化的物质爆炸式地喷射出去，从而完成对工件的加工。由此可见，激光加工是工件在光热效应下产生高温熔融和受冲击波抛出的综合过程。

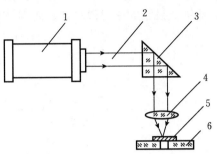

图 13-12 激光加工原理图
1. 激光器 2. 激光束 3. 全反射镜
4. 聚焦透镜 5. 工件 6. 工作台

13.4.2 激光加工的优点

① 激光功率密度大，工件吸收激光后温度迅速升高而熔化或汽化，即使熔点高、硬度大和质脆的材料（如陶瓷、金刚石等）也可用激光加工。

② 激光头与工件不接触，不存在加工工具磨损问题。

③ 可以对运动的工件或密封在玻璃壳内的材料加工。

④ 激光束的发散角可小于 1 mrad，光斑直径可小到微米量级，作用时间可以短到纳秒和皮秒，同时，大功率激光器的连续输出功率又可达千瓦至十千瓦量级，因而激光既适于精密微细加工，又适于大型材料加工。

⑤ 激光束容易控制，易于与精密机械、精密测量技术和电子计算机相结合，实现加工的高度自动化和达到很高的加工精度。

⑥ 在恶劣环境或人难以接近的地方，可用机器人进行激光加工。

13.4.3 激光加工的应用

1. 激光切割

激光切割是应用激光聚焦后产生的高功率密度能量来实现的。激光切割过程中，不会对工件产生机械压力，切缝小，切割尺寸精度高，切割形状可随着图稿进行任意更改，增加了设计的实用性和创造性。激光切割广泛应用于金属和非金属材料的加工中，如切割金属、陶瓷、半导体、布、纸、橡胶、木材等。与传统的加工方法相比，它可大大减少加工时间，降低加工成本，提高工件质量。

2. 激光焊接

激光焊接不需要钎料和焊剂，只需要将工件的加工区烧熔，使工件黏合在一起，因此所需要的能量密度较低。与其他焊接技术比较，激光焊接具有焊接速度快、深度大、变形小、无喷渣、热影响区小等特点。它不仅能焊接同种材料,而且可以焊接不同种类的材料,甚至可以焊接金属与非金属材料。

3. 激光打孔

激光打孔是利用凸镜将激光在工件上聚焦,焦点处的高温使材料瞬间熔化、汽化、蒸发,好像一个微型爆炸,汽化物质以超声速喷射出来,它的反冲击力在工件内部形成一个向后的冲击波,在此作用下将孔打出。激光打孔速度极快、效率极高,常用于超硬材料加工,如柴油机喷嘴、金刚石拉丝模、化纤喷丝头、仪表中宝石轴承打孔等。

4. 激光雕刻

激光雕刻是利用软件技术,按设计图稿输入数据进行自动雕刻。激光雕刻是激光加工技术在服装行业中运用最成熟、最广泛的技术,能雕刻任何复杂图形标志,还可以进行射穿的镂空雕刻和表面雕刻,从而雕刻出深浅不一、质感不同、具有层次感和过渡颜色效果的各种图案。

5. 激光打标

激光打标具有打标精度高、速度快、标记清晰等特点。激光打标兼容了激光切割、雕刻技术的各种优点,可以在各种材料上进行精密加工,还可以加工尺寸小且复杂的图案,且激光标记具有永不磨损的防伪性能。

6. 激光表面处理

当激光的功率密度为 $10^3 \sim 10^5$ W/cm² 时,可以对铸铁、中碳钢甚至低碳钢等材料进行激光表面淬火。淬火层深度一般为 $0.7 \sim 1.1$ mm。激光淬火变形小,还能解决低碳钢的表面淬火强化问题。激光表面处理由相变硬化发展到激光表面合金化和激光熔覆,由激光合金涂层发展到复合涂层及陶瓷涂层,以及激光显微仿形熔覆技术,较大范围地应用到电力、石化、冶金、钢铁、机械等方面的产业领域。

13.5 快速成形加工

快速成形技术(简称 RP 技术)又叫快速原型制造技术,是 20 世纪 90 年代发展起来的一项先进制造技术,是为制造新产品开发服务的一项关键共性技术,对促进企业产品创新、缩短新产品开发周期、提高产品竞争力有积极的推动作用。

RP 技术是在现代 CAD/CAM 技术、激光技术、计算机数控技术、精密伺服驱动技术以及新材料技术的基础上集成发展起来的。不同种类的快速成形系统因所用成形材料不同,成形原理和系统特点也各有不同。但是,其基本原理都是一样的,那就是"分层制造,逐层叠加",类似于数学上的积分过程。

13.5.1 快速成形的特点

它可以在无须准备任何模具、刀具和工装卡具的情况下,直接接受产品设计(CAD)数据,快速制造出新产品的样件、模具或模型。因此,RP 技术的推广应用可以大大缩短新产品开发周期、降低开发成本、提高开发质量。由传统的"去除法"到今天的"增长法",由有模制造到无模制造,这就是 RP 技术对制造业产生的革命性意义。

RP 技术将一个实体的复杂的三维加工离散成一系列层片的加工,大大降低了加工难度，具有如下特点：

① 成形全过程的快速性，适合现代激烈的产品市场。

② 可以制造任意复杂形状的三维实体。

③ 用 CAD 模型直接驱动，实现设计与制造高度一体化，其直观性和易改性为产品的完美设计提供了优良的设计环境。

④ 成形过程无需专用夹具、模具、刀具，既节省了费用，又缩短了制作周期。

⑤ 技术的高度集成性，既是现代科学技术发展的必然产物，也是对它们的综合应用，带有鲜明的高新技术特征。

以上特点决定了 RP 技术主要适合于新产品开发，快速单件及小批量零件制造，复杂形状零件的制造，模具与模型设计与制造，也适用于零件外形设计检查，部件装配检验和快速反求工程等。

13.5.2　快速成形的分类

快速成形系统相当于一台"立体打印机"。它可以在没有任何刀具、模具及工装卡具的情况下，快速直接地实现零件的单件生产。根据零件的复杂程度，这个过程一般需要 1～7 d。目前市场上的快速成形技术分为 3DP 技术、FDM 熔融层积成形技术、SLA 立体平版印刷技术、SLS 选区激光烧结技术、DLP 激光成形技术和 UV 紫外线成形技术等。

(1) 3DP 技术　采用 3DP 技术的 3D 打印机使用标准喷墨打印技术，通过将液态黏结剂铺放在粉末薄层上，以打印横截面数据的方式逐层创建各部件，创建三维实体模型，采用这种技术打印成型的样品模型与实际产品具有同样的色彩，还可以将彩色分析结果直接描绘在模型上，模型样品所传递的信息较大。

(2) FDM 熔融层积成形技术　FDM 熔融层积成形技术是将丝状的热熔性材料加热融化，同时三维喷头在计算机的控制下，根据截面轮廓信息，将材料选择性地涂敷在工作台上，快速冷却后形成一层截面。一层成形完成后，机器工作台下降一个高度（即分层厚度）再成形下一层，直至形成整个实体造型。其成形材料种类多，成形件强度高、精度较高，主要适用于成形小塑料件。

(3) SLA 立体平版印刷技术　SLA 立体平版印刷技术以光敏树脂为原料，通过计算机控制激光按零件的各分层截面信息在液态的光敏树脂表面进行逐点扫描，被扫描区域的树脂薄层产生光聚合反应而固化，形成零件的一个薄层。一层固化完成后，工作台下移一个层厚的距离，然后在原先固化好的树脂表面再敷上一层新的液态树脂，直至得到三维实体模型。该方法成型速度快，自动化程度高，可成形任意复杂形状，尺寸精度高，主要应用于复杂、高精度的精细工件快速成型。

(4) SLS 选区激光烧结技术　SLS 选区激光烧结技术是通过预先在工作台上铺一层粉末材料（金属粉末或非金属粉末），然后让激光在计算机控制下按照界面轮廓信息对实心部分粉末进行烧结，然后不断循环，层层堆积成形。该方法制造工艺简单，材料选择范围广，成本较低，成形速度快，主要应用于铸造业直接制作快速模具。

(5) DLP 激光成形技术　DLP 激光成形技术和 SLA 立体平版印刷技术比较相似，不过它是使用高分辨率的数字光处理器（DLP）投影仪来固化液态光聚合物，逐层地进行光固化，由于每层固化时通过幻灯片似的片状固化，因此速度比同类型的 SLA 立体平版印刷技术速度更快。该技术成形精度高，在材料属性、细节和表面粗糙度方面可匹敌注塑成形的耐用塑料部件。

（6）UV 紫外线成形技术　UV 紫外线成形技术和 SLA 立体平版印刷技术比较相似，不同的是它利用 UV 紫外线照射液态光敏树脂，一层一层由下而上堆栈成形，成形的过程中没有噪音产生，在同类技术中成形的精度最高，通常应用于精度要求高的珠宝和手机外壳等行业。

13.5.3　快速成形的工作原理

RP 系统可以根据零件的形状，每次制作一个具有一定微小厚度和特定形状的截面，然后再把它们逐层粘结起来，就得到了所需制造的立体的零件。当然，整个过程是在计算机的控制下，由快速成形系统自动完成的。不同公司制造的 RP 系统所用的成形材料不同，系统的工作原理也有所不同，但其基本原理都是一样的，那就是"分层制造、逐层叠加"。这种工艺可以形象地叫做"增长法"或"加法"。每个截面数据相当于医学上的一张 CT 像片，整个制造过程可以比喻为一个"积分"的过程。

RP 技术的基本原理是：将计算机内的三维数据模型进行分层切片得到各层截面的轮廓数据，计算机据此信息控制激光器（或喷嘴）有选择性地烧结一层接一层的粉末材料（或固化一层又一层的液态光敏树脂，或切割一层又一层的片状材料，或喷射一层又一层的热熔材料或黏合剂）形成一系列具有一个微小厚度的片状实体，再采用熔结、聚合、粘结等手段使其逐层堆积成一体，便可以制造出所设计的新产品样件、模型或模具。自美国 3D 公司 1988 年推出第一台商品 SLA 快速成形机以来，已经有十几种不同的成形系统，其中比较成熟的有 UV、SLA、SLS、LOM 和 FDM 等方法。其成形原理分别介绍如下：

1. SLA 原理

SLA 是 "Stereo Lithography Appearance" 的缩写，即立体光固化成形法，也称立体印刷。用特定波长与强度的激光聚焦到光固化材料表面，使之由点到线，由线到面顺序凝固，完成一个层面的绘图作业，然后升降台在垂直方向移动一个层片的高度，再固化另一个层面，这样层层叠加构成一个三维实体。

SLA 是最早实用化的快速成形技术，采用液态光敏树脂原料，工艺原理如图 13-13 所示。

其工艺过程是，首先通过 CAD 设计出三维实体模型，利用离散程序将模型进行切片处理，设计扫描路径，产生的数据将精确控制激光扫描器和升降台的运动；激光光束通过数控装置控制的扫描器，按设计的扫描路径照射到液态光敏树脂表面，使表面特定区域内的一层树脂固化后，当一层加工完毕后，就生成零件的一个截面；然后升降台下降一定距离，固化层上覆盖另一层液态树脂，再进行第二层扫描，第二固化层牢固地粘结在前一固化层上，这样一层层叠加而成三维工件原型。将原型从树脂中取出后，进行最终固化，再经打光、电镀、喷漆或着色处理即得到要求的产品。

SLA 技术主要用于制造多种模具、模型等，还可以在原料中通过加入其他成分，用 SLA 原型模代替熔模精密铸造中的蜡模。SLA 技术成形速度较快，精度较高，但由于树脂固化过程中产生收缩，不可避免地会产生应力或引起形变。因此，开发收缩小、固化快、强度高的光敏材料是其发展趋势。

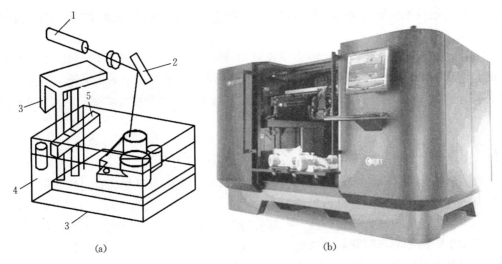

图 13-13 SLA 快速成形工艺原理及 3D 打印机
(a) SLA 打印原理图 (b) 3D 打印机
1. 激光器 2. 扫描系统 3. 可升降工作台 4. 液槽 5. 割刀

2. SLS 原理

SLS 选择性激光烧结（以下简称 SLS）是采用激光有选择地分层烧结固体粉末，并使烧结成形的固化层，层层叠加生成所需形状的零件。其整个工艺过程包括 CAD 模型的建立及数据处理、铺粉、烧结以及后处理等。SLS 技术的快速成形系统工作原理、设备及样品如图 13-14 所示。

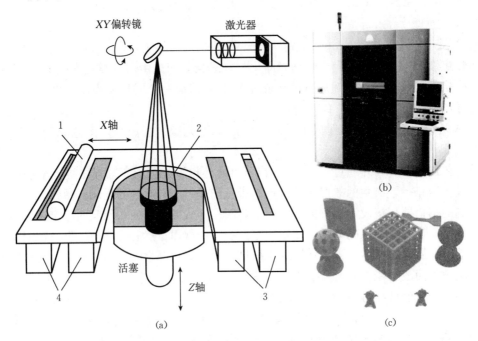

图 13-14 SLS 技术的快速成形系统工作原理、设备及样品
(a) SLS 选择性激光烧结原理图 (b) SLS 选择性激光烧结设备 (c) SLS 选择性激光烧结样品
1. 铺粉辊 2. 模型 3. 粉末缸 4. 送粉缸

整个工艺装置由粉末缸和成型缸组成,工作时粉末缸活塞(送粉活塞)上升,由铺粉辊将粉末在成型缸活塞(工作活塞)上均匀铺上一层,计算机根据原型的切片模型控制激光束的二维扫描轨迹,有选择地烧结固体粉末材料以形成零件的一个层面。粉末完成一层后,工作活塞下降一个层厚,铺粉系统铺上新粉,控制激光束再扫描烧结新层。如此循环往复,层层叠加,直到三维零件成形。最后,将未烧结的粉末回收到粉末缸中,并取出成形件。对于金属粉末激光烧结,在烧结之前,整个工作台被加热至一定温度,可减少成形中的热变形,并利于层与层之间的结合。

与其他快速成形(RP)方法相比,SLS 最突出的优点在于它所使用的成型材料十分广泛。从理论上说,任何加热后能够形成原子间黏结的粉末材料都可以作为 SLS 的形型材料。可成功进行 SLS 成形加工的材料有石蜡、高分子、金属、陶瓷粉末和它们的复合粉末材料。由于 SLS 成形材料品种多、用料节省、成形件性能分布广泛、适合多种用途以及 SLS 无需设计和制造复杂的支撑系统,所以 SLS 的应用越来越广泛。

3. FDM 原理

熔积成形(Fused Deposition Modeling,FDM)法,该方法使用丝状材料(石蜡、金属、塑料、低熔点合金丝)为原料,利用电加热方式将丝材加热至略高于熔化温度(约比熔点高 1 ℃),在计算机的控制下,喷头做 XY 平面运动,将熔融的材料涂覆在工作台上,冷却后形成工件的一层截面,一层成形后,喷头上移一层高度,进行下一层涂覆,这样逐层堆积形成三维工件。该方法污染小、材料可以回收,用于中小型工件的成形。图 13-15 为 FDM 成形原理图及设备。

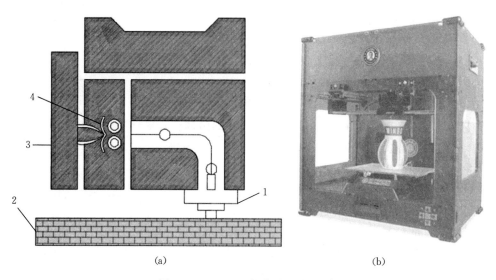

图 13-15 FDM 成形原理图及设备
(a) 熔积成型(FDM)原理 (b) 熔积成型(FDM)设备
1. 加热喷头 2. 工件 3. 线性机构 4. 供给机构

成形材料为固体丝状工程塑料,主要用作塑料件、铸造用蜡模、样件或模型。

熔积成形的优点:①操作环境干净,安全,在办公室可进行;②工艺干净、简单、易于操作且不产生垃圾;③尺寸精度高,表面质量好,易于装配,可快速构建瓶状或中空零件;

④原材料以卷轴丝的形式提供，易于搬运和快速更换；⑤原料价格便宜；⑥材料利用率高；⑦可选用的材料较多，如染色的 ABS 和医用 ABD、PC、PPSF、人造橡胶、铸造用蜡。

熔积成形缺点：①精度较低，难以构建结构复杂的零件；②与截面垂直方向的强度小；③成形速度相对较慢，不适合构建大型零件。

13.6 超声波加工

13.6.1 超声波加工的工作原理

超声波比声波能量大得多，它产生空化作用时对其传播方向上的障碍物产生很大的压力，能量强度可达每平方厘米几十瓦到几百瓦，因此用超声波可进行机械加工。超声波加工是利用超声振动的工具在有磨料的液体介质中或干磨料中，产生磨料的冲击、抛磨、液压冲击及由此产生的气蚀作用来去除材料，以及利用超声振动使工件相互结合的加工方法。其加工原理如图 13-16 所示。

加工时，超声波发生器将工频交流电能转变为有一定功率输出的超声频电振荡，通过换能器将超声频电振荡转变为超声机械振动。此时振幅一般较小，再通过振幅扩大棒（变幅杆），使固定在变幅杆端部的工具振幅增大到 0.01~0.15 mm，以驱动工具端面做超声（16~25 kHz）振动。此时，磨料悬浮液（磨料、水或煤油等）在工具的超声振动和一定压力下，高速不停地冲击悬浮液中的磨粒（碳化硅、氧化铝等），并作用于加工区，使该处材料变形，直至击碎成微粒和粉末。同时，由于磨料悬浮液的不断搅动，促使磨料高速抛磨工件表面。又由于超声振动产生的空化现象，在工件表面形成液体空腔，促使混合液渗入工件材料的缝隙里，而空腔的瞬时闭合产生强烈的液压冲击，强化了机械抛磨工件材料的作用，并有利于加工区磨料悬浮液的均匀搅拌和加工产物的排除。随着磨料悬浮液的不断循环、磨粒的不断更新、加工产物的不断排除，实现了超声加工的目的。总之，超声加工是磨料悬浮液中的磨粒，在超声振动下的冲击、抛磨和空化现象综合切蚀作用的结果。其中，以磨粒不断冲击为主，以超声空化为辅。由此可见，脆硬的材料受冲击作用更容易被破坏，故尤其适于超声加工。

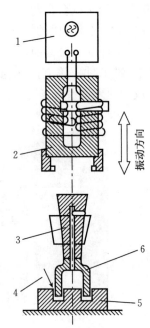

图 13-16 超声波加工原理图
1. 超声波发生器 2. 换能器 3. 变幅杆
4. 磨料悬浮液注入 5. 工件 6. 工具

13.6.2 超声波加工设备

超声波加工设备一般包括机床本体、超声波发生器、超声波振动系统和磨料工作液循环系统。

（1）机床本体 超声波加工机床包括支承超声波振动系统的机架及工作台，使工具以一定压力作用在工件上的进给机构以及床体等部件。

（2）超声波发生器　其作用是将交流电转变为有一定功率输出的超声频振荡，以提供工具端面往复振动和去除被加工材料的能量。

（3）超声波振动系统　超声波振动系统的作用是将高频电能转化为机械能，使工具做高频率小振幅振动以进行加工，主要由超声波换能器、变幅杆及工具组成。

（4）磨料工作液循环系统　为加工区域连续供给磨料悬浮液。超声波加工时常用水作为工作液，有时也可以用煤油或润滑油。磨料一般采用碳化硅、氧化铝，加工硬质合金时用碳化硼，加工金刚石用金刚石粉；磨料的粒度大，生产率高，但加工精度低，粒度大小根据加工生产率和精度要求选定。

13.6.3　超声波加工的特点及应用

① 超声波加工主要适用于加工各种硬脆材料，特别是不导电材料和半导体材料，如玻璃、陶瓷、半导体、宝石、金刚石等。对于难以切削加工的高硬度、高强度的金属材料，如淬火钢、硬质合金等，也可加工，但效率较低。因为超声波加工主要靠磨粒的冲击作用，材料越硬、越脆，加工效率越高。对于韧性好的材料，由于缓冲作用大则不易加工。

② 可加工各种复杂形状的型孔、型腔、成形面，也可进行套料、切割和雕刻等。

③ 能获得较好的加工质量。被加工表面无残余应力，无破坏层，加工精度较高，尺寸精度可达 0.01～0.05 mm，表面粗糙度 Ra 为 0.4～0.1 μm。因此，一些高精度的硬质合金冲压模、拉丝模等，常先用电火花粗加工和半精加工，后用超声波精加工。

④ 加工过程对工件的宏观作用力小，热影响小，可加工某些不能承受较大切削力的薄壁、薄片等零件。

⑤ 单纯的超声波加工，加工效率较低。采用超声复合加工如超声波辅助车削、超声波辅助磨削、超声波电解加工、超声波线切割等，可显著提高加工效率。

13.7　典型零件特种加工训练

项目一　方形盲孔的电火花成形加工

1. 加工要求

零件毛坯为 45# 钢，毛坯尺寸为 40 mm×30 mm×20 mm，要求在毛坯表面的中心位置打出一个 20 mm×20 mm×10 mm 的型腔孔，如图 13-17 所示。

2. 加工设备

EDM350 数控电火花成形加工机床。

3. 准备工作

加工前完成相关准备工作，包括工艺路线设计、电极选择、加工工艺参数选择、程序编制等。

4. 操作步骤及内容

① 开机。

② 零件装夹找正：将工件放于磁性工作台上，校正平行基准后吸磁固定。

③ 电极装夹找正：根据加工要求，准备好紫铜工具电极，把电极装在主轴上，找正后

装夹。找正的具体步骤：电极装在主轴上，把百分表放在工作台上，使百分表的触针压在电极上，然后使用手动盒上下移动主轴头，看百分表指针的摆动来调整电极的位置。

④ 输入电参数：当使用手动放电时，按下"F1"，键入放电尺寸，按回车键，然后按下"F7"，根据加工工件的要求来选择合适的电参数。

⑤ 定位：用电极寻找工件的放电位置 X、Y 坐标，找到工件上表面的中心。手动伺服进给到达 Z 轴基准面位置，设定放电深度。

⑥ 启动工作液，调整冲油位置。

⑦ 输入程序。

⑧ 调用程序并执行。启动程序并将油路喷嘴对准加工部位。

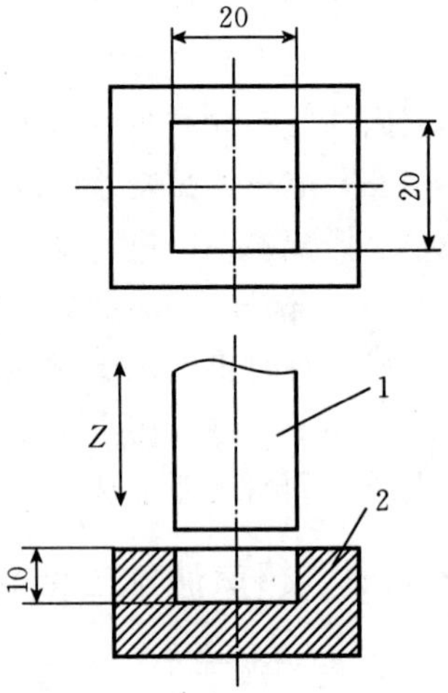

⑨ 关闭磁力吸盘的开关，取出工件，用深度尺和游标卡尺测量。

⑩ 关机。

图 13-17 电极与工件的相对位置
1. 电极 2. 工件

项目二　样板零件的线切割加工

1. 加工要求

用线切割加工如图 13-18 所示的样板零件，材料毛坯尺寸为 50 mm×50 mm×5 mm。

2. 工艺分析

（1）确定加工路线　加工的起点和终点均为 A，加工路线按照图中所标的①②③…⑧进行，共分 8 个程序段。其中①为切入程序段，⑧为切出程序段。

（2）计算坐标值　按照坐标系和坐标 X、Y 的规定，分别计算①~⑧程序段的坐标值。

3. 编写程序单

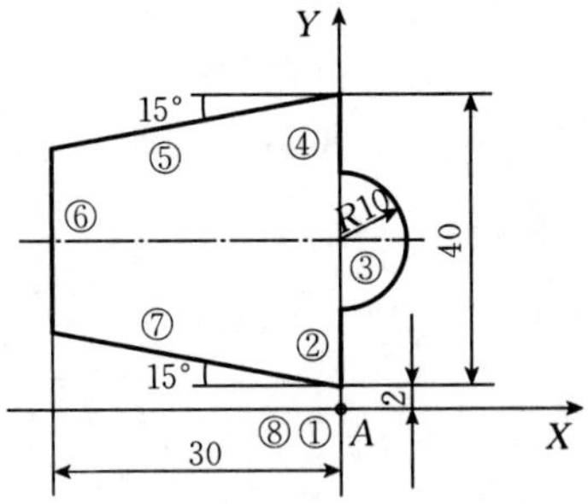

按程序标准格式逐段填写 N、R、B、X、B、Y、B、J、G、Z，见表 13-1。注意：表中的 G、Z 两项须转换成数控装置能识别的代码形式，具体转换见表 13-2。例如，GY 和 L_2 的代码为 89，输入机床时，只需输入 89 即可。

图 13-18　样板零件图样

表 13-1　样板零件数控线切割加工程序

N	R	B	X	B	Y	B	J	G	Z	G、Z 代码
1	0	B	0	B	2000	B	2000	GY	L_2	89
2	0	B	0	B	10000	B	10000	GY	L_2	89
3	10000	B	0	B	10000	B	20000	GY	NR_4	14
4	0	B	0	B	10000	B	10000	GY	L_2	89
5	0	B	30000	B	8040	B	30000	GX	L_3	1B

(续)

N	R	B	X	B	Y	B	J	G	Z	G、Z代码
6	0	B	0	B	23920	B	23920	GY	L$_4$	8A
7	0	B	30000	B	8040	B	30000	GX	L$_4$	0A
8	0	B	0	B	2000	B	2000	GY	L$_4$	8A
FF										

表 13-2　G、Z 代码转换

G＼Z	L$_1$	L$_2$	L$_3$	L$_4$	SR$_1$	SR$_2$	SR$_3$	SR$_4$	NR$_1$	NR$_2$	NR$_3$	NR$_4$
GX	18	09	1B	0A	12	00	11	03	05	17	06	14
GY	98	89	9B	8A	92	80	91	83	85	97	86	94

4. 准备工作

① 开启机床，输入程序，并对程序进行模拟加工，以确认程序的准确性。

② 安装调整好电极丝，选直径为 0.18 mm 的钼丝。

③ 装夹找正工件，使其两垂直边分别与机床的 X 轴和 Y 轴平行，并移动工作台，将电极丝定位到图 13-18 中的 A 点。

5. 自动加工

开启贮丝筒，打开高频和冷却液，点击机床控制界面的"加工"按钮，即可进行自动加工。

6. 加工后处理工作

拆下工件，检查零件尺寸，关机，清理机床。

思考题

1. 什么是特种加工？特种加工的特点是什么？
2. 简述电火花成形加工机床的基本组成及作用。
3. 线切割加工的基本原理是什么？
4. 线切割加工的特点是什么？
5. 激光加工的原理是什么？有什么优点？
6. 快速成形的基本原理是什么？
7. 快速成形技术与传统的切削加工有何不同之处？

参 考 文 献

陈佩芳，2001. 金属工艺实习 [M]. 北京：中国农业出版社.
陈志鹏，2015. 金工实习 [M]. 北京：机械工业出版社.
邓文英，2009. 金属工艺学 [M]. 4版. 北京：高等教育出版社.
董丽华，2006. 金工实习实训教程 [M]. 北京：电子工业出版社.
傅水根，2009. 机械制造实习 [M]. 2版. 北京：清华大学出版社.
高美兰，2006. 金工实习 [M]. 北京：机械工业出版社.
侯书林，2010. 金属工艺学实习 [M]. 北京：中国农业出版社.
姜银方，王宏宇，2013. 机械制造工程实训 [M]. 北京：高等教育出版社.
李作全，2008. 金工实训 [M]. 武汉：华中科技大学出版社.
马保吉，2006. 机械制造基础工程训练 [M]. 2版. 北京：高等教育出版社.
王志海，舒敬萍，马晋，2014. 机械制造工程实训及创新教育 [M]. 北京：清华大学出版社.
文西芹，张海涛，2012. 工程训练 [M]. 北京：高等教育出版社.
徐永礼，涂清湖. 2009. 金工实习 [M]. 北京：北京理工大学出版社.
杨贺来，徐九南，2007. 金属工艺学实习教程 [M]. 北京：北京交通大学出版社.
杨有刚，2012. 工程训练基础 [M]. 北京：清华大学出版社.
尹志华，2008. 工程实践教程 [M]. 北京：机械工业出版社.
张力真，徐允长，2001. 金属工艺学实习教材 [M]. 3版. 北京：高等教育出版社.
张木青，2007. 机械制造工程训练 [M]. 2版. 广州：华南理工大学出版社.
张远明，2005. 金属工艺学实习教材 [M]. 北京：高等教育出版社.
周桂莲，陈昌金，徐爱民，2015. 工程训练教程 [M]. 北京：机械工业出版社.

图书在版编目（CIP）数据

金属工艺学实习/王宏立，宋月鹏主编．—北京：
中国农业出版社，2018.8（2024.8重印）
普通高等教育农业部"十三五"规划教材　全国高等
农林院校"十三五"规划教材
ISBN 978-7-109-24220-3

Ⅰ.①金…　Ⅱ.①王…②宋…　Ⅲ.①金属加工-工
艺学-实习-高等学校-教材　Ⅳ.①TG-45

中国版本图书馆CIP数据核字（2018）第185234号

中国农业出版社出版
（北京市朝阳区麦子店街18号楼）
（邮政编码 100125）
责任编辑　薛　波　甘敏敏
文字编辑　赵星华

中农印务有限公司印刷　新华书店北京发行所发行
2018年8月第1版　2024年8月北京第3次印刷

开本：787mm×1092mm　1/16　印张：16.25
字数：383千字
定价：34.50元

（凡本版图书出现印刷、装订错误，请向出版社发行部调换）